徐派园林导论

秦飞 著

中国林业出版社
China Forestry Publishing House

图书在版编目(CIP)数据

徐派园林导论 / 秦飞著. – 北京：中国林业出版社, 2020.11
ISBN 978-7-5219-0929-6

Ⅰ.①徐… Ⅱ.①秦… Ⅲ.①古典园林—研究—徐州
Ⅳ.①K928.73

中国版本图书馆CIP数据核字(2020)第240797号

责任编辑：何增明　王　全

出版　中国林业出版社（100009　北京市西城区刘海胡同 7 号）
　　　　http://www.forestry.gov.cn/lycb.html　　电话：（010）83143517
发行　中国林业出版社
印刷　北京博海升彩色印刷有限公司
版次　2021 年 5 月第 1 版
印次　2021 年 5 月第 1 次印刷
开本　787mm×1092mm　1/16
印张　18
字数　448 千字
定价　168.00 元

《徐派园林导论》编著委员会

顾　　问： 张　浪　刘庭风　孔令远
名誉主任： 赵立群
主　　任： 仇玲柱
副 主 任： 张元岭　肖　蕊　单春生　杨学民　方成伟　傅正兵
　　　　　　　何付川　刘景元
成　　员： 秦　飞　武利华　徐建国　周　旭　王大勤　郭海林
　　　　　　　邵桂芳　言　华　李旭冉　刘晓露　董　彬　种宁利
　　　　　　　刘禹彤　余　瑛　刘小萌　马占元　沈维维
撰　　著： 秦　飞

序

徐州在大多数上了一点岁数的中国人印象中,是一个出煤炭的北方城市,环境脏兮兮,没有什么值得称道的风景园林可言。然而,2016年1月29日,住房城乡建设部公布首批国家生态园林城市名单,徐州在7个上榜城市中排名第一。之后又成为2018年唯一获得联合国人居环境奖的城市。2019年又成为全国首个承办"中国国际园林博览会(第十三届)"的地级市。这样的成绩,毫不夸张地讲,出乎了许多近一二十年少到或未到徐州的人们、特别是一众园林人的意料,说明徐州进入21世纪以来,对风景园林的建设,投入了巨大的努力,并取得了实实在在、脱胎换骨的进步。

然而,更加难能可贵的是,徐州的园林人,还做到了"风景园林物质文明和精神文明"两手抓两手硬,没有仅仅满足于实体的园林项目建设,还在地方园林历史和理论研究上投入了很大的努力。研究者面对空白,敢于挑战难题,对徐派园林的成长环境、发展脉络、园林文化和艺术特征等,从古到今进行系统的挖掘、整理、分析、提炼,完成了《徐派园林导论》一书,在付梓之前,通读全部书稿,觉得有如下特点:

一是学风端正。作者以求真求实的学风,在掌握丰富的文献史料和实地调查的基础上,梳理阐释徐派园林的成长环境与发展历程,历史的真实性、可信性强。

二是视角创新。本书是一部完全创新性的著作,它的可贵之处,是突破了通常的地方园林史研究多囿于当今行政区划之内的局限,以地域文化地理区为研究范围,把徐派园林放在"徐地"这个人文地理区的大背景下研究,不是简单地就园林论园林,因此,视野比较开阔,根基砌筑牢固。

三是内容守正出新。有别于主要建立在既有园林史研究成果基础上的"再组合""再深化",本书所揭示的成果,以地方史和名人名作的记述为基,多有比照、考证,所获得的大量现有园林史类著作中所未有的全新发现,足资填补中国园林史记录上的空白。

四是系统完整。作为一部地方园林立派的鸿蒙初辟之作，全书不仅详细考证了从先秦到当代的造园活动，还从不同历史时期的园林空间营造、园林建筑、园林铺装、园林雕塑小品、园林植物等几个角度进行了考证，阐释特点及其演变过程。虽然受历史资料所限，许多分析还待进一步深入，但已是十分可贵的探索。

此外，作者还结合新的史料发现，对中国园林文化艺术体系中"民间园林"的起源、园林"意境念"概念的具体形成过程等重要的园林基础理论问题做了考证和探讨。这些全新的尝试，相信对深化中国园林历史和理论研究，将起到抛砖引玉的作用。

住建部科技委园林绿化专业委员会副主任委员

中国风景园林学会常务理事

《园林》杂志主编

上海市园林科学规划研究院院长、教授级高级工程师

序

园林流派常以地域划分，最常见的有江南园林、北方园林、岭南园林和巴蜀园林四个特色较为鲜明。这一园林流派的划分是因为研究、生产、宣传和旅游四个方面的需要。随着时代的发展，中国经济腾飞直接触发园林事业的蓬勃发展，原来以上述四个地域为中心的园林架构，满足不了全国各地园林对自身定位的需求，于是，出现了小地方园林流派的诞生。

小地域流派与原来的四派体系关系如何？原来四派体系是跨省份的大文化圈的产物，徐派园林、中原园林、徽派园林、闽台园林、港台园林等等地域园林是上述四个方面需要发展的必然结果，只是时间的迟早而已。纵观分类原因和方法，地域文化起着至关重要的作用，依此分类也较为科学，再者，园林本身就是文化的载体和高级的消费品。

徐派园林走入我的眼帘是2017年。某一天，突然一本题为《徐派园林研究》的杂志寄到天津大学建筑学院。之后，每一期都会如期而至。2018年，在徐州工学院工作的学生刘庆慧来电话说，徐州提出徐派园林的概念，业务负责人想与我进行交流。我说："很好。这是中国地域园林发展的必然结果。你的研究生毕业论文就是鲁地园林研究，其中就有一部分与古代徐州是重叠的，你应该积极地加入到这个研究的行列之中去。只要对传统园林研究有帮助，我愿意做一块铺路石。"终于，在2019年上海举行的风景园林年会上，在刘庆慧老师的引见之下，我见到了徐派园林研究院的秦飞院长的庐山真面目。虽然会后交流是短暂的，但是给日后的学术交流提供了基础。他们把徐州人物和徐州后裔的园林成就和园林审美的论文请我审阅，在多次的建议和修改往来中，也使我对徐派园林有了更深入的了解。徐州的彭城是我家乡福建刘氏的郡望，我倍感亲切。为此，我得为徐派园林说几句。

徐州是古九州禹贡九州的东方之州，经济繁荣、文化发达，在先秦时，一州之中就有徐、鲁、薛、藤、钟吾、邳、郯、郚、莒、宋等众多诸侯国，其时就有季子武子台、鲁侯观鱼台、孔子舞雩台、泉宫泉台（郎台）、泮宫泮水、鲁国鹿囿、临觉台、薛台等等。到了秦末楚汉争霸之后，作为刘邦的故乡，开启了徐州园林的另一个高潮。《史记》《水经注》所载的有秦始皇琅琊台、秦始皇厌气台、项王戏马台、刘邦歌风台、鲁恭王的鲁灵光殿、刘邦泗水亭、梁孝王兔园等等。《汉书》和《后汉书》记载了大量泰山封禅的活动，

《魏书》也载记了大量风景名胜和人文景观。

最让我感到震撼的是徐州汉画像石。徐州的汉墓画像石存量众多，内容全面，刻法精湛，图像生动，系统地展示了汉代园林的要素、空间和活动，无可辩驳地叙述了汉代园林生活的方方面面。根据这些资料，初步确定了庭、院、园、苑四个等级的园林雏形，出现了门类建筑的阙和牌坊，游览的亭、台、榭、楼、阁等建筑形式，形成了名噪一时的彭祖楼（北朝）、镇淮楼（东晋）、滕王阁（唐）、燕子楼（唐）、黄楼（宋）、霸王楼（北宋）、奎楼（明）等。

就凭这些园林史迹，徐派园林的地域流派之名就当得起。当然，随着时代的发展，在徐州行政区划被缩小至如今的徐州时，亦形成了颇具特色的多层次公园体系，并以排名第一的成绩，成为全国首批七个国家生态园林城市之一，也值得骄傲。

末了，兴之所至，赋诗一首《园派有徐》：

九州徐最古，鲁地王侯台。嬴政厌王气，项王戏马来。

刘邦歌风地，秦汉封禅牌。泗水亭犹在，云龙湖徘徊。

画石游宴事，楼榭镇江淮。北斗星奎位，新流绕古槐。

史迹诚可贵，开拓更有才。借那大风曲，争得百卉开。

中国风景园林学会理论历史分会副主任
天津大学建筑学院园林文化研究所所长
天津大学设计总院风景园林设计分院前副院长
天津大学建筑学院风景园林系教授

2020.12.11于天津大学暴风雨工作室

前言

《尚书·夏书·禹贡》曰:"海岱及淮惟徐州。"

作为"禹划九州"之一的徐州,两汉文化的催生之地,全国历史文化名城,历史久远厚重,古徐州之地的园林——徐派园林源远流长。早在先秦时期,已经有了大量人工营造的"台""囿"等早期园林形态;秦汉时期王(皇)家"囿苑"和民间"庭、院、园"并行发展;三国两晋南北朝时期,随徐人大量南迁,徐派园林成果遍及大江南北,并总结提出了"师造化""意境念"的造园理念,首开中国古典园林"师法自然"思想的明确文字记载;唐宋以后,以民间园林为主体,发展基本成熟,在承袭秦汉时期壮观、拙朴风格中,渐趋精致崇丽。明清以后,风格再趋大气自然、拙朴平实。

新中国成立后,特别是进入21世纪以来,徐派园林在继承优秀传统的基础上,根据新时代需要,积极创新,努力探索,传承并发扬了自然山水"其气宽舒"的特征和"质朴正统,豁达豪迈"的人文性格,形成了"自然、大气、厚重、精致"的特质,"徐风汉韵,厚重清越;景成山水,舒扬雄秀"的徐派园林风格,体物写志,展情义文脉,显豪放宽博性格;相地布局,简妙灵动,舒和大气;用石理水,厚重雅丽,宛自天开;植物配置,季有景出,形意自然;园林建筑,兼南秀北雄,承古开新;整体风格,舒展和顺,清扬拔俗,雄秀并呈,自成一格。

全书共分7章:第1章中国园林的起源与流派,概要分析了园林的概念与演变、园林的文化艺术流派与中国园林文化艺术体系框架。第2章徐派园林的基底,较为系统地梳理徐地、徐人与徐文化相关概念,分析了徐派园林产生的地域自然环境、经济社会环境和地域文化基础。第3章以时间为序介绍徐派园林从孕育、生成、升华、成熟到新生的发展历程。第4章从空间布局、置石掇山、理水3个方面,分析徐派园林的空间营造特点。第5章从历史到当代的徐派园林典型建筑——台坛、门类（阙、牌坊、牌楼）、亭、榭、楼阁、厅堂、园桥的建筑和艺术特色。第6章为徐派园林铺装与雕塑、小品特点。第7章为徐派园林植物的种类、植物文化与美学、植物配置方法。

本书得到徐州市市政园林局、徐州市城建重点工程办公室和徐州市徐派园林研究院的大力支持，刘秀晨、张浪、刘庭风、仇玲柱、孔令远、郭海林、武利华、王大勤先生给予宝贵指导和支持，徐建国、周旭、李旭冉、言华、刘晓露、种宁利、董彬、刘禹彤、吴婷婷分别帮助完成了部分专题的研究，编委会各位领导、专家和同事提出许多有益意见建议，引用了《生态园林城市建设实践与探索·徐州篇》《徐州城市建设与管理的实践与探索·园林篇》《园林·徐派园林》《风景园林·徐派园林史》以及国内外相关科研资料、成果，少量图片引用自公开文献或网络，限于条件没能联系到原作者，在此深表歉意。中国林业出版社的编辑们就本书编辑、校对和出版等做了大量细致的工作。在此特向他们表示由衷的感谢。

中国园林历史悠久、内涵丰富。徐派园林作为中国园林中一个新的细分流派，研究还刚起步，还不够全面和深入。加之作者长期从事建设管理工作，在历史文化、园林艺术和理论的归纳提炼等方面，能力尚有不足，书中难免论述不妥、征引疏漏讹误，恳切希望能得到各界专家和同行们的匡正。

作者
2020年9月

目录

序（张浪） 004
序（刘庭风） 006
前言 008

第一章 中国园林的起源与流派 013

第一节 园林的概念与演变 014
一、园林的概念 014
二、园林的起源概要 015

第二节 园林的文化艺术流派探析 017
一、学则有派 017
二、园林流派——园林文化艺术体系的内在逻辑 019

第三节 中国园林文化艺术体系构建 022
一、中国园林文化艺术体系的底层要素分区 022
二、中国园林文化艺术体系框架 024

本章参考文献 028

第二章 徐派园林的基底 031

第一节 徐地、徐人与徐文化的产生 032
一、古徐地的地域变迁 032
二、徐文化的源流 034

第二节 自然环境基底 041
一、地形地貌——山水相济，宽舒安徐，和畅悦心 041
二、气候环境——四季分明，水热同季，日丽风和 043
三、植物资源——南北交汇，和谐致祥，万物蕃昌 045

第三节 经济社会基底 055
一、史前人类社会发展 055
二、上古时期经济社会发展 056
三、中古时期经济社会 057
四、近古时期经济社会 061
五、近世与近代经济社会 064
六、当代经济社会 066

第四节 区域文化基底 068
一、内在特质 068
二、外在形态特征 069

本章参考文献 072

第三章 徐派园林的发展历程 075

第一节 徐派园林的孕育 076
一、古文献的记述 076
二、考古学发现 078

第二节　徐派园林的生成 ... 079
一、古文献的记述 ... 079
二、汉画像中的园林（景物）刻画 ... 082

第三节　徐派园林的升华 ... 086
一、徐地的造园与园事 ... 086
二、徐人南迁与六朝园林 ... 088
三、徐派园林意境理论的产生 ... 099

第四节　徐派园林的成熟 ... 107
一、隋唐时期园林 ... 107
二、宋元时期园林 ... 113
三、明清时期园林 ... 123

第五节　徐派园林的新生 ... 134
一、新时代的园林 ... 134
二、城市公园 ... 135
三、生态修复公园 ... 136
四、庭院园林 ... 148
五、绿地系统 ... 149

本章参考文献 ... 156

第四章　徐派园林空间营造 ... 159

第一节　选址与地形营造 ... 159
一、因形就势，质朴自然 ... 160
二、衔山吞水，舒展和顺 ... 164
三、空间开阔，恢宏大气 ... 165

第二节　空间组织 ... 168
一、多维多向、曲折开合的空间布局 ... 168
二、大分散、小聚合的建筑布局 ... 171
三、植物为主体的空间分割与表现 ... 173

第三节　山水空间的营造 ... 175
一、理水雅丽壮阔 ... 175
二、用石淳厚凝重 ... 178

本章参考文献 ... 182

第五章　徐派园林建筑 ... 183

第一节　台、坛 ... 184
一、古台、坛 ... 184
二、当代景观台 ... 185

第二节　门类建筑 ... 186
一、阙 ... 186
二、牌坊（牌楼） ... 191

第三节　亭 ... 195
一、古亭 ... 195
二、当代景观亭 ... 198

第四节　榭 ... 206
一、台榭 ... 206
二、架空高榭 ... 206

三、水榭　　　　　　　　　　　　　　　207

　第五节　楼阁　　　　　　　　　　　　　　209
　　　一、汉画像中的楼阁　　　　　　　　　209
　　　二、历史名楼　　　　　　　　　　　　213

　第六节　厅堂　　　　　　　　　　　　　　226
　　　一、庑殿顶厅堂　　　　　　　　　　　226
　　　二、悬山顶厅堂　　　　　　　　　　　229
　　　三、卷棚顶厅堂　　　　　　　　　　　230

　第七节　园桥　　　　　　　　　　　　　　231
　　　一、梁桥　　　　　　　　　　　　　　231
　　　二、拱桥　　　　　　　　　　　　　　233
　　　三、亭桥、廊桥　　　　　　　　　　　234
　　　四、曲桥　　　　　　　　　　　　　　235

　本章参考文献　　　　　　　　　　　　　　236

第六章　徐派园林铺装与雕塑、小品　　　　　237

　第一节　园林铺装　　　　　　　　　　　　238
　　　一、地面铺装史小考　　　　　　　　　238
　　　二、当代徐派园林铺装　　　　　　　　240

　第二节　园林雕塑与小品　　　　　　　　　244
　　　一、纪念性雕塑、小品　　　　　　　　244
　　　二、主题性雕塑、小品　　　　　　　　252
　　　三、装饰性雕塑、小品　　　　　　　　254
　　　四、功能性雕塑、小品　　　　　　　　255

　本章参考文献　　　　　　　　　　　　　　256

第七章　徐派园林植物　　　　　　　　　　　257

　第一节　古园林中的植物　　　　　　　　　258
　　　一、先秦与两汉时期　　　　　　　　　258
　　　二、汉以后到近世　　　　　　　　　　261

　第二节　当代常用园林植物及多样性　　　　263
　　　一、常用园林植物　　　　　　　　　　263
　　　二、园林植物多样性分析　　　　　　　263

　第三节　当代园林植物配置主要手法　　　　270
　　　一、构建地域特征景观植被　　　　　　270
　　　二、观赏型植物群落构建　　　　　　　272
　　　三、文化环境型植物群落构建　　　　　278
　　　四、石质山地和采矿废弃地拟自然生态型植物群落构建　279

　本章参考文献　　　　　　　　　　　　　　288

第一章

中国园林的起源
与流派

第一节　园林的概念与演变

一、园林的概念

"园林"一词作为我国本土特有的词汇，是有机融合人类文化意涵和艺术元素，体现人的意志需求的生态境域[1]，是时代、思想、情感、审美观念的结晶，是社会发展形象化的记录[2]，有生命的、且具有实际使用功能的文化艺术作品。

在人类发展的历史长河中，体现人类意志需求的生态境域其内容、形式乃至名称都是有所不同的，任何一个称谓的意义都存在于一定的历史范畴内，具有明确的时代性。

先秦时期，史籍记为"囿"[3]，也有学者认为"台"亦属之[4]。《诗经·灵台》有"经始灵台，经之营之，庶民攻之，不日成之。经始勿亟，庶民子来。王在灵囿，麀鹿攸伏，麀鹿濯濯，白鸟鹤鹤。王在灵沼，于牣鱼跃。"的记录。西汉毛苌注曰："囿，所以域养禽兽也。"说的是周文王规划建筑灵台，基址方位经过仔细安排，百姓踊跃地赶来建造，灵台很快就建造好了。灵囿的母鹿自在肥美，白鸟羽毛洁白，鱼儿满池欢跃。孟子评论曰："文王以民力为台为沼。而民欢乐之，谓其台曰灵台，谓其沼曰灵沼，乐其有麋鹿鱼鳖。古之人与民偕乐，故能乐也。"（见《孟子·梁惠王章句上》）。彼时的囿主要是诸侯（王）畜养动物、狩猎和游乐生活的场所，这是关于园林的最早记载。

秦汉时候，多以"苑""宫""苑囿"等词代表。《史记·十二本纪·秦始皇本纪》记载："乃营作朝宫渭南上林苑中。先作前殿阿房，东西五百步，南北五十丈，上可以坐万人，下可以建五丈旗。周驰为阁道，自殿下直抵南山。表南山之巅以为阙。为复道，自阿房渡渭，属之咸阳，以象天极阁道绝汉抵营室也。"可见秦朝苑囿规模宏大，多建在自然山水中。西汉大多因秦之旧。作为皇（王）家游览、狩猎娱乐的居所，大量功能性建筑、观赏植物与自然山水的结合，是这一时期皇（王）家园林的主要特点。与此相对的民间园林也在这一时期发轫，以"园""苑"名之，如《西京杂记·卷三》有："茂陵富人袁广汉，……于北邙山下筑园，……"。《后汉书·列传·梁统列传》有："冀乃大起第舍，……又广开园囿，……又多拓林苑，……"。

魏晋南北朝时期，在以"墅""园""山居""别业""精舍"等词代表[5-6]的同时，出现"园林"一词。如西晋时著名文学家左思（约250—305年）《娇女诗》中有："驰骛翔园林，果下皆生摘。"留侯张良后裔张翰《杂诗》有："暮春和气应，白日照园林"等句。十六国时西域高僧鸠摩罗什（Kumārajīva，344—413年）后秦弘始三年（401年）入长安，至十一年（409年）与弟子译成的大量佛教经典中，《法华经·卷一·序品》有："清净园林、华果茂盛、流泉浴池、施佛及僧"，《法华经·卷三·化城喻品》有："庄严诸舍宅，周匝有园林、渠流及浴池"，《法华经·卷五·如来寿量品》有："园林诸堂阁、种种宝庄严，宝树多花果，众生所游乐"，《法华经·卷六·法师功德品》有："天园林胜殿、诸观妙法堂，在中而娱乐，闻香悉能知"。北朝（魏）杨衒之《洛阳伽蓝记》中，《卷二》记司农张伦的住宅"园林山池之美，诸王莫及"，《卷三》记龙华寺"园林茂盛，莫之与争"，《卷五》记冠军将军郭文远家"堂宇园林，匹于邦君。"这一时期不同的古籍中，"园林"的内涵以及功能虽然有一定的区别，总体都是"体现人的意志需求的生态境域"。

唐代贵族和士大夫阶层拥有的园林数量日益增多，称谓也更加丰富，常见的有"山庄""山亭""山斋""山第""山邸""山林""山池""池亭""园池""池台""别业""别墅"等，这些名称体现了不同类型园林的特点。如带有"山"字多是建立在自然山林中或城市近郊，即使位于城市之内，亦通过人工的方法来"平地造山"，以体现一种"有若自然"的气氛；带有"池"字多因"理水"在园中的中心地位。"别业""别墅"的内涵较魏晋时期又有不同，大多是建造在自然山林中的住宅、田地、果园与自然山水的综合体。"草堂""幽居""山斋""茅亭""林泉"等，则是士大夫们建立在山野之上修行、读书、隐居的场所[7]。

宋代开始大量使用单一词汇"园"字。明清时期的称谓又趋丰富，以"园亭""林亭""亭院""亭园"最为常见。以后，"园林"一词的应用更加广泛，常用以泛指以上各种游憩境域。

二、园林的起源概要

"作为游憩生活境域的园林，营造时需要相当富裕的物力和一定的土木工事，即要求较高的生产力发展水平和经济条件。……随着奴隶制经济的日益发展，这就有可能为了满足他们（奴隶主）奢侈享乐生活的需要而营造的游息为主的园林。"[3]中国园林的早期形态从先秦时期发轫。周维权先生《中国古典园林史》（第三版）指出："囿和台是中国古典园林的两个源头，……，'园圃'也应该是中国古典园林除囿、台之外的第三个源头"[4]。朱有玠先生在《关于园林概念的形成、发展、性质及对美学的特殊功能问题的思考》中研究了"当人类社会尚未形成风景园林这类事物或概念之先，以萌芽形式出现的前身"——分为5种类型：一是岩栖——士大夫山水园林的滥觞，二是名山大川——风景名胜区的肇始，三是台与囿的融合——宫苑园林的创始，四是起源于民间风俗形成的风景游乐地，五是由生产性园艺栽培转向观赏性栽培——在相当长的历史时期中，园林是生产园艺与观赏园艺的结合。[8]汪菊渊先生在《中国古代园林史》中分析了"宅旁村旁绿地、黄帝悬圃、台、园、圃、囿"等后认为，"中国园林是从殷商开始有的，而且是以囿的形式出现的。"[3]否定了园林的其他起源方式。

汪菊渊先生园林"囿"唯一起源说，无疑是最严格的。另一方面，由古籍记载可知，先秦时期囿的主人为"王"。"王"者，君主也。即便秦王嬴政扫灭六国自称"始皇帝"后，"皇帝"成为中国封建社会最高统治者专属称呼的两千多年中，也仍断续有被封王者，不论其地位为"国王"（实际叫"诸侯王"）或"郡王"，其政治名位和经济权利仍然高于最高级别的行政官员。因此，可以认为，周维权先生和汪菊渊先生的"囿（台）源头说"反映的是王（皇家园林以自然生境为基础走向具有人文意义的生境的过程，是王（皇）家园林的起源。朱有玠先生的文题虽然是"园林"但是正文实为"风景园林"，所以如汪菊渊先生汪所论剔除"自然风景"和"生产"的话，也只是确定了宫苑园林（亦即"王（皇）家园林"的另一种说法）的创始。

另一方面，诚如姚亦峰先生指出的："许多书中把中国古代园林划分为'皇家园林'和'私家园林'，这是不正确的，因为按照其属有性质来划分，'皇家园林'也属于'私家园林'"[9]。晋·葛洪《抱朴子·嘉遁》有："普天率土，莫非臣民。"因此，相对于"王（皇）家园林"当称为"民间园林"或"臣民园林"，其产生必然要在奴隶社会消亡、进入封建社会之后，随着生产力的进一步发展，王（皇）室之外的贵族地主官宦豪民，在这时才能具备为满足他们奢侈享乐生活的需要营造游息为主的园林的条件。

秦汉时期，中国社会在强化以皇帝制度为核心的中央集权制度的同时，随着秦皇郡县制政体的建立和汉武帝"推恩令"的颁布推行，诸侯王分崩离析，大批"小微贵族"地主豪民和官宦得以产生，进入生产力高速发展阶段，为"民间园林"的产生和发展提供了经济基础。这个时期的"民间园林"的起源和衍变发展，除史籍记载的名园如"袁广汉园""张骞园"等以外，大量出土于古徐州地区的汉画像中可以清晰地看到，与王（皇）家园林源头"囿""台"的自然景观为基础不同，因受财力物力等的限制，其起源于日常生活，从"庭"的形态扩大到"院"的规模，并持续发展成"园林"的自然递进、衍变过程，实质是生活环境的景观艺术化过程[10]。

第二节　园林的文化艺术流派探析

一、学则有派

"学派"指"一门学问中由于学说师承不同而形成的派别。"[11]学派的形成，大致有师承、地域、问题三种情形。通过师承传授导致门人弟子同治一门学问可以形成"师承性学派"；以某一地域，或某一文明，或某一民族，或某一社会为研究对象而形成具有特色的学问为"地域性学派"（包括院校性学派）；专注于某一问题的研究而形成的学问为"问题性学派"。另一方面，虽然在"学问"层次没有"学说师承不同"，但在思想倾向、审美趣味、创作方法、艺术风格等方面却有差异，其中具有大致相同或近似的思想倾向、审美趣味、创作方法、艺术风格的，可以人为地整理归类称为"流派"。

在中国的"学问史"中，哲学、文学、绘画、书法乃至戏曲等人类文化艺术领域早有分门别派。但是，作为中国传统文化艺术重要组成部分的园林，长期以来"虽有皇家与民间、南式与北式等不同，但由于大文化环境的'超稳定'（见周维权《中国古典园林史》序言），造园风格一直呈渐进式发展，真正的从业者不掌握设计理念，园林的艺术质量往往取决于业主的文化艺术修养。两千年中只出现了一部较系统的理论性著作，即计成的《园冶》，在专业技术领域更缺少总结和研究。因此中国古典园林只有因归属、地域的不同而形成的风格差异，却没有因基本理念的不同而导致的实质性区别。即便可以说客观上存在着艺术和技术的流派，却基本上不存在不同的学派。况且，当年也没人把营造园林当成一门能和'经世济民'相提并论的正经学问。"[12]

由"学派""流派"的定义和金柏苓先生的论述可知，中国园林没有"学派"之分，只有"流派"之别。

在1950年代以前，对中国园林的研究是极少的，代表性的当属童寯先生于20世纪30年代在对苏、杭、沪、宁一带古名园实地考察和测绘摄影的基础上，于1937年写成的《江南园林志》（此书实际出版则晚至1963年，由中国工业出版社初版发行）[13]。以1951年北京农业大学和清华大学联合成立"造园组"为标志，中国园林学科建设肇始，到2011年3月8日，国务院学位委员会、教育部公布《学位授予和人才培养学科目录》，"风景园林学"成为国家一级学科，在这60年当中，中国园林"因归属、地域的不同而形成的风格差异"逐渐得到重视。

1950年代因初解放，百废待兴，总体上对地方园林的研究不多，主要有刘敦桢（1953年）先生组织由南京工学院与华东工业建筑设计院合并的中国建筑研究室的人员，对苏州古园林作了普查，之后又经过较长时间的研究、补充、整理等，于1979年出版了《苏州古典园林》，分总论和实例2大部分，对园林诸要素"理水""叠山""建筑""花木"的研究，主要是以现存苏州古园林实例为探讨基础,但又追溯历代著名造园实例的经验和传承关系,是"沟通实物"总结规律的典范[14]。此外,陈从周先生发表《常熟园林》[15]、编著同济大学教材《苏州园林》[16],陈庆华先生发表《圆明园》[17]等。

1960年代,地方园林的研究出现了一个小高峰。周维权先生发表《避暑山庄的园林艺术》[18],陈从周先生发表《扬州片石山房——石涛叠山作品》[19]《嘉定秋霞圃和海宁安澜园》[20],胡绍学和徐莹光先生发表《北海静心斋的园林艺术》[21],王化兴先生发表《扬州园林和古建筑的考察》[22],潘谷西先生发表《苏州园林的布局问题》[23]《苏州园林的观赏点和观赏路线》[24],汪菊渊先生发表《苏州明清宅园风格的分析》[25],扬州召开"叠石"学术座谈会[26],郭俊纶发表《上海豫园》[27],夏昌世和莫伯治先生发表《粤中庭园水石景及其构筑艺术》[28],莫永彦和李文佐先生发表《园林小品艺术处理的意匠》[29],柳尚华先生发表《杭州三潭印月园林艺术手法的初步分析》[30],罗月发表《北海和团城》[31]。1970年代,对地方古典园林研究进入低谷,仅见有陈从周《扬州园林与住宅》[32]等很少的研究。

在园林历史和理论方面,王公权等发表《试论我国园林的起源》,认为"产生园林最初形式的条件有三:即农业的兴盛,村落的形成和原始手工业的发展。"首提中国园林"宅旁村旁绿地"和"囿"起源说[33]。余树勋《计成和园冶》[34]与张家骥《读园冶》[35]开启了对《园冶》的研究。孙筱祥发表《中国传统园林艺术创作方法的探讨》[36]《中国山水画论中有关园林布局理论的探讨》[37],在理论上首释中国古典园林与中国画的关系。郭俊纶《袁江〈东园胜概图〉卷》[38]则开启了"古画复园"的先河。陈从周发表《说园》[39]和《续说园》[40],揉中国文史哲艺与古建园林于一炉,全书谈景言情,论虚说实,对造园理论、立意、组景、动观、静观、叠山理水、建筑栽植等诸方面皆有独到精辟之见解。诚如叶圣陶先生评述:"熔哲、文、美术于一炉,以论造园,臻此高境,钦悦无量。"[41]文笔清丽可诵,引人入胜,不仅是一部园林理论著作,又是文学作品,别具一格。

从总体上看,20世纪70年代及以前,对各地园林的研究大部分集中在江南地区,少量涉及京、粤等地,且以当地的古园记述为主,在"地域的不同而形成的风格差异"方面的研究上很少。

进入20世纪80年代以后,有关"地域的园林风格类型"的研究迅猛增加。至2019年12月31日,《中国知网》以"园林"并"风格"主题检索,可检索到2557条(总数2564条,其中1980年以前7条)。以"园林"并"风格"篇名检索,也可检索到335条(总数336条,其中1980年以前1条)。研究区域覆盖全国各地,对象从园林整体到具体的园林要素,内容从造园哲学、园林文化、园林美学到营造技术,时间从古代到当代,成果辉煌。专著方面也有《北京皇家园林》[42]《雄丽之园:北方园林特色与名园》[43]《北方私家园林》[44]《古代北方私家园林研究》[45]《皇家园林与北方园林》[46]《山东近代园林》[47]《江南园林论》[48]《明代江南园林研究》[49]《江苏园林图像史》[50]《江南·常熟园林景观佳作》[51]《扬州园林》[52]《扬州古典园林》[53]《娄东园林》[54]《巴蜀园林艺术》[55]《岭南园林》[56]《岭南园林艺术》[57]《岭南造园与审美》[58]《岭南园林:广东园林》[59]《岭南园林:福建 台湾园林》[60]《岭南园林:香港 澳门 海南 广西园林》[61]《园林千姿：岭南园林特色与名园》[62]《壮族元素与园林设计》[63]《桂湖园林鉴赏》[64]《筑苑·云南园林》[65]《云南风景园林研究（一）》[66]《云南风景园林研究（二）》[67]《云南风景园林研究（三）》[68]《云南风景园林研究（四）》[69]《云南少数民族园林景观》[70]《川园子：品读成都园林》[71]《川园子：成都园林的前世今生》[72]《西蜀园林》[73]《西蜀历史文化名人纪念园林》[74]《巴蜀园林艺术》[75]等，各个城市的园林史志也大量出版，据从《方志中国数据库》检索，到2019年12月31日止，园林类高达361条。

园林比较研究也成果丰硕，到2018年3月，以《中国知网》"篇名：园林&比较"检索获得409篇论文，扣除期刊与会议数据库等重复收录部分，实际401篇。其中，按数据库类型分，报纸2篇，会议13篇，辑刊3篇，期刊323篇，博士论文2篇，硕士论文58篇；按学科分，园林植（动）物科学类49，园林文献与教育科学类32篇，园林理论（理念）与园林文化、意境审美、艺术风格217篇，营造技术类86篇，管理等其他16篇。专著较少，且以中外园林比较为主，如《中日古典园林比较》[76]《中日古典园林文化比较》[77]《寻求伊甸园——中西古典园林艺术比较》[78]《理想家园：中西古典园林艺术比较》[79]《艺术之融昶——艺术学视阈下的中西方园林景观比较研究》[80]《东西方园林艺术比较研究》[81]等，国内各地区园林比较研究的专著较少，仅收集到《传统园林文化与新兴园林文化比较研究：明末清初苏州园林的文化政治学》[82]等。

大量研究成果为中国园林文化艺术流派的建立和发展提供了充分的支持。但是，中国园林文化艺术体系的建立又是极其困难的，这首先是中国园林"没有因基本理念的不同而导致的实质性区别"[12]。其次，园林构成要素纷繁多样，各要素形形色色千姿百态，组合千变万化，表现千态万状，建立足资界定其差异的评判标准十分困难。第三，园林作品参与完成者众，历史名园更是长期不断续修而来，难以像其他文化艺术学派一样依凭"宗师"。因此，在园林高等教育教材中，多采用"皇家园林""私家园林""寺庙园林"归属分类和"北方园林""江南园林""岭南园林"地域分类并行的分类体系。从众多园林文化艺术要素中提取关键性差异，打造系统化、整体化的中国园林文化艺术体制，是园林学科建设中尚待完成的重要任务。

二、园林流派——园林文化艺术体系的内在逻辑

美国分析哲学家阿瑟·丹托（Arthur Danto）在《艺术界》（The Artworld）中探讨了"如何区别两件看上去一模一样的东西，其中一件是艺术作品，另一件仅仅是实物？"这样一个基本的艺术哲学问题，指出："把某物看作是艺术需要某种眼睛无法看到的东西——一种艺术理论的氛围，一种艺术史知识：这就是艺术界。"[83]他的阐释表明，某物的艺术品身份是在特定历史的复杂情境即在"艺术界"中实现的。也就是说，一件作品成为艺术并不仅仅是因为它自身的物质属性，而是外在于它的一种普遍的艺术观念使其被接受为艺术。丹托进而将一件艺术品分为两重意义：它所呈现之物和象征之物，即作品的外观表层形象和这一外观所涉

及的种种深层观念;并提出艺术作品的两点特质:第一是"意义"(meaning),艺术作品有意义,一般物品不具有意义,而意义是不可见的,人们无法直接"看"到意义;第二是体现(embodiment),意义被体现于作品中,"体现"是作品的一部分,是作品的属性[84]。

园林作为"有生命的、且具有实际使用功能的文化艺术作品",同样具有一般艺术作品的"外观表层形象"和"这一外观所涉及的种种深层观念"。这种"外观表层形象"即其展现的"园林风格","深层观念"即其蕴含的"园林文化"。具有类似"外观表层形象"和"深层观念"特征的作品集合,就构成了园林的"流派"。所有的"流派"按照一定的内在规则结为一个整体,则构成了中国园林文化艺术体系这一"中国园林学派"。这个体系受到以下四个特点的控制:

一是"有生命"决定的地域性。园林之"林"——园林植物,亦可泛指园林生物——是园林区别于"建筑""聚落"的根本元素,植物在长期的进化过程中,接受了环境的深刻影响,形成了植物生长发育的内在规律,每种植物的生长,各自都有一定的光线、温度、湿度、空气和土壤等环境条件要求,而这些环境条件在地球上呈现一定的区域分布。即,"林"这一园林要素的运用,取决于所处的立地环境,也决定着"林"的景观面貌。

二是"有用性"决定的地域性。人类从生物学上来说属于恒温动物,虽然在长期进化过程中获得了较高级的体温调节功能,但过高或过低的环境温度(和湿度等)会使人"不舒适"。建筑是人类最早发明的改变环境的手段。也就是从建筑诞生的那一刻起,地表的面目开始悄然发生变化,自然景观、人文景观、技术景观逐步融合共生,成为人类生存意义和精神追求的表达。但建筑的"人工环境"这一原初的基本功能,使得它总是扎根于具体的环境之中,在所在地区的地形地貌、自然气候等环境条件的制约中发展和演进。园林建筑也不例外,与所在环境相匹配,以完美地满足使用者的功能要求,这是造就建筑形式和风格的一个基本点。

三是"能主之人""理性产物"决定的地域性。园林之"园"——游憩观赏之所,是园林区别于一般的"植树造林""绿化"的重要因素。《园冶·兴造论》曰:"世之兴造,专主鸠匠,独不闻三分匠、七分主人之谚乎?非主人也,能主之人也。……园林巧于'因''借',精在'体''宜',愈非匠作可为,亦非主人所能自主者,须求得人,当要节用。"《园冶》著成(1631年)122年后,地球另一侧的法国法兰西学院院士、皇家御花园和御书房总管布封(George-Louis Leclercde Buffon)发表了《论风格》(1753年,在法兰西学院入院式上的演说)这一法国文艺理论经典之作,从3个层次阐发了他的"风格观":一是具有事实、思想及推理;二是用合适、恰当且有力的文辞表达作者独立的见解和思想;三是这种思想是能够达到或者符合真理的。布封强调风格的确定、风格的锤炼、风格的提高等等在写作的过程内,是理性的产物[85],科学地说明了艺术风格的形成是创作者自己的个性特征与客观因素相结合的产物,和中国传统风格理论有了根本的不同,也不存在"虽在父兄,不能以移子弟"〔《太平御览·文部·卷十五(品量文章)》〕的玄秘,阐明了风格的可借鉴可传承性。马克思进一步指出:"人创造环境,同样,环境也创造人。"[86]德国哲学家康德(Immanuel Kant)在孟德斯鸠"人从属于自然和气候"的思想基础上,阐释的受地理环境决定所形成的艺术风格和审美趣味的地域美学思想[87]，更是直接指明了美学思想形成的根源。

四是"输出—输入"吸收融合中的地域性适应。园林文化艺术是一个动态发展的过程，随着"能主之人"的迁移交流，秦朝及以后的数次大规模的跨区域人口迁移，特别是政治经济中区心的迁移极大地推动了园林文化艺术的交流，中原和其他地区之间的园林文化艺术在"输出—输入"的过程中，改变着对方，也同时改变着自己。这种改变，同样以地域适应为最根本的动力源，原本的输出地流派亦逐渐演变为输入地流派。如所众知的北京清皇家园林，在引进江南园林造园手法、再现江南园林主题、具体仿建名园的过程中，充分顾及了园址的自然山水、气候条件以及皇家政治文化环境等，"用乾隆的话说乃是'略师其意，不舍己之所长。'""宫廷园林得到民间养分的滋润而大力开拓了艺术创作的领域，在讲究工整格律、精致典丽的宫廷色彩中，融入了江南文人园林的自然朴质、清新素雅的诗情画意。"[4]

第三节　中国园林文化艺术体系构建

从构成要素纷繁多样、组合千变万化、表现千态万状的"外观表层形象"和"深层观念"中,抽象出园林文化艺术体系的底层要素,是构建这一体系的前提和基础。依据园林文化艺术体系的内在逻辑,"有生命"决定的地域性——园林植物地域性、"有用性"决定的地域性——建筑地域性、"能主之人"受地理环境决定所形成的艺术风格和审美趣味——地域文化思想,是构成园林文化艺术的最底层的要素。

一、中国园林文化艺术体系的底层要素分区

（一）中国植物地域性分区

中国幅员辽阔,地形复杂,纬度和海陆分布等地理位置、地势轮廓、气候特征、自然历史演变等地理环境的差异和人类活动,都影响着植物的分布。有关中国自然植被、野生和栽培林木、野生和栽培草种的地理分区,前人多有研究。这些研究成果或以自然植被为对象,说明其分布格局;或以人工植被为对象,说明其生产利用方向。其中代表性的研究成果,森林植被方面有吴征镒先生主编的《中国植被》[88]。园林绿化方面有陈有民先生编著的《中国园林绿化树种区域规划》[89]等。其中,《中国植被》从植被地理的分布"三向地带性"（经度地带性、纬度地带性、垂直地带性）出发,以植被类型、植被组成区系结合区域生态因素,将全国划分为8个植被区域、18个植被地带和85个植被区,是我国自然植被区划重要的基础性成果。陈有民先生《中国园林绿化树种区域规划》参考数百个气象台站观测资料及树木的自然分布和人工栽培情况,将全国绿化树种划分为Ⅰ寒温带绿化区、Ⅱ温带绿化区、Ⅲ北暖温带绿化区、Ⅳ中暖温带绿化区、Ⅴ南暖温带绿化区、Ⅵ北亚热带绿化区、Ⅶ中亚热带绿化区、Ⅷ南亚热带绿化区、Ⅸ热带绿化区、Ⅹ青藏高原绿化区共10个大区20个小区。王国玉等在借鉴中国植被已有区划研究工作的基础上,以水热因素的地带性分异规律为依据、以区域环境整体植被景观为参照、以城市气候环境背景为基础、以城镇园林绿化建设为导向,划分为11个城镇园林绿化树种区域,分别是寒带半干旱区、温带湿润半湿润区、北暖温带湿润半湿润区、南暖温带湿润半湿润区、北亚热带湿润半湿润区、中亚热带湿润区、南亚热带湿润区、热带湿润区、温带半干旱区、温带干旱区和青藏高原区,从宏观上反映了我国从东到西、由北向南城市气候和园林绿化树种类型的经向、纬向地带性分布。与《中国植被》的主要区别是对其"Ⅲ暖温带落叶阔叶林区域、Ⅳ亚热带常绿阔叶林区域"作了进一步的细分,详见《我国城镇园林绿化树种区划研究新探》[90]。

(二)中国建筑地域性分区

建筑地域性通常指某一地区建筑不同于其他地区建筑的共同特征,含义有狭义和广义之分:狭义的地域性指建筑产品对地区环境、生产生活方式等因素的回应,比如说采用本地区的建筑构型、建筑材料、营造工艺等;广义的地域性是指与文化体系相对应的建筑表达方式,对地方特有的精神进行转译等[91]。建筑的地域性差异是普遍存在的客观现象,如北方地区建筑多显厚重、宽大,西北黄土高原窑洞与生土建筑为主,长江流域建筑多秀丽、淡朴、潇洒,两广地区建筑内外通透、常有骑楼连绵;云南地区干墙或竹楼、木楼高架地面之上等等,建筑具有的这种地方性与自发性[92],首先是基于地区环境、生产生活方式等因素引发的不受外来特定指令控制的"自发性建造",新建建筑受先前建筑的影响,同时影响后建建筑。建造者和使用者的这种自觉与自省,"实践、认识,再实践、再认识,这样形式,循环往复以至无穷,而实践和认识之每一循环的内容,都比较地进到了高一级的程度"[93],从而实现建筑的地域性材料理性、构造理性、结构理性,进而形成地域理性。对中国各地传统建筑的研究,主要有建筑的类型特征——建筑的平面、建筑外观、结构形式、建筑装饰等——分析和论述方面[94],梁思成先生于20世纪40年代提出了中国建筑地域性分区:1)华北及东北区,2)晋豫陕北穴居区,3)江南区,4)云南区[95]。到90年代,王文卿先生等从物质文化要素分区、制度人文要素区、心理文化要素区三个大的方面入手,提出了《中国传统民居构筑形态的人文背景区划》分为长江黄河区、东南区、云贵区、青藏区、西疆区、河西长廊区、蒙古区、东北区8个大区[96]。

(三)中国文化地域性分区

文化是观念形态。物质并不直接是文化,但可以作为文化的载体而具有文化的蕴涵[97]。园林作为一种文化艺术的载体,它既产生在造园前,也存在于园林景物的创造过程中,指导着景物的构筑。"把中国文化看成一种亘古不变且广被于全国的以儒学为核心的文化,而忽视了中国文化既有时代差异,又有其地区差异,这对于深刻理解中国文化当然极为不利。"[98] "要想获得对中国文化的深刻理解,必须纠正空泛、粗疏的学风,多做具体分析和实证研究,方能为综合与抽象提供坚实的基础。而此类工作的一个重要方面,便是对中国文化加以分区考析。"[99]吴必虎根据中国文化区的形成的地理环境、历史发展以及上述二者相结合而形成的历史区位关系3个方面因素,将中国文化区划分为中原文化区(A-Ⅰ)、关东文化区(A-Ⅱ)、扬子文化区(A-Ⅲ)、西南文化区(A-Ⅳ)和东南文化区(A-Ⅴ)为蒙古文化区(P-Ⅰ)、新疆文化区(P-Ⅱ)和青藏文化区(P-Ⅲ)8个大区[100]。方创琳等按照综合性和主导性相结合、自然环境相对一致性与经济社会发展相对一致性相结合、地域文化景观一致性与民族宗教信仰一致性相结合、空间分布连续性与县级行政区划完整性相结合等原则,将中国人文地理划分为Ⅰ东北大区、Ⅱ华北大区、Ⅲ华东大区、Ⅳ华中大区、Ⅴ华南大区、Ⅵ西北大区、Ⅶ西南大区和Ⅷ青藏大区共8个人文地理大区和66个人文地理区[101]。由北京教育出版社等国内多家教育出版社联合出版的《中华地域文化大系》将中国文化首先分为东部农业文化区和西部游牧文化区。东部农业文化区又分为由汉族为主体的中原农业文化亚区和西南少数民族为主体的农业文化亚区。西部游牧文化区又分为蒙新草原—沙漠游牧文化亚区与青藏高原游牧文化亚区。中原农业文化亚区自北而南再分为燕赵文化副区、三晋文化副区、齐鲁文化副区、中州文化副区、荆楚文化副区、吴越文化副区、巴蜀文化副区、安徽文化副区和江西文化副区。中原农业文化亚区向北延展为松辽文化副区，向南延展为闽台文化副区和岭南文化副区。西南文化亚区又分为滇云文化副区和贵州文化副区[102]。

二、中国园林文化艺术体系框架

以吴必虎中国文化分区为基底，叠加王文卿中国建筑分区、王国玉园林植物分区，结合地方园林研究成果，中国园林文化艺术体系由一级流派、二级亚派和三级支派3个层级构成。其中一级流派分东北园林、中原园林、扬子园林、岭南园林、西南园林、青藏园林、西北园林、塞上园林8大流派。

东北园林区域范围为黑龙江、吉林2省和辽宁北部，以温带湿润、半湿润地带植物为主，文化基底为中原文化延展的松辽文化，近代园林渗入俄日等异国文化，可划分长春园林、哈尔滨园林等亚派。近代长春公园发展受日本影响明显，设计理念中日相结合，水、桥、石头、石质灯笼、凉亭、围栏等日式园林要素，典雅简洁，水秀山清，且与书法绘画紧密结合[103]。哈尔滨城市公园形成于殖民时代，殖民者的规划设计思想成为哈尔滨城市公园的基础，使哈尔滨的绿化和园林艺术形式具有俄罗斯式的"巴洛克"风格并且对以后的城市公园建设也产生了影响[104]，布局手法上基本采取有轴线的整形式平面，游览线沿轴线方向布置，景区和景点依轴线作对称或拟对称的排列，结构井然有序，园景简洁开朗[105]。

中原园林区域范围为辽宁南部、河北、北京、天津、山东、江苏北部、安徽北部、河南中北部、山西南部、陕西中北部，为经典的中原文化区，自北向南可划分盛京园林、津沽园林、北京园林、三晋园林、海岱园林、徐派园林、中州园林、陕甘园林等亚派。其中，盛京园林、津沽园林、北京园林、海岱园林以北暖温带湿润、半湿润地带植物为主，徐派园林以南暖温带湿润、半湿润地带植物为主。盛京园林在清代多民族文化相互交融的历史背景影响下，既有满、藏、蒙的少数民族风格特点，又大量融入了汉族的造园要素和造园手法，布局手法上服务当时满族独特的政治制度要求，景观细部上随处可见浓郁的少数民族特色，体现了少数民族地区文化不断交融的发展脉络[106]。津沽园林近代园林因中西方文化激烈碰撞和交流，出现了西方格调或"中西合璧"的造园，形成了独特的园林风格[107]。北京园林在数百年皇家王气之下，吸纳各地园林营养，博采北雄南秀之众韵，强调大气恢宏，景致包罗万象，又院落与景观融分有度，气度沉稳[108]。三晋园林以三晋文化为基底，整体讲求"方正"之感；建筑极守旧制，园中屋宇廊轩常平平直直，灰墙黛瓦不起戗角。样式古拙但做工讲究，加上山西特殊的彩绘，显得富丽古雅；由"苦旱"环境的深刻影响下，理水大多将房檐水汇流入池，以筑水景，更有"旱水池"者，以假山作临水状，池边绕以曲廊，可领略水池之意；园内少奇花异草，常置盆花，天暖后出窖，散置各处，入秋后即入窖过冬，以补天时之不足[109-110]。《尚书·夏书·禹贡》曰："海岱惟青州。"海岱园林齐文化

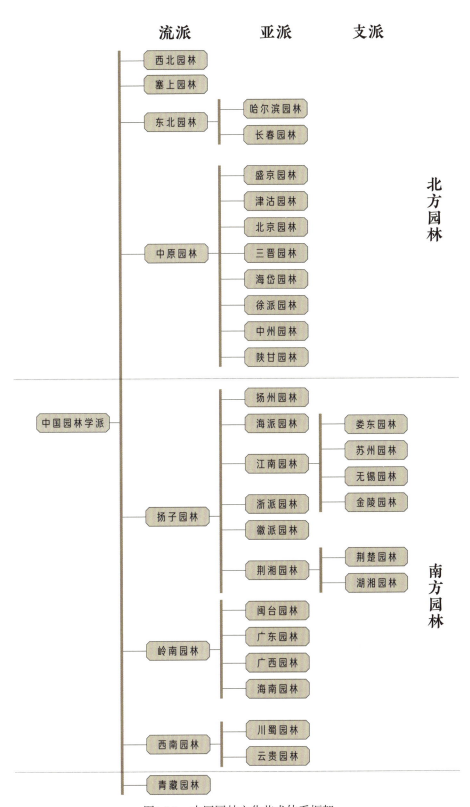

图1.3.1 中国园林文化艺术体系框架

为基底，近代因西方强制性文化渗透，使园林的形式改变了传统，产生了特殊的园林形态，开"街头三角绿地"等新型园林和"刺槐""悬铃木"等近代园林植物引种的先河[111]。《尚书·夏书·禹贡》曰："海岱及淮惟徐州。"徐派园林从古徐州地区徐人营造的园林延续发展而来，承徐文化和中原文化交融滋养，汲取"其气宽舒"的自然山水精髓，经数千年传承发展，具有"徐风汉韵厚重清越、景成山水舒扬雄秀"的鲜明特色，整体风格舒展和顺，清扬拔俗，雄秀并呈[112]。中州园林即河南园林，以中州文化为基底，由所蕴所受使然，为外界之现象所风动所熏染，严整的法度、均齐的风格之外，还有更重要、更富于特征性的风格美，其规模常宏远，其局势常壮阔，其气魄常磅礴英挚，有后鹘盘云横绝朔漠之慨；宅园亦多采取轴线布置，显得庄重雄伟、壮观浑厚，不同于江南私园秀丽、轻巧、精致曲折的风格[113]。陕甘园林以周秦文化为基底，融合中原文化、楚文化，在自然山水为背景的先秦苑囿基础上，"移天缩地在君怀"的造园艺术与技法，构思明确，主次分明，气脉贯通，大气恢宏，雍容华丽，雅而不俗，奠定了中国山水园林发展的格局[114-115]。

扬子园林区域范围为淮河以南及至整个长江中下游地区，以北、中亚热带地带性植被为主，文化基底吴越文化、徽文化、楚文化等扬子文化，可划分扬州园林、海派园林、江南园林、浙派园林、徽派园林、荆湘园林等亚派。扬州园林以市民、商人、文人、学士为主体创造出来的开明精巧的文化[116]为基底，园林建筑技术早在隋帝三下扬州，由官方派遣大批优秀北方工匠来扬州开始，其南北风格便有了在技术层面上的交流与融合；清代皇帝南巡和大批徽商云集，使得扬州园林建筑工艺纳百家之长，演变为北方官式建筑与江浙民间建筑之间的介体[117]，加之水月石花茶等自然属性及其衍生出的文化特色，催生出"扬州以名园胜，名园以垒石胜"的赞誉[118]。海派园林随近代上海发展进程中西方园林文化的传入，从传统江南园林演化嬗变而来，在貌似洋腔洋调中，欧洲自然式园林布局风格，放任的疏林草坪，建筑在整个园林中失去了掌控全局的地位，重视建筑小品本身功能性和装饰性的扩展与延续，构建技术、结构和功能的现代化，体现了海派园林的时代性[119]。江南园林文人写意山水园集中展示了中国造园艺术实物遗存的精粹，催生了中国造园史上最经典的理论著作《园冶》，中国古典园林理水、叠山、建筑、花木、铺地和陈设诸要素"实践"与"言说"互文[120]，成为中国古典园林文化艺术的"珠峰"。江南园林可以进一步划分为娄东园林、苏州园林、无锡园林、金陵园林等支派。浙派园林景借绿水青山，以植物造景为主，空间布局因地制宜，依山傍水，有开有合，退距合宜，大气自然；地形塑造蜿蜒起伏，过渡自然和谐，构图精美；建筑点景，粉墙黛瓦，质朴天然，景观小品造型优美，体量适宜，人文内涵丰富；整体开放大气、精致和谐、文韵深厚[121]。徽派园林以徽商文化为基底，以山水田园在内的整体生态环境为基质，依托徽州建筑而形成独有的空间形态，粉壁、黛瓦、马头墙、丹桂、修竹、风水林，井台、清溪、石板路等构成徽派园林恬淡而清秀的独特景观[122-123]。荆湘园林追求"独具特色的自由奔放，浩瀚而热烈的气质"，布局开放，组景多巧思妙想，讲求虚实互补、有无相生的"空灵"美，浪漫主义色彩浓厚，建筑层台累榭，错落有致，但空间尺度大而冷落，建筑造型闳旷、挺拔升腾，细部雕琢不多，色彩美观大方，整体对比鲜明而又朴素精致[124-126]。荆湘园林可以进一步划分为荆楚园林、湖湘园林等支派。

岭南园林区域范围为福建、台湾、广东、广西和海南诸地，南亚热带和热带植物为主，可划分闽台园林、广东园林、广西园林、海南园林亚派。秦朝及以后历次北人南迁，使中原文化与古越文化等原住民文化相交融，形成了独特的园林文化艺术景观（这些古代中原文化在其发源地多已逐渐演变掉），及至近代"西学东至"，西方建筑和园林的某些特征引入造园体系之中，岭南园林兼有东西方之妙，产生出一种有别于东西方传统的岭南园林所独有的魅力[127]。其中，闽台园林以塑石见长，建筑依闽南式[128]。广东园林是岭南园林的代表，采用建筑包围园林的布局方式，山水石池、竹林花木只作为建筑的附属部分存在，空间特征内收型与扩散型相结合；建筑轻巧通透开敞，外形轮廓柔和稳定大方，色彩多华丽堂皇，屋顶脊饰往往表现历史典故和吉祥图案华丽丰富，"疏朗通透，兼蓄秀茂"的特色独树一帜[129-130]。广西园林依凭原生石峰石潭、流瀑等原生自然地保护、整理加工，和摩崖石刻、民族民居等少数民族特色人文元素有机结合的传统，成为独树一帜的古而不假、今而不俗的园林景观[131]。海南园林是我国园林大观园中的新秀，以海景为主题，大部分园林景观围绕风景区展开，古典园林遗存较少[132]。黎苗文化、热带文化和南洋文化、中原文化等共同构成海南园林文化的基础，自然的海滩、海岛、椰林和民族特色建筑构成了最为突出的园林元素[133]。

西南园林区域范围为重庆、贵州、四川、云南大部以及广西、湖南西部少数民族地区，南亚热带和热带植物为主，可划分川蜀园林、云贵园林亚派。川蜀园林以巴蜀文化为文化基底，英雄崇拜、名贤崇拜是巴蜀古典园林重要的灵魂，独特的水文化催生出少叠石造山、多水景园林景观格局，建筑简朴典雅的平民化的风格，竹和花为主的植物运用，体现了蜀文化的人文精神[134]。云贵园林以云贵高原文化为基底，浓郁的传统民族风情建筑，气势恢宏、视野开朗、清幽古雅而神秘的自然山水成为显著的标识[135-136]。

青藏园林区域范围为西藏、青海以及川西北藏区，以藏文化为基底，传统园林起源于远古部落时代的野外踏青活动，历史悠久、渊源深厚，有庄园园林、宗堡园林、寺庙园林3大类型，园林空间通常以主体建筑为中心，布局疏朗，规整大方，不做故意的曲折变化，林地、建筑、道路关系明确，密度很低；庄园园林以各类植物为主，淡于"理水"，朴素、自然；寺庙园林特别注重宗教仪式功能；行宫园林结合了庄园园林和寺庙园林的特色，从体例、形态、色彩上充分显示拥有者的社会地位和宗教地位[137-138]。西北园林区域范围为新疆、甘肃西部、内蒙西部地区，为温带干旱区，人们生活在被戈壁沙漠包围中，园林营造突显沙海中求生存的心理诉求和环境诉求，民族和宗教的风格浓郁，并表现了较高的艺术成就，特别是中、西亚伊斯兰建筑、西蒙古喇嘛教木构架大屋顶等特色风格建筑成为西北园林的显著标识[139]。塞上园林区域范围为内蒙中、东部，为温带半干旱气候。塞上园林源于蒙古族栖居的过程中，先民游牧所见大自然景观的原始认知，生活栖居地景观的发展，蒙古族的审美——原生态的美、直接的美、野性的美、天真的美——和游牧民族的生态意识，共同铸就了蒙古族自己对美的独特理解，通过简单的布局形式和常常是抽象的空间流动性、秩序性，以及色彩、质感、装饰等来引导人们的感性思维，使简单的布局赋予场所更多的想象空间，静止和永恒的构图形式让人们构想出不同的场景[140]。

本章参考文献

[1] 秦飞,李琳.徐派园林的学术定义[J].园林,2019,(8):2-6.
[2] 曹林娣,许金生.中日古典园林文化比较[M].北京:中国建筑工业出版社,2004.
[3] 汪菊渊.中国古代园林史[M].北京:中国建筑工业出版社,2012.
[4] 周维权.中国古典园林史[M].3版.北京:清华大学出版社,2015.
[5] 张家骥.中国造园史[M].哈尔滨:黑龙江人民出版社,1986.
[6] 王毅.中国园林文化史[M].上海:上海人民出版社.
[7] 张家骥.中国造园论[M].太原:山西人民出版社,2003.
[8] 朱有玠.关于园林概念的形成、发展、性质及对美学的特殊功能问题的思考[J].中国园林,1991,7(3):28-32.
[9] 姚亦锋.探寻中国风景园林起源及生态特性[J].首都师范大学学报(自然科学版),2001,22(4):81-87,95.
[10] 李勇,秦飞.中国园林的起源补遗[C]//中国风景园林学会.中国风景园林学会2019年会论文集.北京:中国建筑工业出版社,2019:267-269.
[11] 辞海编辑委员会.辞海(缩印本)[M].上海:上海辞书出版社,1989版,1990重印.
[12] 金柏苓.学则有派[J].中国园林,2005,(3):28-29.
[13] 童寯.江南园林志[M].北京:中国工业出版社,1963.
[14] 陈薇.《苏州古典园林》的意义[C]//同济大学.全球视野下的中国建筑遗产——第四届中国建筑史学国际研讨会论文集(《营造》第四辑).上海:同济大学出版社,2007:33-36.
[15] 陈从周.常熟园林[J].文物参考资料,1958,(4):45-47,49.
[16] 陈从周.苏州园林[M].上海:同济大学教材科,1956.
[17] 陈庆华.圆明园[J].文物,1959,(9):28-34.
[18] 周维权.避暑山庄的园林艺术[J].建筑学报,1960,(6):29-32.
[19] 陈从周.扬州片石山房——石涛叠山作品[J].文物,1962,(2):18-20.
[20] 陈从周.嘉定秋霞圃和海宁安澜园[J].文物,1963,(2):39-46,2.
[21] 胡绍学,徐荃光.北海静心斋的园林艺术[J].建筑学报,1962,(7):19-20.
[22] 王化兴.扬州园林和古建筑的考察[J].建筑学报,1962,(10):26.
[23] 潘谷西.苏州园林的布局问题[J].南工学报,1963,(1):45-46.
[24] 潘谷西.苏州园林的观赏点和观赏路线[J].建筑学报,1963,(6):14-18.
[25] 汪菊渊.苏州明清宅园风格的分析[J].园艺学报,1963,(2):177-194.
[26] 张人龙.扬州召开"叠石"学术座谈会[J].园艺学报,1964,(1):82.
[27] 郭俊纶.上海豫园[J].建筑学报,1964,(6):18-21.
[28] 夏昌世,莫伯治.粤中庭园水石景及其构筑艺术[J].园艺学报,1964,(2):171-180.
[29] 莫永彦,李文佐.园林小品艺术处理的意匠[J].建筑学报,1964,(6):13-16.
[30] 柳尚华.杭州三潭印月园林艺术手法的初步分析[J].园林学报,1964,(3):317-320.
[31] 罗月.北海和团城[J].文物,1977,(11):81-84.
[32] 陈从周.扬州园林与住宅[J].社会科学统一战线,1978,(3):207-223.
[33] 王公权,陈新一,黄茂如,等.试论我国园林的起源[J].园艺学报,1965,(4):213-223.
[34] 余树勋.计成和《园冶》[J].园艺学报,1963,(1):59-68.
[35] 张家骥.读《园冶》[J].建筑学报,1963,(12):20-21.
[36] 孙筱祥.中国传统园林艺术创作方法的探讨[J].园艺学报,1962,(1):79-88.
[37] 孙筱祥.中国山水画论中有关园林布局理论的探讨[J].园艺学报,1964,(1):63-74.
[38] 郭俊纶.袁江《东园胜概图》卷[J].文物,1973,(1):12-14.
[39] 陈从周.说园[J].同济大学学报,1978,(02):87-91.
[40] 陈从周.续说园[J].同济大学学报,1979,(4):
[41] 舒簟.读《说园》[J].出版广角,1998,(1):41.
[42] 王其钧.北京皇家园林[M].北京:中国建筑工业出版社,2006.
[43] 戚光英.雄丽之园:北方园林特色与名园[M].北京:现代出版社,2014.
[44] 贾珺.北方私家园林[M].北京:清华大学出版社,2013.
[45] 贾珺,黄晓,李曼昊.古代北方私家园林研究[M].北京:清华大学出版社,2019.
[46] 王睿.皇家园林与北方园林[M].北京:北京希望电脑公司,1998.
[47] 贾祥云,戚少峰,乔敏.山东近代园林[M].上海:上海科学技术出版社,2012.
[48] 杨鸿勋.江南园林论[M].北京:中国建筑工业出版社,2011.

[49] 顾凯. 明代江南园林研究[M]. 南京: 东南大学出版社, 2010.
[50] 许浩. 江苏园林图像史[M]. 南京: 南京大学出版社, 2016.
[51] 钱新锋. 江南·常熟园林景观佳作[M]. 北京: 中国建筑工业出版社, 2006.
[52] 陈从周. 扬州园林[M]. 上海: 同济大学出版社, 2007.
[53] 赵御龙. 扬州古典园林[M]. 北京: 中国建筑工业出版社, 2018.
[54] 中共太仓市委宣传部, 太仓市哲学社会科学联合会. 娄东园林[M]. 杭州: 西泠印社出版社, 2008.
[55] 曾宇. 巴蜀园林艺术[M]. 天津: 天津大学出版社, 2000.
[56] 刘管平. 岭南园林[M]. 广州: 华南理工大学出版社, 2013.
[57] 陆琦. 岭南园林艺术[M]. 北京: 中国建筑工业出版社, 2004.
[58] 陆琦. 岭南造园与审美[M]. 北京: 中国建筑工业出版社, 2015.
[59] 刘庭风. 岭南园林: 广东园林[M]. 上海: 同济大学出版社, 2003.
[60] 刘庭风. 岭南园林: 福建台湾园林[M]. 上海: 同济大学出版社, 2003.
[61] 刘庭风. 岭南园林: 香港澳门海南广西园林[M]. 上海: 同济大学出版社, 2003.
[62] 余海文. 园林千姿: 岭南园林特色与名园[M]. 北京: 现代出版社, 2015.
[63] 染喜献. 壮族元素与园林设计[M]. 武汉: 华中科技大学出版社, 2017.
[64] 张渝新. 桂湖园林鉴赏[M]. 成都: 巴蜀书社, 2006.
[65] 毛志睿, 杨大禹. 筑苑·云南园林[M]. 北京: 中国建材工业出版社, 2019.
[66] 樊国盛. 云南风景园林研究（一）[M]. 昆明: 云南科技出版社, 2011.
[67] 樊国盛. 云南风景园林研究（二）[M]. 昆明: 云南科技出版社, 2012.
[68] 樊国盛. 云南风景园林研究（三）[M]. 昆明: 云南科技出版社, 2013.
[69] 樊国盛. 云南风景园林研究（四）[M]. 昆明: 云南科技出版社, 2014.
[70] 马建武. 云南少数民族园林景观[M]. 北京: 中国林业出版社, 2006.
[71] 谢伟. 川园子: 品读成都园林[M]. 成都: 成都时代出版社, 2007.
[72] 谢伟. 川园子: 成都园林的前世今生[M]. 天地出版社, 2014.
[73] 陈其兵, 杨玉培. 西蜀园林[M]. 北京: 中国林业出版社, 2010.
[74] 赵长庚. 西蜀历史文化名人纪念园林[M]. 成都: 四川科学技术出版社, 1989.
[75] 曾宇, 王乃香. 巴蜀园林艺术[M]. 天津: 天津大学出版社, 2000.
[76] 刘庭风. 中日古典园林比较[M]. 天津: 天津大学出版社, 2003.
[77] 曹林娣, 许金生. 中日古典园林文化比较[M]. 北京: 中国建筑工业出版社, 2004.
[78] 周武忠. 寻求伊甸园——中西古典园林艺术比较[M]. 南京: 东南大学出版社, 2001.
[79] 周武忠. 理想家园: 中西古典园林艺术比较[M]. 南京: 东南大学出版社, 2012.
[80] 郑德东. 艺术之融昶——艺术学视阈下的中西方园林景观比较研究[M]. 南京: 东南大学出版社, 2017.
[81] 南海风. 东西方园林艺术比较研究[M]. 北京: 北京工业大学出版社, 2016.
[82] 云嘉燕. 传统园林文化与新兴园林文化比较研究: 明末清初苏州园林的文化政治学[M]. 北京: 中国建筑工业出版社, 2019.
[83] Arthur Danto. The Artworld [M] // Carolyn Korsmeyered. Aesthetics: The Big Questions. Cambridge: Blackwell, 1998: 40.
[84] 唐宏峰. 艺术体制及其批判[J]. 美育学刊, 2014, (6): 10-17.
[85] 何二元. 布封"论风格"误读辩证——兼谈中西风格论差异[J]. 抚州师专学报, 1993, (4): 59-62.
[86] 马克思, 恩格斯. 马克思恩格斯全集: 第1卷[M]. 北京: 人民出版社, 1995.
[87] 钟仕伦. 论康德的地域美学思想——以《自然地理学》为中心[J]. 四川师范大学学报（社会科学版）, 2013, 40 (6): 63-71.
[88] 中国植被编辑委员会. 中国植被[M]. 北京: 科学出版社, 1980.
[89] 陈有民. 中国园林绿化树种区域规划[M]. 北京: 中国建筑工业出版社, 2006.
[90] 王国玉, 白伟岚, 梁尧钦. 我国城镇园林绿化树种区划研究新探[J]. 中国园林, 2012, (2): 5-10.
[91] 刘先觉. 现代建筑理论[M]. 北京: 中国建筑工业出版社, 1999: 9
[92] Bernard Rudofsky. Architecture without Architects [M]. New York: Museum of Modern Art, 1964: 1, para2
[93] 毛泽东. 毛泽东选集（卷一）[M]. 北京: 人民出版社, 1991: 296.
[94] 卢健松, 姜敏. 自组织理论视野下民居的分类与分区方法研究[J]. 古建园林技术, 2012, (3): 59-62.
[95] 梁思成. 中国建筑史[M]. 天津: 百花文艺出版社, 1991.
[96] 王文卿, 陈烨. 中国传统民居的人文背景区划探讨[J]. 建筑学报, 1994, (7): 42-47.
[97] 陈先达. 论文化与文化的时代性和民族性[J]. 中国青年政治学院学报, 2000, (1): 25-34.
[98] 谭其骧. 中国文化的时代差异和地区差异[J]. 复旦学报, 1986, (2): 4-13.

[99] 冯天瑜. 中国文化的地域性展开[J]. 江汉论坛, 2002, (1): 5-6.
[100] 吴必虎. 中国文化区的形成与划分[J]. 学术月刊上海市社科联刊, 1996, (3): 15-15.
[101] 方创琳, 刘海猛, 罗奎, 等. 中国人文地理综合区划[J]. 地理学报, 2017, 72 (2): 179-196.
[102] 冯天瑜. 中国文化的地域性展开[J]. 江汉论坛, 2002, (1): 5-6.
[103] 冷梅. 长春市近代公园形成与发展研究[D]. 长春: 吉林建筑工程学院, 2012.
[104] 刘中华. 哈尔滨城市公园地域文化表达研究[D]. 哈尔滨: 东北林业大学, 2012.
[105] 李敏. 哈尔滨园林风格浅议[J]. 中国园林, 1985, (7): 55-58.
[106] 紫微. 盛京地区皇家园林景观研究[D]. 沈阳: 沈阳建筑大学, 2018.
[107] 郭喜东. 天津城市园林风格特色探究[J]. 中国园林, 2006, (3): 65-72.
[108] 刘秀晨. 关于北京园林文化大发展大繁荣的一些思考[J]. 中国园林, 2012, (12): 14-18.
[109] 陈尔鹤, 赵景逵, 赵慎. 山西古代私家园林概述[J]. 文物世界, 2005, (9): 9-15.
[110] 张艺璨, 付军. 浅析山西古代私家园林的历史发展和造园意匠[J]. 北京农学院学报, 2014, 29 (3): 78-82.
[111] 贾云祥, 戚海峰, 乔敏. 山东近代园林[M]. 上海: 上海科学技术出版社, 2012.
[112] 秦飞, 李琳. 徐派园林的学术定义[J]. 园林, 2019, (8): 2-6.
[113] 吕岩. 河南传统园林探研[D]. 郑州: 郑州大学, 2007.
[114] 莫波功. 周秦苑囿试探[D]. 上海: 上海师范大学, 2006.
[115] 田曼. 文学视野下的陕西园林艺术研究[D]. 西安: 西安建筑科技大学, 2014.
[116] 张舜徽. 清代扬州学记[M]. 扬州: 广陵书社, 2004.
[117] 陈从周. 扬州园林[M]. 上海: 上海科学技术出版社, 1983.
[118] 清·李斗. 汪北平, 涂雨公点校. 扬州画舫录[M]. 北京: 中华书局, 1963.
[119] 项飞. 近代海派园林的发展历程与艺术特征探析[J]. 上海建设科技, 2010, (4): 16-18.
[120] 张恒. "言说"与"实践"——《园冶》与江南园林互文性诠释[J]. 中国园林, 2014, (9): 58-62.
[121] 方利强, 麻欣瑶, 陈波, 等. 浙派园林论[M]. 北京: 中国电力出版社, 2018.
[122] 陈涵子, 严志刚. 徽派园林的符号学视角解读[J]. 黄山学院学报, 2010, 12 (5): 52-55.
[123] 郭巧愚. 小议徽州园林[J]. 重庆科技学院学报 (社会科学版), 2010, (8): 137-138.
[124] 吴义曲. 楚风园林在新时代背景下的拓展[J]. 艺术教育, 2014 (4): 190—191.
[125] 刘枫. 湖湘园林发展研究[D]. 长沙: 中南林业科技大学, 2014.
[126] 姜旭章. 长沙古典园林的继承与创新研究[D]. 中财林业科技大学, 2011.
[127] 汪耀龙, 许先升. 文化生态学视野下的岭南园林[J]. 西北林学院学报2014, 29 (2): 288~292.
[128] 刘庭风. 岭南园林之十二——闽台园林[J]. 园林, 2003, (12): 4-5, 52.
[129] 黎映欣. 江南园林与岭南园林相互影响之研究[D]. 临安: 浙江农林大学, 2016.
[130] 陆琦. 岭南造园与审美[M]. 北京: 中国建筑出版社, 2015.
[131] 刘庭风. 岭南园林之十: 广西园林[J]. 园林, 2003, (10): 5, 41.
[132] 刘庭风. 岭南园林之十一: 广西园林[J]. 园林, 2003, (11): 4, 22.
[133] 徐蕾. 海南园林景观的地域性研究[D]. 海口: 海南大学, 2013.
[134] 张哲乐. 论成都园林的文化特色[J]. 中华文化论坛, 2005, (4): 144-148.
[135] 赵燕, 李文祥. 云南园林的形成及特点[J]. 云南农业大学学报, 2001, 16 (3): 218-230.
[136] 王乐君. 黔东南苗族聚落景观历史与发展探究[D]. 北京: 北京林业大学, 2014.
[137] 王涵. 西藏园林的历史演变及其特点[D]. 咸阳: 西藏民族学院, 2015.
[138] 邓传力, 魏琴, 蒙乃庆. 西藏传统园林历史沿革探讨[J]. 安徽农业科学, 2011, 39 (21): 13042—13044, 13121.
[139] 陆易农. 新疆的园林类型及特征研究[J]. 八一农学院学报, 1991, 14 (1): 71-78.
[140] 苏日嘎拉图. 蒙古族特色园林景观特征研究[D]. 呼和浩特: 内蒙古农业大学, 2013.

第二章
徐派园林的基底

徐派园林是徐地或徐人营造的园林的概称。作为从上古时期延续至今的一个完整的园林文化艺术流派,"其气宽舒"的自然山水是其天然导师;徐风汉韵为基底,多元文化水乳交融下丰厚的地域文化是徐派园林创作的智慧源泉。

第一节　徐地、徐人与徐文化的产生

一、古徐地的地域变迁

徐，金文作"余"或"郐"。"徐州得名于徐方"[1]《尚书·夏书·禹贡》记曰："海、岱及淮惟徐州。"说从大海到泰山（以南）、淮河（以北）的区域都是徐州。《竹书纪年》记载："帝舜有虞氏，三十三年春正月，夏后受命于神宗，遂复九州。"[2]考古发现，春秋青铜器《叔夷钟》铭文有"咸有九州，处禹之堵"；《秦公簋》铭文："禹敷土，随山刊木，尊高山大川，帝命禹布土以定九州"；《遂公盨（又名燹公盨）》铭文："天命禹专（敷）土，陆（随）山浚川，乃釐（差）地设征，降民监德，……"。虽然古籍中关于九州的记载各有不同，九州说纷繁复杂，但除周制九州中无徐州外，其他各说徐州均赫然在列（表2.1.1），徐州作为古代华夏自然地理分区之一是明确无疑的。另一方面，周制九州之所以无徐州，可能是因为是时徐国国力过于强盛，徐偃王不服宗周所致。据《今本竹书纪年》记载：成王二年，"奄人、徐人及淮夷入于邶以判。"又载："穆王十三年、徐戎侵洛。冬十月、造父御王入于宗周。"《后汉书·列传·东夷列传》载："康王之时，肃慎复至。后徐夷僭号，乃率九夷以伐宗周，西至河上。穆王畏其方炽，乃分东方诸侯，命徐偃王主之。偃王处潢池东，地方五百里，行仁义，陆地而朝者三十有六国。"《诗经·大雅·常武》也记有："戒我师旅，率彼淮浦，省此徐土。"《左传·昭公元年》记："虞有三苗，夏有观、扈，商有姺、邳，周有徐、奄。"[3]因此，可以推测，周王室忌惮徐国过于强大，频频出兵征讨，并将之从"天下九州"中加以分割、除名。因此，从这一意

表2.1.1　各文献所记九州之比较

《禹贡》九州	《舜典》十二州	《尔雅》九州	《周礼》九州	《吕氏春秋》九州	《容成氏》九州
冀州	冀州	冀州	冀州	冀州	夹州
兖州	兖州	兖州	兖州	兖州	
青州	青州			青州	竞州
徐州	徐州	徐州		徐州	涂州
扬州	扬州	扬州	扬州	扬州	扬州
荆州	荆州	荆州	荆州	荆州	荆州
豫州	豫州	豫州	豫州	豫州	叙州
梁州	梁州				
雍州	雍州	雍州	雍州	雍州	虘州
	幽州	幽州	幽州	幽州	
	并州		并州		蓏（藕）州
	营州	营州	营州		莒州

义上说，九州在上古时期就不仅仅是一个自然地理的分区，也具有一定的行政统辖的"疆土"意义。

所谓方国，是人类社会早期的酋邦制原始国家。徐方即以徐族人为主的酋邦制国家。综观徐夷在夏朝末（公元前16世纪）到春秋（公元前524年）1000多年中，从部族迁徙到立国，从反抗宗周到依附楚国，其活动范围中心大多在今徐州市为中心的鲁南苏北一带，近年在邳州梁王城附近，九女墩一、二号墓出土编钟有"徐王之孙尊"铭文。州是水中陆地，而"徐"正是徐夷留下的地名印记。正如何光岳先生所指出的那样："其实嵎、莱、和、徐、淮均为鸟夷的分支图腾名称，随着这些部族的迁徙，也把族名带到那里，便成为山川地名了。"[4]"徐州"一词以后在《尚书·夏书·禹贡》中出现。《吕氏春秋》云："泗上为徐州，鲁也。"《尔雅·释地》有："济东曰徐州。"

到春秋时期，禹划九州之徐州地域主要演变为徐、鲁、薛、藤、钟吾、郯、邾、莒、宋等诸侯国。战国时期，西汉·司马迁《史记》记："楚东侵，广地至泗上。"《史记·货殖列传》记："自淮北沛、陈、汝南、南郡，此西楚也""彭城以东，东海、吴、广陵，此东楚也"。徐州自此成为楚地。

西汉初，武帝置十三刺史部，《汉书·地理志》云："武帝攘却胡、越，开地斥境，南置交趾，北置朔方之州，兼徐、梁、幽、并夏、周之制，改雍曰凉，改梁曰益，凡十三部，置刺史。"汉武帝所制十三州分别是豫州、冀州、幽州、并州、凉州、徐州、兖州、青州、荆州、扬州、益州、朔方、交趾，每州置刺史一人，负责巡察境内地方官吏与强宗豪右，所以也称为十三刺史部，这是中国州制区划最早的确切记载。这时的"徐州刺史部"地域范围南达长江、北到胶东半岛南部、西起古泗水流域东抵大海[5]。

东汉时北界稍向南缩，《后汉书·志·郡国》载："徐州刺史部辖郡、国五（东海郡、广陵郡、琅琊国、彭城国、下邳国）、县、邑、侯国六十二。"又载："沛国秦泗水郡，高帝改。鲁国秦薛郡，高后改。本属徐州，光武改属豫州。"

三国两晋南北朝时期，因各方征战不停，"徐州刺史部"地域多有变动，北魏时，徐州治彭城。初设时领有彭城、沛、下邳、兰陵、琅琊、东海、淮阳、阳平、北济阴、南济阴十郡。北朝后齐时，据《尔朱敞墓志大隋故上开府徐州总管边城郡开国公尔朱公墓志铭》载其辖区云："（开皇）二年，改封边城郡开国公，都督徐、邳、兖、沂、泗、海、楚、宋八州八镇诸军事、徐州总管。"[6]

唐朝统一后，作为汉代一级政区的徐州刺史部大致以淮河为界，北部成为中央王朝直辖区河南道一部分，包括高密郡、琅琊郡、鲁郡、彭城郡、符离郡、临淮郡、东海郡等，淮河以南区域成为淮南道的一部分[7]。

五代十国时期，原汉徐州刺史部区域分由后梁—杨吴、后唐—杨吴、后晋—杨吴、后晋—南唐、后汉—南唐、后周—南唐等分据。

北宋时期，原汉徐州刺史部区域纳入统一的王朝，但进一步折分到京东东路、京东西路、淮南东路3路之中。

金（南宋）时原汉徐州刺史部区域被拆分成山东东路（沂州、海州、莒州）和山东西路〔徐州、兖州（曲阜、泗水）、邳州、滕州、泰安州〕2部分。

元朝前期原汉徐州刺史部区域被拆分成2部分：中北部归于河南行省（归德府辖）、南部归于江浙行省；中后期北部区域成为中书行省（山东东西道）的一部分，南部区域成为河南江北行省（江北淮东道）的一部分。

明朝时期，原汉徐州刺史部区域南部为南直隶京师的一部分，北部为山东布政使司的一部分。

清朝时期，原汉徐州刺史部南部区域的政区隶属变化较多，清顺治二年为江南省一部分，又设淮扬总督；十八年徐州升直隶州，江南左布政使领之。康熙三年，分江北按察使往治；五年，扬州、淮安、徐州复隶江南；六年，属江苏布政使司（淮安府、徐州直隶州）。乾隆二十五年，增设江宁布政使司，析淮安、徐州府，与江苏布政使司对治。光绪三十年，又设江淮巡抚，驻清江浦（清史稿·志·卷三十三、三十四）。北部区域隶属较为稳定，山东布政使司（清史稿·志·卷三十六）。

民国时期，原汉徐州刺史部区域隶属大致延续清后期的分治格局，南部为江苏、安徽一部分，北部为山东一部分，另有极小部分归属河南管治。

日伪时期，日军占领徐州后成立"苏北行政专员公署"，归属"华北政务委员会"；汪伪政权成立以后，设立以徐州为省会的"淮海省"，所辖区域主要为苏、皖、豫的交界地淮海地区。

新中国成立后，原汉徐州刺史部分属山东、江苏、安徽、河南四省。2018年10月6日，国务院发布《关于淮河生态经济带发展规划的批复》，将徐州定位为淮河生态经济带暨淮海经济区中心城市，明确提出"淮海经济区包括徐州、连云港、宿迁、宿州、淮北、商丘、枣庄、济宁、临沂、菏泽等市"。古徐大地再次联合成为一个经济体。

二、徐文化的源流

徐文化是古徐大地上的人们创造的物质文化和精神文化的总和。

（一）徐文化的考古发现

1. 徐国都城考古

从大禹之孙仲康封若木于徐方，到商初立国，再到春秋末期（公元前512年）为吴所灭，徐王章禹率从臣奔楚，长达一千五六百年，其中成文史也有1000余年之久。但徐国的政治经济中心，即都城位于何处，长期以来一直莫衷一是，徐国本土一直没有发现徐国墓葬和徐器的情况，直到20世纪90年代才告结束。

1993年初，邳州市博物馆对戴庄乡梁王城九女墩三号墩进行了发掘；1995年夏，徐州博物馆、邳州博物馆对梁王城遗址进行了发掘；同年，南京博物院等对九女墩二号墩进行了发掘；1997年，徐州博物馆、邳州博物馆对九女墩四号墩进行了发掘。2004年由南京博物院、徐州博物馆、邳州博物馆对遗址进行了第一次科学主动的发掘。发掘发现遗址地层堆积情况复杂，最厚处达6m，共分7层：第7、6层为新石器时代遗存，第5、4层为商周时期堆积，第3层为汉代地层，第2层为汉代以后地层。

新石器时代文化遗存主要是大汶口文化遗存，共清理出灰坑12个、墓葬10座。随葬品有玉、石、骨、陶，其中陶器既有夹砂，又有泥质，更多见精巧的薄胎黑陶器。器形有盆、鼎、豆、罐、杯、鬹等。另外在遗址发掘中还清理出一批具有典型龙山文化的器物如鸟首形足鼎、三足鼎等，和具有岳石文化特征的器物如蘑菇形纽盖、弦纹豆、凸棱杯等。

第5、4层为商周时期堆积，其中开口于5层下灰坑有8座。灰坑与第5层共清理出卜骨、骨锄、石钱、石斧、陶鬲、陶甗、小陶方鼎等。开口于第4层下的遗迹出有铜鼎、陶罐、陶豆、陶鬲、玉块、铜剑、刀、戈、箭傲等。在第4层还清理出一件具有典型齐文化特征的半瓦当。

在商周时期地层，还发现有人造园景的遗迹，有一条长约10m、宽约1m用鹅卵石铺成的小径，小径两旁用奇形怪状的石块垒起高约七八十厘米高的类似现今园林中假山一般的造型，在其附近路面下方约1m处发现铺有陶制下水管道以及陶井圈。

距梁王城约1km的刘林遗址，是一处内容丰富的新石器至商周时代文化遗址。1958年冬，这里发现一座春秋战国时期贵族墓葬，出土了大量青铜器，大多已流失，征集到的有方壶、镂空方盖、西替簠、西替铪、匜、衔、勺、镂空瓿、大鼎等。

2006年由南京博物院、徐州博物馆以及邳州博物馆对梁王城遗址进行了第二次抢救性发掘，发掘面积共计2100m²。发现大汶口文化时期的大型制陶作坊1座、窑址1座，西周时期的墓葬29座、马坑5座、牛坑1座、狗坑1座、猪坑1座，春秋战国时期的大型夯土台基和大型石础建筑，以及各个时期的灰坑、灰沟、水井、房址、灶坑等遗迹，出土了陶器、瓷器、石器、青铜器、玉器、骨器及琉璃器、铁盔甲、兵器、铁工具农具等共600余件，初步揭示出梁王城春秋战国古城的宫殿风貌。

这一系列发掘，连同20世纪80年代初在生产建设中遭到破坏的九女墩五号、六号墩，出土了大批带有铭文的徐国青铜编钟及其他青铜礼器等徐国文物，结合相关的文献记载和民间传说，推定九女墩大墓群为春秋晚期徐国王族墓群，梁王城与鹅鸭城遗址为春秋晚期徐国都城遗址[8-9]。

2. 徐国青铜器

铜（铜合金）是人类历史上最早的冶炼金属，是古人技术发展到相当高度的产物，《周礼·考工记》里明确记载有制作不同形器的合金比例。中国自夏代开始进入了青铜时代，经夏、商、西周、春秋、战国、秦汉，每一时期都有着前后承袭的发展演变系统，青铜器代表了那个时期的经济、科技和文化水平。

古徐国经济发达，促进文化发展、文化发达。徐人发明了住房、舟船、弓箭等，但是，流传至今的实物主要是商周时期的青铜器。西周王朝"征东夷""征东国"多是迫使徐国进献的掠夺性战争，这在西周时期的许多青铜器铭文上都有文字记载。仅周穆王时期，就有15件青铜器的铭文中有和淮夷，特别是徐国有关的战争记录。西周青铜器上金文中数次提到周朝伐淮夷

"孚吉金"。"孚"意为获取、掠夺,"吉金"即优质的青铜器。徐国为淮夷部族中最大的、具有代表性的国家。

徐国青铜器无疑是古徐国文化的重要表现形式和载体,早在20世纪30年代,郭沫若先生在《两周金文辞大系图录考释·序文》中,将中国古代青铜器划分为南北两系,提出"江淮流域诸国南系也,黄河流域北系也",并认为"徐楚乃南系之中心"[10]。20世纪50年代以来,更多数量的徐国精美青铜器的出土,为我们见证那个时期的辉煌。

徐国青铜器出土区域广泛。初步统计,江苏邳州刘林出土方壶等15件、九女墩二号出土64件、三号出土222件;浙江绍兴出土17件,徐尹髭鼎、徐王元子炉1件;安徽舒城出土一批;江西高安共出土钟铎类9件(其中1件为徐尹征城),觯3件(其中1年为徐王义楚觯);江西靖安出土徐王义楚盥洗盘、徐令尹者旨(炉)盘各1件;湖北枝江、襄樊出土徐太子白鼎、徐王义楚之元剑各一件;山东费城出土徐子氽之鼎1件;江苏丹徒出土一批,重要的有钮钟7件,镈钟5件,甚六之妻鼎1件以及缶、矛等;山西侯马出土铜器一批,其中确认徐器的有庚儿鼎、沇儿钟各1件。此外,还有一批传世徐器等[8-9, 11-12]。其中20世纪50年代前,考古资料记载有24件青铜器,主要是日常生活、家庭、兵器方面,如"儿钟""徐髂尹钲""徐王义楚铺"都有铭文。其他还有"徐伯鬲"(殷)、"徐偃侯旨铭"(周)、"徐偃王壶""吏形兽尊仪"等,虽然由于战乱和时代久远,徐国鼎盛时期即西周的徐器目前还较少见,大部是徐人晚期(春秋时代)的器物,但是,徐国青铜器出土地区的广布,已经可以从一个侧面说明徐人和徐文的扩展和传播之广。

徐国青铜器和西周中原地区相比,既有一定的相似性,也具有一定的特色。例如:"傅儿钟"的铭文,转成现代汉字是:"隹正九月初吉丁亥,曾孙傅儿,余达斯于之孙,余兹洛之元子。曰,呜呼,敬哉!余义楚之良臣,而逐之字父,余購逐儿得吉金镈铝,以铸穌钟,以追孝先祖,乐我父兄,饮飤歌舞,孙孙用之,后民是语。"[12]铭文中作了世系的排列,展现了家庭和睦、欢乐的场景,紧凑扼要,可见当时徐国的经济和文化水平。再如"沇儿镈"铭文,转成现代汉字是:"唯正月初吉丁亥,徐王庚之淑子沇儿,择其吉金,自作穌钟,中韓叔易,元鸣孔煌,孔嘉元成,用盘饮酒,和会百姓。淑于威仪,惠于盟祀,余以宴以喜,以乐嘉宾,及我父兄,庶士。皇皇熙熙,眉寿无期,子子孙孙,永保鼓之。"[13]绍兴一座东周(春秋)的大型墓葬中发现的"徐賸(肴?)尹髭汤鼎"铭文释成现代词语是:"唯正月吉日初庚,郐(徐)肴尹髭自作汤鼎。宏良圣每,余敢敬明盟祀,纠律涂俗,以知恤辱,寿身毂子,眉寿无期,永保用之。"[14]这是一个过去管理祭祀的官,国破逃亡铸器铭以示誓词,誓词中表示对故国的怀念和亡国的耻辱。和这件徐器一起出土的还有一件青铜质"伎乐铜屋"(图2.1.1),通高17cm,平面长方形,面宽13cm,深11.5cm,三开间,明间比两侧次间宽0.3cm,三间进深相等,正面敞开无墙、门,立2根圆形明柱,余3面有墙,其中东西2面为长方格透空落地式立壁,北墙仅在中心部位开一宽3cm、高1.5cm的小窗。屋顶四角攒尖顶,顶心7cm高的八角柱,柱顶塑一大尾鸠。室内有6个裸体乐人,分前后两排。前排东一人面朝西,臀后有明显的股沟,右手执槌,左手前伸张指作节拍状,前置一鼓架,上悬一鼓。前排中、西两人面向南,双手交置于小腹,作引吭高歌之状。后排东一人面朝南,双手捧笙吹奏,中一人膝上置一长条形四弦琴,右手执一小棍，左手抚琴，西一人右肘依于一横置四弦琴尾，拇指微曲作弹拨状，左手五指张开正以小指抚琴，六人都留长发，显然与当时吴越"断发纹身"的风俗不同。徐国虽被周人指为夷，但生活习俗已和中原人士无大区分。《左传》昭公三十年（公元前512年）吴灭徐，"徐子章禹断其发，携其夫人，以逆（迎）吴子"说明徐人原来不断发，为了表示投降，随风易俗，首先断发。整件青铜器的设计艺术、制作水平显示了徐国超群的文化素质。这些裸体乐俑，神情质朴、安详欢愉，体现了人的原始美感，又与西周中原礼俗迥异不同[15]。

图2.1.1　伎乐铜屋（引自王屹峰，2009）

（二）徐文化的诞生

古徐之地，其气宽舒。优越的地理和气候环境，为古人类的定居与发展提供了良好的基础条件。古文献和考古成果表明，早在1万年前石器时代，这里已有人类活动。6500多年前，大汶口文化发轫。5000多年前，大汶口文化和良渚文化在这里实现了"文化两合"而成为花厅古文化，社会形态也由"由原来的富人和平民两个阶层分裂为贵族、富人和平民三个阶层，并使花厅由简单社会向复杂社会变化。"[16]在今江苏和安徽北部、山东南部、河南东部的淮河流域，有很多大汶口文化、龙山文化遗址，它们的文化面貌尽管各具有一些特点，但总体的文化面貌是一致的。这一具有相同或相近文化内涵的新石器遗址的分布区域，与《禹贡》所说徐州的地理范围基本一致，即"海岱及淮惟徐州。"不能把黄河流域、长江流域的范围扩大到淮河流域来，在这个地区存在着一个或多个重要的原始文化。[17-18]

在这一地区人类发展过程中，有一支源于燕山南麓经今山东北部不断南迁的部落，到舜帝时期，其中的一位称作大费（又称伯益）的人，据（《史记·十二本纪·秦本纪》中记载，被舜"乃妻之姚姓之玉女。大费拜受，佐舜调驯鸟兽，鸟兽多驯服，是为柏翳。舜赐姓嬴氏①。"伯益部初居地在嬴（今山东莱芜市西北）[19]，伯益和禹原同为舜臣。禹划九州将此地域定为

---

①舜帝赐伯益为嬴姓，其实只是命他担任嬴姓部落的首长，并非嬴姓自伯益时才开始有。

"徐州"。禹之孙仲康继位（约公元前2000年）封伯益二子若木于"徐方"，即今鲁南苏北处建立了徐国。历经夏、商，直至西周仍为东夷集团中最大的方国，《韩非子》说其地域五百里。从周公旦开始，周成王、周康王几代中，西周王室和徐之间争战频繁。《诗经·大雅·常武》详细记述周王亲征徐国史事：

赫赫明明。王命卿士，南仲大祖，大师皇父。整我六师，以修我戎。既敬既戒，惠此南国。王谓尹氏，命程伯休父，左右陈行。戒我师旅，率彼淮浦，省此徐土。不留不处，三事就绪。赫赫业业，有严天子。王舒保作，匪绍匪游。徐方绎骚，震惊徐方。如雷如霆，徐方震惊。王奋厥武，如震如怒。进厥虎臣，阚如虓虎。铺敦淮濆，仍执丑虏。截彼淮浦，王师之所。王旅啴啴，如飞如翰。如江如汉，如山之苞。如川之流，绵绵翼翼。不测不克，濯征徐国。王犹允塞，徐方既来。徐方既同，天子之功。四方既平，徐方来庭。徐方不回，王曰还归。

《后汉书·列传·东夷列传》记曰："康王之时，肃慎复至。后徐夷僭号，乃率九夷以伐宗周，西至河上。穆王畏其方炽，乃分东方诸侯，命徐偃王主之。偃王处潢池东，地方五百里，行仁义，陆地而朝者三十有六国。穆王后得骥騄之乘，乃使造父御以告楚，令伐徐，一日而至。于是楚文王大举兵而灭之。偃王仁而无权，不忍斗其人，故致于败。乃北走彭城武原县东山下，百姓随之者以万数，因名其山为徐山。"周穆王继封其子孙为子爵，此后，一直延续至春秋末期吴王派孙武、伍子胥兴师伐徐，徐国被灭，前后共有44代君王、1649年。

而禹划九州之徐州大地除徐国以外，先有尧封彭篯建立了大彭氏国，后有禹娶涂山氏女并大会诸侯于涂山。《史记·五帝本纪》记载，彭祖是轩辕黄帝七世孙，与夏禹、皋陶、殷契（殷商的先祖）、弃（周朝的先祖）、垂、龙等被列为舜时期的名臣。尧帝封彭祖到今徐州城西大彭镇建立大彭国，作为拱卫华夏部落的东方屏障。到东周时，又产生了另一个从中原东迁而来的古方国——吕国，《左传·襄公元年》载："晋伐郑。楚子辛救郑，侵宋吕、留。"宋·罗泌著《路史·周世国名纪》载：吕国，"周置，旋亡，为宋邑。"战国时，徐地分属宋、鲁、滕、吴等，后归楚。

特别是篯铿的到来，将先进的中原农耕文明带到徐地，带领民众筑城、掘井、治理洪水、发展生产；教导民众锻炼身体、增强体质；创新烹调术，将人类饮食由熟食推向味食，完成了人类饮食文化的一次飞跃。篯铿建立大彭氏国的贡献被尊称为彭祖，在历史上影响很大：孔子对他推崇备至，庄子、荀子、吕不韦等先秦思想家都有关于彭祖的言论，道家更把彭祖奉为先驱和奠基人之一，许多道家典籍保存着彭祖养生遗论，彭祖养生、餐饮文化等一直流传至今。

可见，先秦时期古徐州的地域文化，是由当地徐人自我创造的文化和由中原王朝东征、彭祖篯铿、吕人东迁带来的中原文化和楚人北扩带来的楚文化相互碰撞与融合而来。带有不同时代、不同迁徙地的逐渐积淀形成的特点。

郭沫若先生在《历史人物·屈原研究》中指出：中国的真实文化期起源于殷代，殷商灭之后，殷文化的走向分为二大支，一支在周人手下在北部发展，一支在徐、楚人手下，在南方发展。西周三百六十余年间南北是抗争着的，周人一直把徐、楚人当成蛮夷，但南人并不是那样的蛮子。显然，徐人的文明并不比周人初起的文明落后。徐是夏、商就存在的古国，具有相当的经济基础。吴越人的汉化一定受了徐楚人影响，吴的支配者虽然是周人的伯夷仲雍，但他们初到吴时也还是半个蛮子，徐楚人和殷人的直系宋人是传播殷代文化在中国南部发展的[20]。

而自秦以后，徐州因其位据南北（西）漕运枢纽和历史上三大古都群①的中心的地位、军事、政治地位更加重要、始终是一方政权统治中心、军事指挥中心、区域经济中心和文化传播中心，地理上"东襟淮海、西接中原、南屏江淮、北扼齐鲁"，文化上据南向北、倚东朝西，北方黄河文化与南方长江文化在此得到更进一步高强度的碰撞、融合。

（三）徐人与徐文化的扩展

从古徐州划定到吴王领徐地，在这漫长的一千六百多年中，徐地之人——徐人亦在众嬴姓首领统率之下，有组织地逐渐南进、西迁[21]。《史记·十二本纪·秦本纪》载："自太戊（商朝第九任君主）以下，中衍之后，遂世有功，以佐殷国，故嬴姓多显，遂为诸侯。"徐与郯、萧、奄、葛、谭、费、江、黄、耿、弦、兹蒲、白、赵、梁、裴、复、寅、穀、秦皆同为嬴姓之国[22]。迁布中心地区是在今鲁南、豫南、苏北、皖北，远及东北、河北、鲁西、陕西、甘肃及江、淮等地[23]，成为华夏族的重要组成部分。郭沫若先生指出："春秋初年之江浙，殆犹徐土"[24]，蒙文通先生认为："徐戎久居淮域，地接中原，早通诸夏，渐习华风……徐衰而吴、越代兴，吴、越之霸业即徐戎之霸业，吴、越之版图亦徐戎之旧壤，自淮域至于东南百越之地，皆以此徐越欧闽之族筚路蓝缕，胥渐开辟……"[25]等等，这些观点也由当今众多考古成果所证明[26-28]。

秦汉时期，秦人一扫六国，实现华夏大地政治上的统一。其后，项刘名为楚汉相争，其实是楚（徐）人内部的同乡人竞争。刘邦大汉王朝一统天下，政治上"汉承秦制"，文化上"使楚风风行于南北"，华夏大地真正实现了文化统一，"西汉的创立和强盛标志着（中华大地文化统一）这一进程的基本完成"[29]。

之后从公元220—222年间魏、蜀、吴三国分立起，经两晋南北朝，到公元580—589年间北齐、北周和陈"后三国"被隋统一，前后约400年，因受分裂对峙的疆域形势控制，徐地豪绅士杰民户的主动与被动迁出相当惊人。第一个高潮当为汉末淮泗流域的大族避乱江东，及其后孙吴集团南渡开创江南基业后随之南迁者，其中尤以淮泗集团为著[30]。第二个高潮为东晋南朝。自西晋永嘉之乱起，经历东晋以迄刘宋末年，凡160余年，北民南迁更呈汹涌之势。其中原地徐州刺史部的江南侨州郡县就有南徐州、南彭城郡、南下邳郡、临淮郡、淮陵郡、堂邑郡、彭城、吕、武原、北凌、下邳、良城、朐、利城、祝其、厚丘、盱眙、海西、射阳、淮浦、淮阴、东阳、下相、司吾、徐、堂邑以及南泰山郡、南鲁郡、南东海郡、南琅琊郡、南东莞郡、南兰陵郡、兰陵郡、鲁、薛、郯、临沂、兰陵、东莞、莒等数十个[31]。

---

① 西部古都群西安、洛阳、安阳、开封、郑州、咸阳，北部古都群北京、大同，南部古都群南京、杭州。

大量徐民南渡，特别是在一些地点、地带与地域相对集中[32-33]，侨流人口的数量甚至超过了原住民数量，不仅对当时以至后世的江南历史产生了多重的影响，而且从实质上讲，东晋及南朝的宋、齐、梁都是移民政权——东晋转换为刘宋，刘宋创始者为彭城刘裕，又兰陵萧道成禅宋建齐，兰陵萧衍禅齐建梁，宋、齐、梁三朝皇室，原籍也无一不属古徐州。东晋南朝的政治、军事核心地区今南京、镇江等地，正是在优势的侨人文化作用下，告别了吴语，逐渐转变为间杂吴语的北方语言。特别是南迁移民中众多的宗室官僚、世家大族、文人学者，他们拥有相当的社会地位、经济实力、文化水平，对迁入地的文化成长发生持久的作用，使得江南地区的文学、书法、绘画、雕塑、音乐、园林以及思想等等面貌出新，极大丰富了江南地区文化的内涵，迅速提升了江南地区文化的层次[34]。

第二节 自然环境基底

一方水土养一方人。地理环境是文化发展的基础和条件，任何文化现象都是受地理环境的影响并在人文景观或自然景观中烙入地理特征。徐派园林作为一种文化现象，其发展和变迁受特定的时代背景和区域环境的影响。

一、地形地貌——山水相济，宽舒安徐，和畅悦心

古徐州所在的淮河中下游区域现代地貌起于中生代末与新生代初。地质发育到第四纪的早更新世，淮河流域气候开始转暖，湖盆诞生，河水流向自南向北，由东向西，出口主要在西部的今安徽太和县以及西北部的亳州。中更新世气候变得温暖湿润，湖盆扩张，陆源供给及河水流向均与早更新世一致。晚更新世气候干冷，湖盆面积大收缩，主要以冲积相及风成黄土堆积为主，豫皖苏平原低洼部分至此已由黄河堆积物填平。受喜马拉雅运动的影响，沿淮河断裂带以北的沉积区发生了北西抬升、东南沉降的反向掀斜运动，改变了整个淮北地区东高西低的格局，演变为现在的由西北向东南倾斜的地势，水流方向也相应变为由西向东，河流出口集中于五河县；与此同时，古黄河冲积扇发育，在向东南倾斜的古黄河冲积扇与原向西北倾斜的淮阳山前平原的交接地带，以及沿淮河断裂带，发育了近东西向的积水湖泊洼地。在晚更新世末期地壳抬升，海平面下降，湖水切穿五河的浮山峡，流向今洪泽湖，注入古黄海，于是淮河形成[35]。

之后，在到公元前132年（汉武帝元光三年）黄河首次南泛入淮以前的5000年中，淮河下游三角洲向海淤长年平均速率只在20m左右，汇聚众多不对称支流体系的淮河，"河水至浊，下流束隘停阻则淤，中道水散，流缓则淤；河流委曲则淤，伏秋暴涨，骤退则淤"[36]的沉积，造就了自身"淮河冲积平原"的基础。《尔雅·注疏》李巡曰："淮、海间其气宽舒，禀性安徐，故曰徐。徐，舒也。"[37]。

自公元前132年黄河首次南泛入淮，特别是北宋末期开始，黄河频繁溃泛于广大的淮北地区以后，整个淮北平原长期沦为黄水泛流的沉积环境，湮塞古潟湖分裂后留下的大大小小的湖泊，打乱了原有的自然水系，不断构造出新的水系结构的同时，也极大地改变了淮北地区的自然环境，"淮河冲积平原"逐渐演变成为"黄淮平原"，进一步降低了区内丘陵山地的相对高程。由地垒式中等切割的丘陵和残丘，耸立于群丘之上的低山以及沿丘陵和残丘外侧广泛分布的微波起伏的岗地，或具有薄层堆积物覆盖的剥蚀平原[38]，以及广大的冲积、洪积、湖积平原成为本区的主要地貌景观，并构成了显著的地形地貌特征：岗岭四合，山水相济，有山不险，有水不湍，平原广阔，河网纵横，湖泊星列，构成了舒展和畅、柔美悦心的地形地貌（图2.2.1～图2.2.8）。

图2.2.1 大洞山景观风貌：九顶莲花岗峦合

图2.2.2 云龙山湖景观风貌：青龙碧波呈瑞祥

图2.2.3 九里山景观风貌：横看成岭侧成峰

图2.2.4 泉山景观风貌：丘岭叠秀尽丰盈

图2.2.5 骆马湖景观风貌：野趣柔情况芬芳

图2.2.6 微山湖景观风貌：镜湖菡萏无穷碧

图2.2.7 马陵山景观风貌：双岭逶迤一江山

图2.2.8 黄草山景观风貌：山水相济气宽舒

二、气候环境——四季分明,水热同季,日丽风和

广阔的古徐州大地,属暖温带湿润、半湿润季风气候区,具有从长江流域向黄河流域过渡的气候特点,而略近于黄河流域。季风环流随季节不同而发生变化,冬季主要受蒙古高压控制,以北风为主;夏季受低压控制,以南风为主,两种环流的交替变换时间在春秋两季。数千年来,气候虽有变化,但整体四季分明,光照充足,雨量适中,雨热同期,日丽风和的规律基本保持不变。

(一)古气候及变迁概要

中华文明是在由植物营养源的地带性变化而形成的生态坡上,由全新世(新石器时代)古气候波动脉动驱动着[39]。以现今的温度水平为基准,古徐州地区大致经历了一个前暖后冷的变化过程。

新石器时代黄淮下游地区的温度、湿度和降水量都比现在高,距今8000~6000年全新世大暖期极盛期、亚热带的北界曾推进到北纬37°附近,乔木孢粉浓度也达到最大;距今6000~4000年气温与孢粉浓度开始下降,但总体状况优于现代;距今4000年以来,气温波动下降,孢粉浓度也呈现较大的波动,并降为现代水平[40]。据竺可桢先生研究,这一气温波动下降的过程,可以分为四个温暖期和四个寒冷期:约公元前3000—前1100年(即从仰韶文化到安阳殷墟时期)为中国的温暖气候时代,大部分时间的年平均温度高于现在2℃左右,1月温度约在比现在高3~5℃,当时西安和安阳地区有十分丰富的亚热带植物种类和动物种类。公元前1066年刚进入周朝时气候仍然温暖,但不久就降低了,但周朝的寒冷情况没有延长多久,约在只一二个世纪,到春秋时期(公元前770—前481年)又暖和了,战国时代(公元前480—前222年)温暖气候依然继续,秦朝和西汉(公元前221—公元23年)气候继续温和,东汉时即公元之初天气有趋于寒冷的趋势,直至6世纪上半叶(南北朝时期,公元420—589年),到7世纪中期(唐中期)变得和暖。宋初开始,气温逐渐转低,12世纪初期气候加剧转寒。12世纪刚结束,气温又开始回暖,但经历了一个短时间又被停止,13世纪以来,以17世纪为最冷,19世纪次之。五千年来中国温度变迁见图2.2.9、表2.2.1[41]。

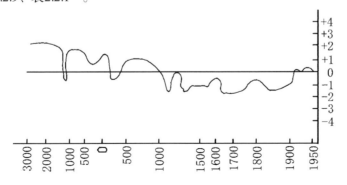

说明:图中横坐标的时间尺度越往右缩尺越小。图中的温度0线是现今的温度水平,以它作为我国近五千年来温度升降比较的基准线,它并不是五千年来的平均温度线。

图2.2.9 五千年来中国温度变迁图(改自竺可桢,1972)

表2.2.1　五千年来淮河流域气候特征表（摘编自竺可桢，1972）

序列	时间段	朝代	淮河流域	全国
暖期Ⅰ	3000—1000aB,C,	仰韶、殷墟文化期	温暖湿润，年均气温高约1~2℃，降水多200~300mm	温暖湿润，年均气温高2℃，亚热带植物在黄河流域生长
冷期Ⅰ	1000—850aB,C,	周初	偏冷偏干	汉江水面结冰
暖期Ⅱ	770aB,C,—公元初	春秋战国到西汉	温暖湿润，竹梅等亚热带植物经常出现在《左传》等，鲁国经常无冰	气候较温暖，竹梅等亚热带植物常见于黄河中下游
冷期Ⅱ	公元初—600aA,D,	东汉到南北朝	淮河下游结冰，当时温度低1~4℃	公元280年，前后较冷，年均气温低1~2℃
暖期Ⅲ	600—1000aA,D,	隋唐	气候转暖，雨量指数均为正距平	竹、梅、柑橘等在无冰雪的西安一带生长
冷期Ⅲ	1000—1200aA,D,	南宋	11世纪初转寒，12世纪寒冷尤甚，淮河结冰，估计年均温度低2℃左右	野梅在华北地区消失，太湖结冰，洞庭湖柑橘冻死，荔枝种植线南移
暖期Ⅳ	1200—1300aA,D,	元朝	雨量指数为正距平，涝灾多于旱灾，气候回暖	竹子生长线北移到黄河中游
冷期Ⅳ	1400—1900aA,D,	明清	淮河多次结冰，期间有周期较短的干湿冷暖变化	小冰期，大批亚热带柑橘冻死，寒流达广东、海南等地，西部山地冰川、冻土发育

说明：表中温度高或低均以现今的温度作为比较的基准线。

（二）主要的气候特点

淮河流域虽然受季风气候所控制，旱涝频繁，气象灾害较多。但是从总体看，气候资源是较优越的，热量丰富，光照充足，气候温和，雨量较多且光热水配合良好。其四季变化看，春季气温回升快，但不稳定；降水逐增，但年季变化大。夏季常受东南海洋暖湿气流影响的管制，气温高，气候炎热；6月下旬进入雨季，降水集中，降水强度大，常有暴雨天气。秋季降温迅速，日较差大，雨水少，日照长，多秋高气爽天气。冬季常受北方大陆干冷空气侵袭和控制，气候寒冷，雨雪较少，晴朗天气多，盛行偏北风。

流域多年平均气温约在13.2~15.7℃，其中南部相对较高，北部气温相对较低。北部黄淮平原的>0℃积温约在5000~5400℃，≥10℃积温约在4500~4800℃。相对湿度方面，流域多年均值约在66%~81%，南部区域较高，而北部较低，且东部区域较高，西部较低。流域的无霜期北部约在180~220d，南部约在200~230d。多年平均日照约在1990~2650h，自东北区域向西南区域越来越少。

流域降水受季风影响显著。在春季，由于东北季风逐渐减弱，而西南季风逐渐增强，导致降雨量增大；夏季主要以西南季风为主，也带来大量的降雨；到秋季，西南季风又逐渐减弱，降水也随之减小；冬季以偏北季风占主导作用，降雨较少。降雨期一般为5~8月份，其他月份降雨差异较大；年际降雨变化也较大，丰、平、枯年份降水量差异明显，多年平均降水量约在700~1000mm；不同区域的降雨分布也不均匀，南部降水量较大，北部降水量较小。[42-43]

三、植物资源——南北交汇，和谐致祥，万物蕃昌

（一）史前植被演变概要

根据孢粉研究结果，远在古生代，古徐州地域即为大面积的森林植被覆盖，徐州王庄矿二叠世煤层中含有丰富的孢粉化石即是直接的证明，保存完好的孢粉达到55属132种（包括3新种）2个未定型孢子及1个疑源类未定类型。根据孢粉属种组成及其含量的变化，自下而上分为*Cyclogranisp orites-Gulisporites-Laevigatosporites-Florinites*组合和*Calamospora-Gulisporites-Vesiculatisporites- Florinites*两套组合。森林植被组成分主要以栎属（*Quercus*）为主、并有榆属（*Ulmus*）、朴属（*Celtis*）、椴属（*Tilia*）、槭属（*Acer*）、柿属（*Diospyros*）、柳属（*Salix*）等多种落叶树种混生[44]。

到新生代，沿淮地区第四纪植物孢粉组合经历了多次的重大变化，见表2.2.6[45]。

在早中全新世，发育了北亚热带常绿、落叶阔叶混交林；在晚全新世，常绿阔叶树组分有所减少，而落叶阔叶组分有所增加，植被演变为含有少量针叶树和常绿阔叶树的落叶阔叶林[46]。

（二）上古至今的自然植被演变概要

到西周时，古徐州地区的植被《尚书·夏书·禹贡》记载为："草木渐包"，描述当时徐州一带是一片草木丛集、覆盖大地的繁茂景象。之后因战火频繁、黄河多次南泛，特别是北宋末年开始，黄河频繁地夺汴泗侵淮等重大灾害破坏，自然森林植被现今已极少见，典型的有萧县皇藏峪自然保护区[47]、宿州大方寺自然保护区[48]、山东枣庄抱犊崮自然保护区[49]等数处天然次生林"孤岛"。以皇藏峪为例，据20世纪90年代中期调查，有野生种子植物90科328属563种（含种下单位）。分为15个类型和11个变型，植物区系以北温带、泛热带、旧世界温带和东亚分布为主，与世界各地有着广泛的联系。热带分布属97个，占总属数（除去世界分布属，下同）的35.53%。其中泛热带分布66属，占24.18%。泛热带中仅少数属分布于热带、亚热带，大多是由泛热带进一步扩展到温带的属。各类温带属168个，占总属数的61.53%。可见植物区系具有明显的温带性质，植物分布上呈现出华北、西北、东北植物与华东、华南等植物的汇集、过渡。森林植被型为落叶阔叶林，栓皮栎林、栓皮栎-侧柏林、槲栎林、黄连木-黄檀林、青檀林、梧桐林、刺槐林7个群系[50]。

（三）当代植物区系分析

本地区自然森林植被虽然现今已极少见，但自新中国成立以来，大规模的人工绿化工作已获得巨大成功，植物资源迅速增加，众多植物成功定居，区系成分复杂，南北过渡特征显著。以徐州市为例，据2012年的调查，本区植物具有明显的过渡特征，泛热带至温带分布科较多，纯温带分布科较少，但泛热带至温带科仅含有少数几属或数种，体现出热带植物边缘的分布特征。此外，在全世界广布科中，以主产温带地区的属种居多，详见表2.2.7[51]。

根据吴征镒先生关于中国种子植物属的分布区类型的划分，参照有关分类学文献，徐州市

表2.2.2　黄淮平原与其他平原气候特点比较[42]

	>0℃积温	>10℃积温	极端最低温（℃）	年降水（mm）	相对变率（%）	年总辐射（kcal/cm²）	年日时数（h）
黄淮平原	5000~5500	4600~4800	−14~−10	700~900	15~20	120~130	2200~2500
海河平原	4400~5000	3900~4100	−20~−15	550~700	23~29	130~140	2500~2800
长江中下游平原	5700~6900	5000~6000	−22以下	1000~1800	12~18	110~120	1800~2200

表2.2.3　徐州市光能资源分布[43]

区域	全年日照时数（h）	年日照百分率（%）	日平均气温≥10℃期间日照时数（h）	总辐射量（kJ/cm²）			生理辐射量（kJ/cm²）		
				全年合计	≥0℃期间	≥10℃期间	全年合计	≥0℃期间	≥10℃期间
徐州	2441	55	1567	503	454	349	249	225	172
丰县	2462	56	1581	504	451	350	249	223	173
沛县	2401	54	1545	495	444	345	245	219	170
睢宁	2393	54	1539	498	429	345	246	224	171
邳州	2350	53	1503	473	424	322	242	218	167
新沂	2491	56	1573	509	453	349	253	226	174

表2.2.4　徐州市热量资源分布[43]

区域	年平均气温（℃）	年≥0℃活动积温（℃）	年≥10℃活动积温（℃）	年≥15℃活动积温（℃）	日最高气温≥35℃天数（天）	日最低气温≤10℃天数（天）	无霜期（天）
徐州	14.1	5210.3	4610.7	3922.8	12.3	5.3	
丰县	13.8	5118.5	4552.0	3886.9	12.2	5.2	
沛县	13.9	5156.1	4588.2	3927.8	11.6	8.8	
睢宁	14.0	5166.2	4571.8	3877.9	11.2	2.8	
邳州	13.9	5139.3	4560.8	3906.2	9.4	5.9	
新沂	13.7	5087.2	4527.8	3851.8	10.0	8.2	

表2.2.5　徐州市降水资源分布[43]

区域	年平均降水量（mm）	降水相对变率（%）	春季降水量（mm）	相对变率（%）	夏季降水量（mm）	相对变率（%）	秋季降水量（mm）	相对变率（%）	冬季降水量（mm）	相对变率（%）	≥0℃期间降水量（mm）	≥10℃期间降水量（mm）
徐州	874.3	16	159.2	37	506.6	29	162.2	22	46.4	43	848.7	784.7
丰县	782.3	15	125.4	44	474.0	33	138.8	25	38.2	45	754.9	699.5
沛县	812.7	18	129.4	45	491.5	30	147.6	25	44.1	46	786.7	720.3
睢宁	909.9	19	179.8	35	507.4	30	165.9	27	56.9	40	882.1	789.0
邳州	946.0	17	176.1	40	557.9	28	163.0	22	49.0	43	916.9	841.3
新沂	915.7	19	160.5	43	546.6	23	161.3	25	47.4	41	884.1	813.7

　　种子植物各属分为15个分布区类型见表2.2.8。

　　上表分析统计表明，本地区的植物区系成分十分复杂，15种分布区类型在此均有存在。由于世界分布属在分析徐州种子植物区系特征及其区系联系时意义不大，因此着重分析中国特有

表2.2.6 安徽沿淮地区第四纪植物孢粉组合特点[45]

地质期		植物孢粉组合特点
更新世	早更新统 初期	1. 针叶树组合，松占首位，云杉和冷杉居第二位； 2. 落叶树花粉较少，仅有椴、榆和栎等属； 3. 草本植物花粉很少，仅有蒿属、藜属、菊科和禾本科； 4. 蕨类孢子偶见。
	早更新统 中期	1. 阔叶树组合优势，主要有栎属、胡桃属、山毛榉属、榆属组合，另有喜热的枫香、漆树、枫杨、山核桃及少量木兰属； 2. 针叶树以松属为主，少量云杉； 3. 草本以蒿属、禾本科、蓼为主。
	早更新统 晚期	1. 以耐寒的云杉、冷杉、铁杉及落叶松大量出现为特点； 2. 落叶阔叶树以榆、栎、椴属为主； 3. 草本以蒿属、藜属为主，其次是蓼属、禾本科，同时有少量的莎草科、菊科及毛茛科等花粉。
	中更新统	1. 被子植物花粉占80%，木本植物花粉含量大于草本植物花粉含量； 2. 裸子植物有云杉、冷杉、铁杉、雪松、松、罗汉松、落叶松、油杉、柏科、麻黄等； 3. 蕨类和苔藓孢子大量出现、属种繁多，主要有苔藓、水藓、石松、卷柏、紫萁、瓶尔小草、阴地蕨、瓦韦、耳蕨、瘤足蕨、海金沙、鳞盖蕨、凤尾蕨、粉背蕨、水龙骨科、鳞始蕨、圆形卵形孢、光形卵形孢等，反映出一种高山草甸带的植物。
	晚更新统	1. 被子植物花粉含量达69%，其中草本植物花粉和灌木类花粉占孢粉总量的42%； 2. 被子植物以榆、栎、桦、枫香、柳等为主，其次为槭、鹅耳枥、胡桃、椴等属； 3. 裸子植物花粉含量达25%，以耐寒的松、云杉、雪松、冷杉含量较高，松科、柏科、罗汉松含量次之； 4. 蕨类孢子含量在6%左右，其中以水龙骨科孢子为主，其次有石松、卷柏科以及少量紫萁类。
全新世		1. 被子植物花粉含量居首位，并以草本植物花粉和灌木类花粉含量较高，木本植物花粉含量也很可观，以栎、榆、胡桃为主，其他有鹅耳枥、槭树、朴、榉、枫香、桦、柳和木樨等科属； 2. 裸子植物仅在该地层底部见到一些松属、云杉、松科，个别见到冷杉等； 3. 蕨类孢子含量可观，有光里白、桫椤属、水龙骨科、蹄盖蕨属、鳞盖蕨属、石松科、凤尾蕨科、阳地蕨科、禾本科、紫萁科、碗蕨科、膜蕨科、中国蕨科、裸子蕨科等以及光面豆形孢和环纹藻等。

属、温带分布属、热带分布属。

热带分布属包括表2.2.8中的第2至7类，共163属、占全国所有属的7.02%。

1. 泛热带分布在徐州市有74属，占国产本类型的23.10%。木本类型主要有柿属（*Diospyros*）、乌桕属（*Sapium*）、朴属（*Celtis*）、枣属（*Zizypus*）等。除牡荆属（*Vitex*）在丘陵、山坡成为群落优势种、黄檀（*Dalbergia*）在局部地段上成为优势种外，其余各属均星散分布于阔叶林中。草本植物中的孔颖草属（*Bothriochloa*）、虎尾草属（*Chloris*）、狗牙根属（*Cynodon*）、白茅属（*Imperata*）、狼尾草属（*Pennisetum*）在本区极为常见，是低山丘陵地区草本群落的优势种。本类型的变型，热带亚洲、非洲和南美洲间断分布在本区仅有石胡荽属（*Centipeda*）。

表2.2.7 徐州种子植物科的统计与分布[51]

编号	科名	徐州市含属/种	中国含属/种	世界含属/种	世界分布区域
1	银杏科Ginkgoaceae	1/1	1/1	1/1	特产我国
2	松科Pinaceae	1/3	10/142	10/230	全世界
3	柏科Cupressaceae	2/3	8/36	22/150	全世界
4	三白草科Saururaceae	1/1	3/4	4/6	东亚、北美
5	金粟兰科Chloranthaceae	1/1	3/18	4/40	热带至亚热带
6	杨柳科Salicaceae	2/6	3/231	3/530	北温带
7	胡桃科Juglandaceae	1/1	7/27	8/60	泛热带至温带
8	壳斗科Fagaceae	1/2	5/209	8/900	全世界,主产全温带及热带
9	榆科Ulmaceae	3/7	8/52	15/150	泛热带至温带
10	桑科Moraceae	3/4	17/159	53/1400	泛热带至亚热带
11	荨麻科Urticaceae	3/6	20/223	45/550	泛热带至亚热带
12	檀香科Santalaceae	1/1	7/20	30/600	泛热带至温带
13	马兜铃科Aristolochiaceae	1/1	4/50	5/300	泛热带至温带
14	蓼科Polygonaceae	3/28	11/210	40/800	全世界,主产温带
15	藜科Chenopodiaceae	1/6	44/209	102/1400	全世界,主产中亚—地中海
16	苋科Amaranthaceae	4/6	13/39	60/850	泛热带至温带
17	商陆科Phytolaccaceae	1/1	1/4	22/120	亚、非、拉丁美洲
18	番杏科Aizoaceae	1/1	6/8	20/600	主产南非
19	马齿苋科Portulacac	1/1	3/7	20/500	全世界,主产美洲
20	石竹科Caryophyllaceae	12/16	29/316	66/1654	全世界
21	睡莲科Nymphaeaceae	2/2	5/10	8/100	全世界
22	金鱼藻科Ceratophyllaceae	1/1	1/5	1/7	全世界
23	毛茛科Ranunculaceae	5/9	41/687	51/1901	全世界,主产温带
24	木通科Lardizabalaceae	1/1	5/40	7/50	东亚
25	防己科Menispermaceae	2/2	19/60	70/400	泛热带至亚热带
26	木兰科Magnoliaceae	1/1	16/150	18/320	泛热带至亚热带
27	罂粟科Papaveraceae	1/4	20/230	43/500	北温带
28	十字花科Cruciferae	9/16	102/440	510/6200	泛热带至温带
29	虎耳草科Saxifragaceae	1/1	27/400	80/1200	全温带
30	金缕梅科Hamamelidaceae	1/1	17/76	27/140	东亚
31	杜仲科Eucommiaceae	1/1	1/1	1/1	特产我国
32	蔷薇科Rosaceae	13/43	60/912	100/2000	全世界,主产温带
33	豆科Leguminosae	21/52	150/1120	600/13000	全世界
34	酢浆草科Oxalidaceae	1/1	3/13	10/900	泛热带至温带
35	牻牛儿苗科Geraniaceae	2/3	4/70	11/600	泛热带至温带
36	亚麻科Linaceae	1/1	5/12	14/160	全世界
37	蒺藜科Zygophyllaceae	1/1	5/33	25/160	泛热带至亚热带
38	芸香科Rutaceae	2/4	24/145	150/900	泛热带至温带
39	苦木科Simaxoubaceae	2/2	5/10	20/120	泛热带至亚热带

（续）

编号	科名	徐州市含属/种	中国含属/种	世界含属/种	世界分布区域
40	远志科Polygalaceae	1/2	5/47	11/1000	泛热带至温带
41	大戟科Euphorbiaceae	7/12	63/345	300/5000	泛热带至温带
42	马桑科Coriariaceae	1/1	1/3	1/15	温带
43	漆树科Anacardiaceae	3/3	15/55	60/600	主产热带、亚热带
44	卫矛科Celastraceae	2/5	13/202	51/530	全世界（除北极）
45	槭树科Aceraceae	1/5	2/102	3/200	北温带，主产东亚
46	凤仙花科Balsaminaceae	1/1	2/191	4/600	热亚—热带非洲
47	鼠李科Rhamnaceae	3/5	15/134	58/900	泛热带至温带
48	葡萄科Vitaceae	3/10	7/124	12/700	泛热带至亚热带
49	椴树科Tiliaceae	2/6	9/80	35/400	泛热带至亚热带
50	锦葵科Malvaceae	4/4	16/50	50/1000	泛热带至温带
51	堇菜科Violaceae	1/7	4/120	18/800	全世界
52	瑞香科Thymelaeaceae	1/1	9/90	40/500	泛热带至温带
53	胡颓子科Elaeagnaceae	1/2	2/30	3/50	亚热带至温带
54	千屈菜科Lythraceae	3/3	11/47	25/550	主产热带、亚热带
55	八角枫科Alangiaceae	1/1	1/8	1/30	东亚、大洋洲及非洲
56	菱科Trapaceae	1/2	1/5	1/30	东半球
57	柳叶菜科Onagraceae	4/5	10/60	20/600	全世界，主产北温带
58	小二仙草科Haloragidaceae	1/1	2/7	7/170	全世界
59	五加科Araliaceae	2/2	23/160	60/800	泛热带至温带
60	伞形科Umbelliferae	9/14	58/540	305/3225	全温带
61	山茱萸科Cornaceae	3/3	8/50	10/90	北温带至热带
62	杜鹃花科Ericaceae	1/2	20/792	50/1350	全世界，主产南非，喜马拉雅
63	报春花科Primulaceae	2/7	12/534	20/1000	全温带
64	柿树科Ebenaceae	1/2	1/40	1/400	泛热带至亚热带
65	山矾科Symplocaceae	1/1	1/125	2/500	热带、亚热带
66	安息香科Styracaceae	1/1	9/59	11/180	亚洲、美洲东部
67	木樨科Oleaceae	1/3	14/188	29/600	泛热带至温带
68	马钱科Loganiaceae	1/2	9/60	35/800	泛热带至亚热带
69	夹竹桃科Apocynaceae	1/1	22/177	180/1500	泛热带至亚热带
70	萝藦科Asclepiadaceae	2/8	36/231	120/2000	泛热带至温带
71	旋花科Convolvulaceae	3/8	21/120	55/1650	泛热带至温带
72	紫草科Boraginaceae	4/7	51/209	100/2000	全世界，主产温带
73	马鞭草科Verbenaceae	4/8	16/166	75/3000	泛热带至温带
74	唇形科Labiatae	18/33	94/793	180/3500	全世界，主产地中海
75	茄科Solanaceae	12/26	24/140	80/3000	热带至温带
76	玄参科Scrophulariaceae	1/2	54/610	220/3000	全世界，主产温带
77	紫葳科Bignoniaceae	1/2	17/40	120/650	热带至亚热带
78	胡麻科Pedaliaceae	1/1	2/2	18/60	亚、非、大洋洲

（续）

编号	科名	徐州市含属/种	中国含属/种	世界含属/种	世界分布区域
79	狸藻科 Lentibulariaceae	1/2	2/19	40/170	全世界
80	爵床科 Acanthaceae	2/2	52/46	250/2500	泛热带至亚热带
81	透骨草科 Phrymataceae	1/1	1/1–2	1/1–2	东亚、北美
82	车前科 Plantagiaceae	1/3	1/16	3/370	全世界
83	茜草科 Rubiaceae	2/2	74/474	510/6200	泛热带至温带
84	忍冬科 Caprifoliaceae	3/3	12/200	13/500	北温带和热带山区
85	败酱科 Valerianaceae	2/3	3/30	13/400	北温带
86	葫芦科 Cucurbitaceae	2/2	29/141	110/640	泛热带至温带
87	桔梗科 Campanulaceae	1/6	13/125	70/2000	全世界，主产温带
88	菊科 Compositae	31/60	207/2170	900/13000	全世界
89	香蒲科 Typhaceae	1/2	1/10	1/18	全世界
90	黑三棱科 Sparganiaceae	1/1	1/4	1/20	全温带
91	眼子菜科 Potamogetonaceae	1/7	7/39	8/100	全温带
92	茨藻科 Najadaceae	1/2	1/4	1/35	热带至温带
93	泽泻科 Alismataceae	2/3	5/13	13/100	北温带、大洋洲
94	花蔺科 Butomaceae	1/1	2/2	5/12	欧、亚、美三洲
95	水鳖科 Hydrocharitaceae	4/4	8/24	16/80	全球温、热带
96	禾本科 Gramineae	61/105	217/1160	620/10000	全世界
97	莎草科 Cyperaceae	8/38	33/569	90/4000	全世界，主产温带及寒冷地区
98	天南星科 Araceae	3/5	28/194	115/2000	泛热带至温带
99	浮萍科 Lemnaceae	3/3	3/6	4/30	全世界
100	鸭跖草科 Commelinaceae	2/2	13/49	40/600	泛热带至温带
101	雨久花科 Pontederiaceae	1/3	2/6	7/30	热带至亚热带
102	灯芯草科 Juncaceae	1/5	2/60	8/300	全温带
103	百合科 Liliaceae	12/22	52/365	250/3700	全世界，主产温带、亚热带
104	薯蓣科 Dioscoreaceae	1/1	1/80	10/650	泛热带至温带
105	鸢尾科 Iridaceae	2/5	11/84	60/1500	泛热带至温带
106	兰科 Orchidaceae	4/5	141/1040	735/17000	全世界

表2.2.8 徐州种子植物属的分布区类型和变型（351属）[51]

分布区类型和变型	本区属数	全国属数	占全国属数（%）
1. 世界分布	55	104	52.88
2. 泛热带分布	73	316	23.10
2-1 热带亚洲、大洋洲和南美洲（墨西哥）间断	1	17	5.88
2-2 热带亚洲、非洲和南美洲间断	0	29	0
3. 热带亚洲、热带美洲间断分布	2	62	3.23
4. 旧世界热带	12	147	8.16
4-1 热带亚洲、非洲、大洋洲间断	3	30	10.00
5. 热带亚洲至热带大洋洲	7	147	4.76
5-1 中国（西南）亚热带和新西兰间断	0	1	0

(续)

分布区类型和变型	本区属数	全国属数	占全国属数（%）
6.热带亚洲至热带非洲	9	149	6.04
6-1中国华南、西南到印度和热带非洲间断	0	6	0
6-2热带亚洲和东亚间断	0	9	0
7.热带亚洲	4	442	0.90
7-1爪哇.中国喜马拉雅和华南、西南	0	30	0
7-2热带印度到华南	0	43	0
7-3缅甸、泰国至华南、西南	0	29	0
7-4越南至华南	0	67	0
8.北温带分布	69	213	0
8-1环极	0	10	0
8-2北极高山	0	14	0
8-3北极-阿尔泰和北美洲间断	0	2	0
8-4北温带、南温带间断	23	57	0
8-5欧亚和南美间断	2	5	40.00
8-6地中海区.东亚、新西兰、墨西哥到智利	1	1	100
9.东亚、北美分布	13	123	10.57
9-1东亚至墨西哥	0	1	0
10.旧世界温带分布	25	114	21.93
10-1地中海；西亚、东亚间断	2	25	8.00
10-2地中海与喜马拉雅间断	0	8	0
10-3欧亚和南非间断	4	17	23.53
11.温带亚洲	8	55	14.55
12.地中海、中亚、西亚	3	152	1.97
12-1 地中海区至南非洲间断	0	4	0
12-2地中海区至中亚和墨西哥间断	1	2	50.00
12-3地中海区至温带、热带亚洲、大洋洲、南美洲	2	5	40.00
12-4西亚至中国西喜马拉雅和西藏	0	4	0
12-5地中海区至北非洲、中亚、北美间断	0	4	0
13.中亚分布	0	69	0
14.东亚分布	19	73	26.03
14-1中国喜马拉雅	4	141	2.84
14-2中国—日本	7	85	8.24
15.中国特有分布	6	257	2，33

2.热带亚洲至热带美洲分布类型徐州市有2属，占国产本类型的3.22%。木本植物有苦木属（*Picrasma*）、木兰属（*Magnolia*）。基本上以此处为其分布的北界。草本植物中野生未见。

3.旧世界热带分布类型是指分布于亚洲、非洲和大洋洲热带地区及其邻近岛屿的植物。本类型徐州市有12属，占国产本类型的8.16%，其中木本植物3属，常见的有八角枫属（*Alangium*）、合欢属（*Albizia*）、扁担杆属（*Grewia*）等，它们差不多都能分布到暖温带地区。草本植物中常见的有乌蔹莓属（*Cayratia*）、金茅属（*Eualia*）、茅根属（*Perotis*）等。本类型的变型：热带亚洲、非洲、大洋洲间断分布在徐州市的有百蕊草属（*Thesium*）、爵床属（*Rostellularia*）、水鳖属（*Hydrocharis*）等3属。

4. 热带亚洲至热带大洋洲分布型在本区有7属，占国产本类型的4.76%。本类型木本属较贫乏，仅有臭椿属（Ailanthus）、猫乳属（Rhamnella）。草本植物中有结缕草属（Zoysia）、通泉草属（Mazus）、黑藻属（Hydrilla），广布全区。

5. 热带亚洲至热带非洲分布类型徐州市有9属，占国产本类型的6.04%。木质藤本植物有常春藤属（Hedera）、杠柳属（Periploca），没有乔木树种。草本植物中的芒（Miscanthus）、菅草（Themeda）、荩草（Arthraxon）、莠竹属（Microstegium）是本区草本植物群落的优势种。其他还有草沙蚕属（Tripogon）、野大豆属（Glycine）、胡麻属（Seamum）。

6. 热带亚洲分布本区有2属，占国产本类型的0.90%。本类型的木本植物有葛属（Pueraria）和构属（Broussonetia），构属是组成本区亚热带植物区系的主要成分。草本类型在本区有蛇莓属（Duchesnea）和鸡矢藤属（Paederia）。

温带分布属包括表中的8～14类，共182属，占国产温带分布属的15.37%。这种各类成分相互交汇的情况表明了本地区系显著的过渡特点。但是从各类成分所占的比例来看，徐州植物区系具有明显的温带性质。

1. 北温带分布及变型在本区有95属，占国产本类型的31.46%。典型的北温带分布有69属，其中木本属24属，松属（Pinus）、栎属（Quercus）、杨属（Populus）、榆属（Ulmus）、白蜡树属（Fraxinus）等是本区落叶阔叶林的主要组成成分。常见的灌木有忍冬属（Lonicera）、蔷薇属（Rosa）、绣线菊属（Spiraea）、荚蒾属（Viburnum）、胡颓子属（Elaeagnus）等，在本区林下较为常见。草本植物中常见的有委陵菜属（Potentilla）、山萝花属（Melampyrum）、白头翁属（Pulsatilla）、风毛菊属（Saussurea）、画眉草属（Eragrostis）、蓟属（Cirsium）、野青茅属（Deyeuxia）、香青属（Anaphalis）等，它们是本区林下草本层的主要成分。本类型在徐州市还有3个变型：北温带、南温带间断分布在徐州市有21属，本变型木本属较贫乏，仅有接骨木（Sambucus）、枸杞（Lycium）等2属，草本种类在本区分布广泛，雀麦（Bromus）、茜草（Rubia）、婆婆纳（Veronica）、卷耳（Cerastium）、鹤虱（Lappula）、臭草（Melica）等属主要见于低海拔地区的农田或路边；柴胡（Bupleurum）、景天（Sedum）、唐松草（Thalictrum）、缬草（Valeriana）等主要分布于丘陵山坡或林下。欧亚和南美间断分布在本区有2属：火绒草属（Leontopodium）、看麦娘属（Alopecurus）。地中海区、东亚、新西兰、墨西哥到智利分布我国仅有马桑（Coriaria）一属，徐州市也有分布。

2. 间断分布于东亚和北美亚热带或温带地区。本区有13属，占国产本类型的10.57%。体现出本区与北美植物区系的联系。本类型木本属较丰富，共有4属，皂荚属（Gleditsia）和梓属（Catalpa）为大乔木，常与其他阔叶树种一起混生；胡枝子（Lespedeza）属是本区常见的林下灌木。本类型藤本植物较为丰富，如蛇葡萄属（Ampelopsis）、爬山虎属（Parthenocissus）、络石属（Trachelospermum）、紫藤属（Wisteria）等。草本植物有4属：三白草属（Saururus）、透骨草属（Phryma）、蝙蝠葛属（Menispermum）和金线草（Antenoron）等是林下常见的草本植物。

3. 旧世界温带分布型是指广泛分布于欧洲、亚洲中—高纬度的温带和寒温带的属。本区有31属，占国产本类型的18.93%。典型的分布型24属，除丁香属（*Syringa*）和瑞香属（*Dephne*）为木本植物外，全为草本植物，集中分布于菊科、唇形科、伞形科、禾本科、石竹科和十字花科等。具有典型的北温带区系的一般特色。在这一类型中，有不少属的近代分布中心在地中海区、西亚或中亚，如石竹属（*Dianthus*）、狗筋蔓属（*Cucubalus*）、飞廉属（*Carduus*）、麻花头属（*Serratula*）、牛蒡属（*Arctium*）等。这一特征也兼有地中海和中亚植物区系特色。有些属能分布到北非或热带非洲山地，如野芝麻属（*Lamium*）、百里香属（*Thymus*）、草木樨属（*Melilotus*）等属。另一些属主要分布于温带亚洲或东亚，如菊属（*Dendranthema*）、香薷属（*Elsholtzia*）等。标准的欧亚大陆分布有隐子草属（*Cleistogenes*）、鹅观草属（*Roegneria*）等。

本类型3个间断分布的变型本区有两个。地中海区、西亚、东亚间断分布有2属，其中木本属4个，如雪柳属（*Fontanesia*）、女贞属（*Ligustrum*）、火棘属（*Pyracantha*）、榉属（*Zelkova*），分布于本区的沟谷或阔叶林中。另一变型，欧亚和南非间断分布在本区有4属，全为草本植物，它们是苜蓿属（*Medicago*）、前胡属（*Peucedanum*）、绵枣儿属（*Scilla*）、蛇床属（*Cnidium*）。

4．温带亚洲分布类型在本区有25属，占国产本类型的44.6%。木本属有白鹃梅属（*Exocharda*）、杏属（*Armeniaca*）、杭子梢属（*Campylotrapis*）、锦鸡儿属（*Caragana*）4属，常广布于林下或沟谷，在局部地段形成灌丛的优势种。草本植物17属，常见的有刺儿菜属（*Cirsium*）、马兰属（*Kalimeris*）、瓦松属（*Orostachys*）、米口袋属（*Gueldenstaedtia*）、附地菜属（*Trigonotis*）、山牛蒡属（*Synurus*）等属。

5．地中海区、西亚至中亚分布型在徐州市有5属。其中，典型分布3属，全为草本植物，如离蕊芥属（*Malcolmia*）、阿魏属（*Ferula*）、糖芥属（*Erysimum*），为十字花科植物。本类型在本区有两个变型，地中海区至中亚和墨西哥间断分布在本区有1属；地中海区至中国温带、热带、大洋洲和南美洲间断分布在本区有黄连木属（*Pistacia*）、牻牛儿苗属（*Erodium*）2属。

6．东亚分布及其变型在徐州市有30属，占国产本类型的10.03%。本类型含有丰富的单型属，如蕺菜属（*Houttuynia*）、泥胡菜属（*Hemisrepta*）、棣棠属（*Kerria*）、鸡麻属（*Rhodotypos*）等。木本属共有4属，侧柏属（*Platycladus*）、栾树属（*Koelreuteria*）、枫杨属（*Pterocarya*）是本区落叶阔叶林或沟谷杂木林的主要建群种。本类型的两个变型在本区都有分布。中国喜马拉雅分布4属，常见的有射干属（*Belamcanda*）、阴行草属（*Siphonostegia*）、兔儿伞属（*Syneilesis*）、直芒草属（*Orthoraphium*）等；中国—日本分布在本区有7属，常见的有木通属（*Akebia*）、田麻属（*Corchoropsis*）、鸡眼草属（*Kummerowia*）、桔梗属（*Platycodon*）、萝藦属（*Metaplexis*）等。

（四）中国特有属

徐州市分布的中国种子植物特有属6个，占本区全部属的2.33%。特有属隶属6科，这些科大部分是相对原始科，这些属大部分是单型属，是所在科中的原始属或为单型科，前者如青檀属、水杉属等，后者如大血藤属、杜仲属、银杏属等。特有属中，木本属5个，青檀、水杉、银杏、杜仲、杉木等5属，均为引进，草本植物1属。

可见，现代徐州地区的植物区系成分以温带分布类型占重要地位，这不仅因为这一成分所含的种数最多，而且这些种类还是本地自然植被的重要组成成分。泛热带成分占全国所有属的23.10%，这些热带起源植物的存在，反映了本地植物区系与我国南方区系的密切关系，同时也反映了本地现代植物区系与第三纪古热带区系有着一定的历史渊源。其他几类热带成分的比例均有明显的下降，合计分只占全国所有属的7.02%。这是因为相对于泛热带成分而言，其他热带成分的生态辐度较窄，其中的多数属种已不能在暖温带自然生存。而泛热带成分的生态幅度较宽，不少种类仍能通过亚热带地区而分布到本区甚至能延伸到更北的范围。此外，在本地植物区系中，东亚成分及东亚—北美成分也比较显著，含有较多的与日本、北美共有的种属，但多为草本植物，说明本地植物区系与北美、日本区系曾有过较为密切的联系。

第三节　经济社会基底

古徐州地区是中国历史上开发较早的地区之一，早在史前社会就有先民生活在这块土地上，农牧业开发早，发达的生产力为徐派园林的萌芽、发展和成熟提供了坚实的物质基础。

一、史前人类社会发展

大水（大河流）和大森林是早期人类赖以生存和文化发展的基础，直到今日亦如此。

古徐州地区能够成为中国历史上人类定居较早的地区之一，得益于古徐州中北部地区从来不属于海域，在人类人猿祖先和早期智人出现的上新世到更新世为森林河湖所覆盖，而且生活着大量的哺乳动物[52]，到10000年前，今新沂北沟、东海大贤庄、泗洪下草湾、郯城黑龙潭、临沂凤凰岭、沂水南洼洞和日照秦家官等地大量的旧石器晚期人类遗存表明[53]，已有众多晚期智人生活在古徐州地区。在距今10000年到6500年间，古徐州地区发展出"北辛文化（早期称青莲岗文化）"，邳州大墩子遗址（今四户竹园村）出现了磨制石器、烧制陶器、农业、纺线织布以及房屋的痕迹[54]，淮河下游的水网地区发展出了骨镖、陶网坠等捕鱼工具[55]。从大的格局和生业系统来看，与汶泗流域北辛文化系统稍有不同，沿淮区域的青莲岗文化系统具有自己的特色：釜鼎共存、祖形支架、刻划符号、鹿角靴形器等。

在距今6500年到5500年间，进入少昊集团创造的"大汶口文化"早期。从邳州刘林等古文化遗址发现，人们开始应用对钻穿孔和慢轮制陶技术，扩大了种植和饲养规模，生产力发展到新石器晚期的水平[56-57]，这个时期的生业处于由"初级开发型"向"开发型"阶段过渡和转变，临沂东盘遗址发现了水稻、粟和黍[58]，日照南屯岭遗址发现了黍[59]，但农作物无论从绝对数量还是出土概率来看都不占优势[58]，仍以采集为主，通过采集获得的野生植物的淀粉粒包括小麦族种子、山药、莲藕、豇豆属、姜科和薏苡等，还未发现确切的农作物[60]。获取肉食资源的模式处于从以狩猎、捕捞野生动物为主到以家畜（家猪和狗）饲养为主的过渡阶段[61-63]。

在距今5500年到4600年间，进入"大汶口文化"中后期。人类开始运用琢制、磨光、管钻等技术制造出很精细的石器、骨器和玉器，运用快轮制陶，在地面筑墙建房，使用铜器[64-66]。这个时期农业种植的比例普遍明显高于采集经济，旱作农业中种植的黍多于粟，鲁东南发现稻、粟与黍混作[59, 67-69]。宿州杨堡遗址中农作物以水稻为主，粟、黍所占比重较小[70]；多数遗址先民获取的动物资源以家养动物为主，家养动物包括猪和狗，其中猪占绝对多数。生业已经普遍处于"开发型阶段"。

在距今4600年到4000年间，进入"龙山文化"时期，古徐州地区生产和生活已经达到文明时代的门槛，石器的制造技术和应用范围达到石器时代的顶峰，轮制陶器流行各地[71]，铜器广泛使用，建筑中广泛应用夯筑、土坯砌墙和烧石灰技术[72]。这个时期的遗址中发现的植物遗存，普遍以农作物为主，种植农业经济的比例普遍明显高于采集经济。农作物中以水稻、粟、黍为主，粟类作物与水稻在农作物的比重在不同区域也有变化。小麦在农作物中的比重还很少，但在多数遗址中有发现，说明小麦的种植在龙山文化时期的黄淮下游地区可能已经较为普遍。大麦仅偶尔在个别遗址如临沭东盘遗址出现。这一时期稻旱混作农业的分布更为广泛，如日照两城镇遗址、胶州赵家庄遗址、临沭东盘遗址、临沂苍山后杨官庄遗址等，稻旱混作（或以水稻为主或以粟类作物为主）、多种农作物并存的农业生产模式，不仅表明当时农业发展水平的提高，更重要的是农业的发展及其低风险特点，为社会进步特别是社会复杂化的发展提供了基本的食物保障[73]。这个时期的肉食来源，除滕州庄里西遗址、泗水尹家城遗址等少数遗址仍然以野生动物为主外，普遍以家养家猪为主，黄牛和绵羊开始出现，黄牛几乎在每个遗址都有发现，绵羊则仅见于少数遗址，饲养多种类家畜的畜牧业经济已经出现。这个时期本区域已形成了众多大规模聚落，如泗洪赵庄遗址达$3\times10^5m^2$，沭阳万匹遗址$2\times10^5m^2$，泗阳朱墩遗址$1.5\times10^5m^2$，分别是黄河流域著名的西安半坡村遗址、临撞姜寨遗址的6倍、4倍和3倍大[74]。

二、上古时期经济社会发展

到距今约4000年到2200年，中国历史进入夏、商、周"三代"的上古时期。《尚书·夏书·禹贡》记载的徐州为："淮、沂其乂，蒙、羽其艺、大野既猪、东原底平。厥土赤埴坟、草木渐包。厥田惟上中、厥赋中中。厥贡惟土五色、羽畎夏翟、峄阳孤桐、泗滨浮磬、淮夷蠙珠暨鱼。厥篚玄纤、缟。浮于淮、泗、达于河。"说的是：淮河、沂水治理好以后、蒙山、羽山一带已经可以种植了、大野泽已经停聚着深水、东原地方也获得治理。这里的土地是红色的高起之地、草木不断滋长呈丛生状。这里的田是第二等、赋税是第五等。进贡的物品是五色土、羽山山谷的大山鸡、峄山南面的特产桐木、泗水边上的可以做磬的石头、淮夷之地的蚌珠和美鱼。还有筐子装着的黑色的细绸和白色的绢。进贡的船只从淮河、泗水、到达与济水相通的菏泽。

这一时期的生产活动，安徽省宿州杨堡遗址、赣榆盐仓城遗址、泗阳灌墩遗址、东海焦庄遗址、连云港二洞村遗址等表明农业经济已经达到较高的水平，粟的比重上升，与稻的地位相当，同时小麦和大豆出现，且小麦初具规模，黍的比重较小；粟、黍、水稻和小麦四种，分别属于春播秋收、夏播秋收和冬播秋收；非农作物包括少量狗尾草属、其他禾本科等炭化种子，为夏秋结实的植物类型，说明具有周年利用特征[70]。新沂三里墩遗址还出土大量碳化了的高粱叶子和秸秆的堆积表明西周及其以前年代高粱在黄淮地区已经是栽培作物。较高的粮食生产能力促进了家畜饲养，邳州刘林遗址发现猪牙床171件，牛牙床及牛牙30件，狗牙床12件，羊牙床8件；铜县大墩子遗址出土的猪、狗骨骼都比较大，鉴定认为有些猪饲养了2年以上[75]。这种全国也较少见到的出土这么多的动物遗存和2年以上的猪，说明畜产品已成为当地经济的一大生产部门。大量鼎、尊、壶、盘、击、炉盘、钟青铜器等青铜器证明了古徐州地区高超的金属冶炼与成型技术[12]。今苏北邳州九女墩徐国大墓[76]、山东莒县春秋莒国故城、莒南大店镇墓[77]、和沂水刘家店子莒国大墓[78]以及铜山丘湾我国第一次发现的大型社祭遗址[79]等一系列考古发现，直观地反映了古徐州地区较高的社会形态和文明化进程。另一方面，《荀子·君道》和《荀子·儒效》载：周公"兼制天下，立七十一国。"开中国许多姓氏的源头。其中位于古徐地的封国有姬性的鲁国、滕国，嬴姓的徐国，己姓的莒国，及吴、齐、宋等国的一部分等，这些大的封国之外，还有郯国、薛国、鄫国、祝其国、向国、鄑国、邳国、钟吾国、杞国、邾国、任国、偪阳国等一批低等级属国。

这一时期聚落规模进一步扩大，城的形态已经完备。如邳州梁王城遗址发掘显示，城址采用大城和宫城双城制进行布局，两城平面呈凸字形，大城面积达到100hm²，有四面城垣围合，现在存有高出周围农田1~2m的城墙。其中南北城墙保存较好。西城墙地表下5m部分也保存完好。小城位于大城西部，面积约2hm²，是一高台地，春秋时期的活动与大城钻探发现的道路高差7m左右，其上发现的大型石础建筑F5的面积有120m²，还有诸多大型石构房基、水道、水井、水池等，为宫殿所在地[8-9]（大城目前仅作少量钻探，尚未发掘）。

大量封国和方国的存在，不仅从一个侧面说明了上古时期古徐地人口之稠密、经济之发达，并已经拥有较高的社会组织化程度，也为本地区园林的起源提供了必要的经济基础和精神需求。

三、中古时期经济社会

距今约2200年到1100年，中国历史进入秦汉三国两晋南北朝到隋唐的中古时期。

这一时期淮泗流域气候要比现代温暖湿润。特别是其前期（西汉）正处于大间冰期结束以后的温暖期内，淮泗干流及其几大支流的周围河流、沼泽、湖泊星罗棋布，汉朝统治者非常重视水利事业，永平十二年（公元69年），明帝派王景治理黄河，实现了"河不侵汴"，此后黄河的长期安流，汴渠到彭城入淮泗，既保证了漕运，又得灌溉之利，农业和经济发展居领先水平，为王家园林的发展和为民间园林的诞生创造了必要的基础。

（一）秦汉时期

秦汉时期（公元前221年至公元220年）是中国的政治乃至经济文化地理格局定型期。

秦统一华夏后全面实行郡县制，初在全国设立36郡，其中古徐州地区有砀郡（东部）、薛郡、琅琊郡、四川郡（北部，西汉误作泗水郡）4个，占总数的九分之一；秦始皇二十六年，薛郡分析，置东海郡，达到5郡；在县级政区中，四川郡设有相、沛、符离、徐、僮、彭城、傅阳、吕、女阴、慎、丰、鄑、城父、戚、留、取虑、竹邑、铚、蕲19县，东海郡设有郯、兰陵、建陵、下相、播旌、海陵、棠邑、凌、缯、襄贲、下邳、朐、淮阴、东阳、广陵、盱台16县[80]。密集的一、二级政区设置，表明是时以沂、沭、泗水流域为中心的古徐州地区人口稠密，郡县相望，炊烟缭绕，诸郡县呈密集的片状分布。"经济基础决定上层建筑。"谭其骧先生指出："一地方至于创建县治，大致即可以表示该地开发已臻成熟；而其设县以前所隶属之县，又大致即为开发此县动力所自来。"[81]政区的设置是实现政治统治的需要，尤其是县级政区，它是直接治民和组织经济活动的，古徐州地区这种密集的郡县设置，直接反映了该地区较高的经济发展和地域开发程度。

作为汉高祖及开国功臣们的故乡，徐州享受到一些特有的优待政策。汉高祖十二年（公元前195年）刘邦过沛，谓沛父老曰："……以沛为朕汤沐邑，复其民，世世无有所与"，随后又"并复丰，比沛"[82]。东汉政权建立后，"（建武）六年春正月丙辰，改舂陵乡为章陵县，世世复徭役，比丰、沛，无有所豫"[83]。《史记·货殖列传》称："邹、鲁滨洙、泗，犹有周公遗风，……颇有桑麻之业，无林泽之饶，地小人众。"南朝宋何承天给宋文帝的上表中说"泰山之南，南至下邳、左沭右沂，田良野沃"[84]，北魏孝文帝时，薛虎子任徐州刺史，亦云："徐州左右，水陆壤沃，清（泗）、汴通流，足盈激灌。其中良田十万余顷……"[85]，特别是丰沛一带农业发展达到较高的水平，至今民间乃流传的民谣"丰沛收，养九州"[86]，近代出土的汉画像石中众多的牛耕类图像，如泗洪重岗耕种图、睢宁双沟牛耕图、山东邹城农耕图、滕州宏道院牛耕图、滕州黄家岭耕耱图、山东金乡牛耕图、安徽萧县牛耕图等也反映了汉代古徐州地区已经成为牛耕技术的发达地区[87]。

这一时期冶铁业也得到快速发展。所属东海郡朐县、彭城国彭城县、广陵邵堂邑县（今六合北）、盐渎县（今盐城）、下邳国葛峰山等均产铁。《汉书·地理志》记载，汉武帝实行盐铁官营，在全国设立的49处铁官中，淮泗流域就有沛、彭城、下邳、朐、莒、鲁、山阳7处。铁制农具包括犁铧、铲、镰、锄、铁齿耙、镬等的应用，使田间管理趋于精细和科学。如泗洪重岗画像石耕种图中除二牛犁田的一组图像外，还有播种耰耢图。其劳动次序为牛耕—播种—耰耢，两农夫手执"耱耙"正在已播种好的田畦上耰耢，画像石中的耙有6~8根齿，至今这种耱耙在农业生产中仍在使用。滕州黄家岭画像石中犁耕图有一人驾牛耙耙地，牛耙的出现，表明人们已利用铁制农具和畜力碎土熟地；睢宁双沟镇东汉画像石的农耕图只有一人扶犁，不见有人牵牛，以二牛拉犁，从犁形可看出犁壁，它可使泥土分列两边，既能深耕，又可耕成田垄，从犁架结构看，似已有控制耕犁入土深浅的犁箭，是犁耕技术的重大进步。这些农具除犁外多安装木柄，既轻巧又方便，明显提高了劳动效率。锄也有质的进步，汉代已使用长柄锄，睢宁双沟画像石农耕图中便有农夫手握长柄铁锄站立锄草的图像，即所谓"立薅"，《说文》云："锄，立薅所用也"，铁锄由短柄演变为长柄，劳动者从蹲锄到"立薅"，大大地提高了锄地的效率，促进了农业生产水平的提高。与西汉初期"百亩之收，不过百石"[88]，相比，到东汉时，小麦单产达到1125kg/hm^2[89]，下邳蒲阳陂一带的稻田竟高达9000kg/hm^2。而同时期黄河流域中等土地粮食产量一般不过2700kg/hm^2[85]。反映了东汉淮泗流域农业发展的成就。

秦汉时期生产力的发展和国家治理体系的变革，产生了大大小小的军功地主、官僚地主、旧贵族地主和工商大贾，有力推动了庄园经济的产生[90]，并产生了一大批文学家，据晁成林统计，两汉时期江苏著名文学家代表人物37人，其中徐州一地占32人，近总数的90%，详见表2.3.1[91]，发达的经济基础，强大的士人群体，为民间园林的产生和发展创造了必要的基础[92]。

表2.3.1 两汉时期江苏文学家的地理分布[91]

现代	古代	朝代	文学家族	姓名	人物关系	文学成就	收录情况
苏州	会稽吴	西汉	庄氏	庄忌		存《哀时命》	abcdeh
				庄助	忌子	赋35篇，存2篇	abcdh
				庄忽奇		赋11篇	abcd
无锡	吴郡无锡	东汉	高氏	高彪		存文3篇	acdho
				高岱	彪子	《汉书·独行侠》	佚
淮安	淮阴	西汉	枚氏	枚乘		存赋文多篇	abcdeghjkl
				枚皋	乘子	赋100多篇，佚	abcd
	广陵射阳	东汉	臧氏	臧旻		存文1篇	
				臧洪	旻子	存文1篇	c
徐州	泗水郡丰邑	西汉	刘氏	刘邦		《大风歌》《鸿鹄歌》	abcdg
				刘交	邦弟	注《鲁诗》	a
				刘友	邦子	赋1篇、歌1篇	ab
				刘恢	邦子	歌、诗4首	b
				刘恒	邦子	文入《古文观止》	b
				刘章	邦孙	《耕田歌》《紫芝歌》	b
				刘越	启子	赋5篇，佚	ab
				刘彻	启子	存辞赋2篇	abcde
				刘弗陵	彻子	存歌1首	a
				刘旦	彻子	存歌1首	b
				刘胥	彻子	存歌1首	b
				刘去	越孙	歌2首	b
				刘德	辟疆子	赋9篇，佚	a
				刘钦	询子	赋2篇，佚	ab
				刘向	德子	《新序》《说苑》	abcdfgh
				刘歆	向子	集5卷，佚	abcdfh
				刘偃	肥孙	赋多篇，佚	a
				刘般	询玄孙	存文多篇	
				刘恺	般子	存文多篇	
				刘茂	般子		
		东汉		刘宏		善诗，有诗存	a
				刘辩	宏子	有歌辞存	b
				刘毅		文多篇，佚	a

表中，a-《中国文学家大辞典》（谭正璧），b-《中国文学家大辞典·先秦汉魏南北朝卷》（曹道衡），c-《中国文学家大辞典》（北京语言学院），d-《中国文学大辞典》（钱仲联），e-《中古代诗歌词典》（喻超纲），f-《中国语言文学家辞典》（陈高春），g-《先秦汉魏晋南北朝诗》（逯钦立），h-《全上古三代秦汉三国六朝文》（严可均），j-《文选》，k-《文心雕龙》，l-《玉台新咏》

（二）前三国到后三国时期

前三国到后三国时期又称魏晋南北朝时期，大致为公元220—581年。"一部三国史，半部在徐州。"[93-94]东汉末起中国古代政治斗争的格局从东西方之争转为南北方之争[95]，古徐州地区则是迎接这一转折期的核心战场，地处南北两大力量交接地区的徐州，如顾祖禹所论：

"彭城之得失，辄关南北之盛衰。"[96]成为全国性战略要地，这一时期农业生产呈现大起大落的局面。

东汉末期，社会动荡，洪涝频繁，人口锐减，《三国志·魏志·张绣传》载："是时，天下户口减耗，十裁一在。"土地大量荒芜。曹魏占据徐州地区，为应对灾荒和衰败的社会景象，采取"百姓兴工"的"沛郡屯田模式"和"军事屯田"的"两淮屯田模式"，迅速恢复了农业生产，对结束三国分裂起到极为重要的作用。但到了曹魏后期，过量蓄水导致水患日益加剧，加之军事集团强制性生产，不利于劳动者生产积极性的提高，租率提高与单位产量下降的矛盾日益显露[97]。

西晋（265—317年）初矛盾进一步恶化，泰始初年至咸宁四年（265—278年）大范围洪涝连年，尚书杜预提出泄水毁陂，废除屯田制，实施后提高了抗灾能力，解放了被屯田制束缚住的生产力，提高了整体生产水平。加上其他政策措施，农业得到较快的发展，有足够的物质基础在"八王之乱""永嘉之乱"后承接大批中原流民。《晋书·列传·第三十二章》记载：西晋名将祖逖"及京师大乱，逖率亲党数百家避地淮泗。"今宿迁、泗阳、淮阴、淮安、盱眙等地均侨置过北方郡县。大批北方移民带来先进的旱作技术，《晋书·志·第十六章》记载：东晋大兴元年（318年）元帝下诏："徐、扬二州，土宜三麦，可督令？地，投秋下种，至夏而熟，继新故之交，于以周济，所益甚大。"变单季水稻为稻麦连作，提高了复种指数。

然而好景不长，东晋之后，徐州地区进入到持续一个多世纪战乱更频的南北朝（420—581年）时期，交战双方都曾利淮水资源攻击对方，破坏水利设施和农业生产，使农业生产再陷衰败[97]，并再次促使大量徐人南迁。

这一时期的政治动乱酿成了原有社会秩序的大解体，"世家大族式家族组织从东汉末年到汉魏之际形成以后，在魏晋时期普遍发展起来"[98]，小农经济崩溃，庄园这种家族性聚居的生产和生活组织形式的大量出现，和士人思想上获得解放、个性得以自由发展所引发的思想文化领域的异常活跃相结合，为民间园林的转型升华带来了契机。

（三）隋唐时期

南北朝晚期，大规模的战争已经停止，公元589年隋灭陈，结束了自西晋末年永嘉以来长达200余年的乱离局面，恰巧、气候也在7世纪由寒变暖，进入第三个温暖期，农业生产得到较快的恢复。《隋书·地理志》描绘云："彭城、鲁郡、琅琊、东海、下邳，得其地焉。……其在列国，则楚、宋及鲁之交。考其旧俗，人颇劲悍轻剽，其士子则挟任节气，好尚宾游，此盖楚之风焉。大抵徐、兖同俗，故其余诸郡，皆得齐、鲁之所尚。莫不贱商贾，务稼穑，尊儒慕学，得洙泗之俗焉。"从其所记徐地好尚稼穑的风俗，可知彼时农业生产已经发展起来了。唐初还在沂、沭水流域还兴修了许多水利工程等。如沂州丞县（今枣庄市一带）先后兴建起13个陂塘工程"畜水溉田"，莱芜县令赵建盛在县西北十五里开凿普济渠灌溉农田，海州刺史杜令昭在朐山县（今连云港市）东二十里筑永安堤，北接山，环城长十里，以捍海潮，保护城市和农田的安全[99]。这些工程的兴建，使沂、沭水流域农业生产得到有力保障，普遍推行麦、稻

表2.3.2 唐代淮泗地区贡品

州名	《新唐书·地理志》	《通典·食货志》	《元和县图志》
泗州	锦、赀布	锦、赀布	麻、细赀布、绢、布
楚州	赀布、布	赀布	缺载
海州	绫、楚布、紫菜	楚布	缺载

（或麦、杂粮）轮作一年二熟（或二年三熟）制，农业生产有了明显发展[100]。蚕桑丝绸、淮盐产业快速发展，特别是纺织品都是列入朝贡的精品或拳头产品，在全国同行业中很有竞争力（表2.3.2）。唐人李肇在《唐国史补（卷下）》中记载有这样一段："初，越人不工机杼，（唐代宗时）薛兼训为江东节制，乃募军中未有室者，厚给币，密令北地娶妇以归，岁得数百人。由是越俗大化，竟添花样，绫、纱妙称江左矣。"说明当时江东地区丝绸织造业是从唐代中叶才开始兴起，纺织业比地处江北的淮泗地区要逊色。

唐白居易《长相思·汴水流》诗曰："汴水流，泗水流，流到瓜州古渡头。"自隋大业元年凿通济渠①，引黄河水循汴水入于泗水进而通于淮河，隋唐运河成为联系黄河、淮河、长江三大水系的纽带。徐州据汴、泗之汇，"舳舻之会，舟车之要"，官私商旅云集，进一步促进了徐州的发展，成为名副其实的经济重地，在全国经济交流中的地位迅速提高。特别是安史之乱以后，黄河流域强藩大镇纷纷称雄，唐王朝的赋税与粮油布帛供给区域转到江淮地区，"天下以江淮为国命"[101]，东南漕运遂成其生命线，除彭城外，淮阴、山阳、埇桥等遂发展为重要的商业都市。

发达的交通和经济引来文人荟萃，沿河两岸重镇的古迹也因名人的游吟而生色闻名起来。如地处今灵璧县的虞姬墓，原不过一颗然荒丘，自高适、李商隐、杜牧、曾巩、辛稼轩等人凭吊题咏后，声价顿增；彭城燕子楼经张仲素和白居易等诗咏，延及后世，形成了名扬海内外的独特文学景观[102]，进一步丰富发展了园林的文化内涵。

安史之乱以后，虽然整体上北方经济重心地位开始动摇，经济重心逐渐南移，但古徐州在传统经济发展优势的基础之上，据汴泗之要，仍可称得上是"膏腴之地"。

四、近古时期经济社会

公元9世纪末到14世纪前的近古世纪中，古徐州地区经历了名为"五代十国"的动乱期，之后进入北宋的短时间一统，北宋末起，金、元代宋控制了整个古徐州地区。

（一）北宋时期

北宋时定都开封，时徐州不但盛产水稻，小麦和豆类生产更为发达。苏轼在《上皇帝书》中

---

① 据清顾祖禹（《读史方舆纪要·卷四十六（河南道）》）的考证，通济渠源于《禹贡》的雍水，春秋时称为邲水，秦汉时又叫鸿沟；《元和郡县图志（卷八）》记载："汴渠，一名蒗宕渠，今名通济渠。"

称徐州:"地近京畿,为南北襟要,京东诸郡安危所寄";"地宜菽麦,一熟而饱数岁"(《苏轼文集·卷二·徐州》)。大量适宜小麦、豆类生产的土地,先进的生产技术,一年丰收可供数年食用,类似粮食生产盛况,堪与此后南宋时"苏、湖熟,天下足"所形容的农业情况比肩。

这个时期的手工业在全国也占据重要地位。最突出的是冶铁业,"彭城县东北70里处的狄丘(一作秋邱,今利国镇),地既产精铁,而民善锻"。优质铁矿加优势技术,使徐州成为官方冶铁要地,《宋史·卷185·食货下》记载:宋太宗太平兴国四年(979年)将冶务升格为利国监①,宋仁宗庆历年间"因以新意,为作小冶,功省而利倍,徐人至今便之。"改造后的冶炼设备和工艺减轻了工作量,生产效率提高了一倍,利国监形成一个拥有4000左右优秀工匠的大型冶铁基地。宋神宗元丰元年,萧县(白土镇)煤矿的发现,极大地改变了此前以木炭为燃料的传统冶铁工艺,以煤炭炼铁,提高了铁炉温度,加速了冶炼进程,增加产量,提高质量,带来了冶炼革命。苏轼为此专作《石炭诗》一首,惊喜地记述道:

> 彭城旧无石炭。元丰元年十二月,始遣人访获于州之西南白土镇之北。
> 以冶铁作兵,犀利胜常云。
> 君不见,前年雨雪行人断,城中居民风裂骭。
> 湿薪半束抱衾裯,日暮敲门无处换。
> 岂料山中有遗宝,磊落如䃎万车炭。
> 流膏迸液无人知,阵阵腥风自吹散。
> 根苗一发浩无际,万人鼓舞千人看。
> 投泥泼水愈光明,烁玉流金见精悍。
> 南山栗林渐可息,北山顽矿何劳锻。
> 为君铸作百炼刀,要斩长鲸为万段。

此外,据《宋史·卷85·地理志1》,贡品以双丝绫、绸、绢为代表特色丝织品,是京东西路中土贡丝品种类最多的州郡,其中的双丝绫则是各地贡品中仅见的品种,可见桑蚕业和丝织业实力之雄厚。《夷坚志·三·志己卷4·潇县脚匠》记载:萧县白土镇以白器为特色的陶瓷业,拥有30余窑和数百工匠,是一处有规模、有独特工艺的重要陶瓷业基地。

农业和手工业的发展,积累了大量社会财富。《苏轼文集·卷二·徐州》《上皇帝书》中记道:"冶户皆大家,藏钱巨万",《苏轼文集·卷49·与章子厚今政书其二》记道:"土豪百余家,金帛山积。"

北宋末期,天禧三年(1019年)河决滑州,泛澶、濮、郓、永、徐境(《宋史·卷八·真宗本纪三》)。熙宁十年(1077年)黄河大决于曹村下埽,澶渊北流断绝,河道南徙,东汇于梁山、张泽泺,分为二派,一合南清河入于淮,一合北清河入于海,凡灌郡县四十五,而濮、

---

① 宋代冶炼机构按大小分为监、冶、务、场4级,徐州利国监是最大的4个冶铁监之一。

齐、郓、徐州尤甚，坏官亭民舍数万、田逾三十万顷（《续资治通鉴长编·卷二八三》）徐州农业生产与村庄集镇都被严重摧毁。

（二）金、元时期

金代的古徐州地区，一方面，宋、金对峙战争不断，赋税、瑶役繁重。另一方面，北宋末期，特别是南宋初年（南宋建炎二年，1128年）人为开决黄河大堤以后，黄河开启了频繁地夺汴泗侵淮等重大灾害破。频繁的人祸天灾，使农业生产也遭受到严重破坏，大量百姓南下避祸，导致人口急剧下降，大片农旧抛荒，虽然金朝统治者采取了一定的措施，但是，经济仍急剧衰退[103]。

元朝建立之初经济萧条，呈现一片残破的景象。后来元朝政府成立专门的"劝农"机构和水利机构，大司农司主持编写中国历史上现存最早的官方颁行的农书——《农桑辑要》，并行之全国，指导各地农业生产；把"户口增，田野辟"作为地方官考绩，规定"凡是荒田，俱是在官之数，若有余力，听其再开。"（《元典章·卷19·户部五·荒田》）在北方汉地立社，"以十家为率，先锄一家之田，本家供其饮食，其余次之，旬日之间，各家田皆锄治。间有病患之家，共力助之，故无荒秽，岁皆丰熟"（王祯《农书·卷3·农桑通诀·锄治篇第七，卷5·农桑通诀·仲植篇》）。顺帝至元二年（1265年）下令实行军屯"诏徐州等处，凡荒闲地土，可令所领士卒立屯耕种。"至元十六年（1279年），募民立屯耕种两淮地区荒地，"所得子粒官得十分之四，民得十分之六，仍免本户瑶役。" 至正十三年（1353年）顺帝颁布"募民屯田令""诏取勘徐州等处荒田"，领募者奖从七品以下职官以及农田。募民百户者赠百户职，募民五百户者赠千户职。一系列综合性的政策和措施以及人民的辛勤劳动，使农业、手工业等经济又得到恢复和发展。据丰县刘大营蔡照堂《刘氏族谱》记载：元至正十三年（1353年），其始迁祖刘顺公奉元朝募民屯田令，由山西洪洞迁居江苏丰县刘家营，授地100顷。可见募民屯田在恢复人口和农业生产中的作用。

至元二十三年（1286），朝廷开始整修泗黄运道，从济宁以南经徐州至邳州，沿河设置纤道、桥梁。此后南粮北运的路线始为由江入淮，经泗黄运道入济州河，然后至东阿经大清河至利津县，转海运，以达天津至北京。朝廷还实行鼓励民间运输的政策，曾有诏敕"禁权要商贩挟圣旨、懿旨、令旨阻碍会通河民船者"（《元典章·卷二十三》）。至元二十六年（1289）六月，下旨规定"所有官司都不得依前强行拘刷船只，骚扰百姓，如违，并行究治"。每年数百万的漕船与漕运兵丁、民夫往来于运河之上极大地促使运河城镇发展和工商经济的进一步繁荣，古徐州借运河之利再次重返沟通华北、中原与江淮等几个经济文化重心区域的枢纽地位，极大地促进了整个运河区域文化事业的蓬勃发展，使这里成为人才荟萃、文风昌盛之区。元末明初之际，镇守徐州的元朝枢密院同知陆聚怜惜百姓，率军三次投降，避免了大的战斗和经济破坏。

五、近世与近代经济社会

（一）明、清朝时期

公元14世纪中期至20世纪初，中国社会进入明、清两朝。

在汉、魏、唐、宋时期，古徐地一直是发达的农业经济区之一，明初朱元璋定都南京，这里既是畿辅之地，又是明王朝起家的根据地，明王朝为恢复发展农业生产实施了减轻农民负担、让农民休养生息恢复元气、兴修水利、移民开发、号召原黄淮流民认回原籍复耕等重大决策，农业生产得到迅速恢复发展，尤其蚕桑发展较快，农业人口相应增加[104]。明成祖迁都北京后，为解决南北巨大的物资运输问题，制定出"治黄保清"的总方针。

在这一总方针指导下，一方面，古徐地位于黄、淮、运交汇之所，万历十五年（1587年）十月，内阁大学士申时行上奏称："国家运道，全赖黄河。河从东注，下徐、邳，会淮入海，则运道通；河从北决，徐、淮之流浅阻，则运道塞。此咽喉命脉所关，最为紧要。"[105]八方富商大贾麇集，"凡江淮以南之贡赋及四夷方物上于京者，悉由于此，千艘万舸，昼夜罔息"。[106]漕运成为朝廷的经济命脉。伴随漕运的兴盛，区内的集市镇大量兴起，并不断得到发展，交易的主要商品有粮油、盐、鱼、畜禽、酒、竹木、靛等；数量众多、大小不一的集市镇构成了多层次的市场网络体系，这些集市镇的兴盛和发展促进了商品流通和商品生产，有利于维系小农经济的再生产[107]。朝鲜人崔溥在《漂海录》中称："江以北，若扬州、淮安，及淮河以北，若徐州、济宁、临清，繁华丰阜，无异江南。"[108]永乐年间姚广孝《淮安览古》诗赞淮安为"襟吴带楚客多游，壮丽东南第一州"。《古今图书集成·职方典·徐州风俗考》记载，当时的徐州城"一切布、帛、盐、铁之利，悉归外商"，"百工技艺之徒，悉非土著"。[109]漕运业有力促进了沿运商业经济的繁荣发展。

另一方面，在这一总方针中，"保清"是根本目的，"治黄"是达到目的的手段。为实现"治黄保清"，于弘治八年堵塞黄陵岗及荆隆等决口7处，筑上起胙城下抵虞城180km的太行堤，截断黄河北流入海通道，迫使黄河由颍、涡、睢诸河入淮。旋因颍、涡、睢淤，黄河全流北移至沛县（飞云桥）入泗，再由泗入淮，结束了分流入淮的历史，加大了黄、淮、沂、泗四大水系行洪的矛盾，加重了外洪与内滞的矛盾，从此上起飞云桥下至云梯关（当时属安东县，现属滨海县，黄河入海处）间广阔的徐淮平原，水灾频率数倍于前，灾害频繁。如嘉靖三十年后数次大水，田尽沙漫，居民逃窜过半。徐州丰县至淮安府安东县一段，有13座城池因特大洪水受较严重破坏。因原有水系被破坏掉，许多平原低地内涝排不出而储水成湖，或为沼泽地，著名的如微山湖、骆马湖、洪泽湖等，不仅造成耕地锐减，而且，沿黄泛冲积区的土地大面积碱化，极不利于作物立苗、生长，水、旱、碱三大危害，使农业产量低而不稳，陷入收入下降，农业人口下降的恶性循环[104]。

清代基本延续了明代的情形。由于明、清中央王朝以服务漕运为目的的运河、黄河治理方针，和泄洪方向、行洪范围往往以淹没没有权势的平民田庐为主的选择，在淮北形成了强势群体与贫困平民较多,中产阶层极小的哑铃形社会结构[110]。

清咸丰五年(1855年),黄河在河南兰考铜瓦厢决口,因当时清政府忙于镇压太平天国起义,无暇顾及河工,因而导致运河梗塞,漕运逐渐废止。运河沿岸地区交通优势丧失,商品经济迅速走向衰落。民国《续纂山阳县志》(今淮安市楚州区)记载:"自纲盐改票,昔之巨商甲族夷为编民,河决铜瓦厢,云帆转海,河运单微,贸易衰而物价滋,皖寇陷清江浦,向之铜山金穴湮为土灰,百事罢废,生计萧然。富者日益贫,贫者日益偷。由是四民知陈力受职,稍稍反朴焉。"[111]整体区域经济进一步没落。

(二)中华民国时期

20世纪上半叶,清末民国的中华大地再次陷入军阀混战割据之中,由于海运兴起,漕运衰落,古徐地整体区域经济,在延续清末整体没落的轨道上滑行的同时,也有新的发展。在以孙中山为代表的资产阶级"振兴实业"这一社会进步的思潮的推动下,以徐州为中点,1912年津浦铁路开通,1916年陇海铁路徐州至开封段开通,1925年徐州至海州段开通。津浦铁路、陇海铁路的建成,不仅为徐州接受南北两大政治经济中心的技术、资金、信息等方面的辐射提供了一条捷径,还增强了徐州在苏北、鲁南、淮北、豫东即原汉徐州刺史部区域内部的小循环能力,经济的枢纽地位再现,形成了徐州新的区位经济优势,新建了一批工矿企业。其中,苏北地区在1912—1927年的16年内,新建资本在1万元以上的企业20个左右,见表2.3.3。与清末1882年至1912年30年间仅设厂10个比,不仅发展速度有所加快,而且工业部门增加,轻重工业都有所发展,除已有的煤炭、建材和农产品加工三大部门外,磷矿业、电业、印刷业等也从无到有,逐步发展起来,见表2.3.4[112]。但整体上因频繁的战乱、落后的区域内部交通、根深蒂固的重农轻商观念,特别是重文尚武的文化基因,经济人才严重缺乏,面对民国前期的经济发展机遇,反应迟钝,行动蹒跚,城市发展十分缓慢,城市人口1919年为12.5万人,到1935年为16.0万人,城市居民中除原来居民以外,还有一定的外来人口,他们从事工业、手工业,或从事商业、服务业等,有为数不少的铁路职工、商贩、小手工艺者和流民等[113]。

表2.3.3 民国前期苏北新建资本万元以上重要企业

创办时间	创办地点	企业名称	资本(万元)	形式
1913	铜山	铜山第七工厂	8	官办
1914	淮阴	淮阴第四工厂	5.7	官办
1914	大丰	淮阴大丰盈记面粉厂	15	商办
1914	徐州	徐州电灯厂	15	商办
1917	铜山	宏裕昌制丝有限公司	11.2	商办
1918	海州	第八模范工厂	5	官办
1919	淮阴	增新祥制蛋无限公司	6	商办
1919	淮阴	利淮电灯公司	12	商办
1919	东海	锦屏铁磷矿	5	商办
1920	淮安	新华电灯公司	10	商界
1920	东海	新东电灯公司	7.4	商办

（续）

创办时间	创办地点	企业名称	资本（万元）	形式
1920	徐州	耀华电灯公司	30	官办
1921	徐州	宝兴面粉厂	20	商办
1923	徐州	耀华电灯公司	50	商办
1923	萧县	白土寨煤矿		商办
1924	灌云	耀华电灯公司	50	商办
1925	东海	新华电灯公司	5	商办
1925	铜山	鼎盛蛋厂	20	商办
1925	铜山	新中华印刷公司	2	商办
（不明）	徐州	同裕长蚕行	1	商办

表2.3.4　民国前期苏北资本万元以上工业部门分布

部门	行业	企业（个）	其中：1912—1927新增（个）	占总数%
矿业	煤矿	2	1	50
	铁矿	1	1	100
	磷矿	1	1	100
农产加工	面粉	5	2	40
	榨油	2	0	0
	制蛋	3	3	100
其他	纺织	4	3	75
	电力	8	8	100
	印刷	1	1	100
总计		27	20	74.1

日伪时期，由于徐州没有完整的工业，大批棉纱、布匹、日用百货要靠南方输入。由于日伪政权只准许"以物易物"，使徐州的土特产、杂粮药材等物得以输出。但铁路不承受客户或运输商托运，托运货物只限于"日商国际运输株式会社""日华运输嵘式会社""朝鲜第一运输株式会社"及徐州运输行业公会筹办的"兴华运输社"四家运输公司[113]，商业贸易和经济整体进一步萎缩，虽然汪伪政权曾设立以徐州为省会的"淮海省"，但对经济发展并没有产生积极的作用。

六、当代经济社会

新中国成立后，古徐大地分由江苏、山东、安徽和河南四省管治，在计划经济时期，各个区域"兄弟登山，各自努力"，得益于丰富的煤炭、建材、铁矿等矿产资源优势和农业土地资源优势，建立起了以初级产品生产为主体的农业和工业经济体系。为增强各区域之间的联系与协同发展，1986年初，著名经济学家于光远率先倡导提出了淮海经济区的概念，初步划定了淮海经济区的区域范围；2010年5月，国务院批准实施的《长江三角洲地区区域规划》明确提出："编制南京都市圈、淮海经济区区域规划，促进周边地区加快发展"。2018年10月，国务院批准了国家发展和改革委员会制订的《淮河生态经济带发展规划》，以古徐州地域为底图的淮海经济区概念正式上升到国家区域发展战略之中。

淮海经济区的概念从提出到国家给予"法定名分"，地域范围也从最初的20个地级市（分别为苏北的徐州、连云港、宿迁、淮安和盐城，皖北的宿州、淮北、蚌埠、亳州和阜阳，鲁南的枣庄、济宁、泰安、日照、莱芜、临沂和菏泽，豫东的商丘、开封和周口）市区及所属88个县城（含县级市），总面积17.8万km²，调整到包括徐州、连云港、宿迁、宿州、淮北、商丘、枣庄、济宁、临沂、菏泽10市。

到21世纪初，各区域基本走过初级产品生产阶段，全面进入工业化初期阶段；近10年中，鲁南进入工业化中期，徐州更进入工业化后期阶段，见表2.3.5[114]。与国内部分城市群相比，在面积、人口、经济总量指标上，淮海城市群处于各城市群中等偏下的位置；但在人均、地均经济指标上，淮海城市群居于中等偏上的位置，详见表2.3.6。作为老工业基地和资源枯竭型城市较为集中的地区，近十年来各市虽然积极推进经济结构调整，但一次产业比例仍偏重，三次产业比例还有待提高。同时，尽管工业门类较为齐全，但各城市主导优势产业同质化明显，且多处于产业链中低端，创新驱动能力不强，新兴产业发展缓慢。正如李克强总理2015年3月在参加全国"两会"江苏代表团审议国务院政府工作报告时指出："由于历史上黄河改道等客观原因，以徐州为中心的淮海地区，包括苏北、鲁西南、豫东、皖北这块地区，一直都是相对比较贫困的地区，也是革命老区。对淮海地区的发展，我们确实应该给予高度重视。"[115]

表2.3.5 钱纳里标准下淮海经济区4大区域经济发展阶段

地区	初级产品生产阶段	工业化初期阶段	工业化中期阶段	工业化后期阶段
苏北	1990—2004年	2005—2008年	2009—2013年	2014—2015年
皖北	1990—2008年	2009—2015年		
鲁南	1990—2004年	2005—2008年	2009—2015年	
豫东	1990—2007年	2008—2015年		

表2.3.6 2014年淮海城市群与国内部分城市群发展情况比较

名称	面积（万km²）	人口（万人）	GDP（亿元）	人均GDP（万元）	地均GDP（亿元/千km²）
淮海城市群	6.43	4964	18211	42259	302
中原城市群	5.87	4150	21886	52737	373
胶东半岛城市群	7.47	4069	31051	76311	416
关中城市群	8.91	2834	11681	41211	131
长三角城市群	11.08	9800	105800	107959	955
江淮城市群	8.06	3300	15600	47273	194
长江中游城市群	35.00	12600	60000	47619	171
成渝城市群	23.95	11000	40700	37000	170
滇中城市群	9.60	1800	7200	40000	75
黔中城市群	5.51	2100	6500	30952	118

第四节　区域文化基底

徐州的地域文化由当地徐人自我创造的文化和中原文化、楚文化等相互碰撞与融合而来，是徐地的人们在社会实践中创造的物质（器物）文化、精神文化和制度文化的总和。精神文化的主要特征是行仁重道、致力诚信，制度文化的主要特征是以德治国、礼乐纲常。物质文化即人类创造的物质产品及其所表现的文化，突出表现在鸟图腾崇拜和崇精尚丽、舒扬雄秀、气韵厚重的外在特征。

一、内在特质

行仁重道、致力诚信、礼乐纲常又积极进取、是徐文化的精神特质。

行仁重道。《淮南子·人间训》称徐王"有道之君也、好行仁义。"《韩非子·五蠹》记载："徐偃王处汉东、地方五百里、行仁义、割地而朝者三十有六国。"《后汉书·列传·东夷列传》记曰："（穆王）乃使造父御以告楚、令伐徐、一日而至。于是楚文王大举兵而灭之。偃王仁而无权、不忍斗其人、故致于败。乃北走彭城武原县东山下、百姓随者以万数、因名其山为徐山。"徐偃王的仁政实践较孔子（前551—前479年）仁政理想早了至少百年以上①。

"道"是中国古代哲学的重要范畴。徐人讲的"道"则具体得多，如"有道之君""德行之道"等。在他们看来，天有道，地有道，人亦有道。"虚而无形谓之道，化育万物谓之德。[116]"《管子·四称》所记徐伯的言论表明，徐文化里"道"的内容"桓公善之"。徐伯为徐国的国君。穆王命徐子为伯，夏王命徐伯主淮夷，徐伯之称是袭旧号。徐伯的"四曰"内容广泛，有治国大道，也有处世之理，还有人伦大道，含仁、义、礼、智、信、忠、孝等、由此可见徐国文化的发达。

致力诚信。"信"和"诚"往往是连在一起的，信则诚、诚则信。《竹书纪年》记载：徐诞朝拜周天子，"赐命为伯""乃分东方诸侯徐偃王主之"[117]。徐偃王以为获得天子分封、徐国可以高枕无忧，是以"信"而信人。于是"外坠城池之显、内无戈甲之备"（东晋葛洪著《抱朴子》），以至于"不知诈人之心""走死失国"，是诚信而放松警惕、不知戒备的典型例子，反证了"信"在徐国的分量，"信"已成为徐文化的重要组成部分。

---

①徐偃王的年代，《韩非子·五蠹》载为楚文王（？—公元前677年）时期，《淮南子·人间训》载为楚庄王（？—公元前591年）时期，《史记·秦本纪》《史记·赵世家》《衢州徐偃王庙碑》《元和郡县图志·徐县志》等文献则认为是周穆王（约前1054—前949年）时期。近现代有学者提出徐偃王可能不是一个人而是一群人。徐海燕《徐国史影考述》判断徐偃王就是周穆王时期的徐国君主，也就是《今本竹书纪年》中提到的"徐子诞"。

以德治国。韩愈说徐国"处得地中、文德而治""以君国子民"（唐韩愈撰《衢州徐偃王庙碑》）。可见"德"在徐国已被公认为统治思想，普遍推行而达到"治"，以至于齐桓公等诸侯纷纷效法。

礼乐纲常。"礼"是规范秩序的行为准则。《礼记·檀弓下》记载："邾娄考公之丧，徐君使容居来吊含，曰：'寡君使容居坐含进侯玉，其使容居以含。'有司曰：'诸侯之来辱敝邑者，易则易，于则于，易于杂者未之有也。'容居对曰：'容居闻之：事君不敢忘其君，亦不敢遗其祖。昔我先君驹王西讨济于河，无所不用斯言也。容居，鲁人也，不敢忘其祖。'"容居说得堂而皇之、气理充足，显示了徐国的气魄，说明了徐国"礼"文化的发达。这一方面还可以从近代以来出土的文化看出端倪：徐器"沇儿钟"铭文就描述了一家几代人老幼有序、和睦相处的情形，即是"徐礼"在古徐州地区家庭中的体现；徐国都城遗址梁王城九女墩古墓群出土了19件青铜编钟、13枚青铜磬。钟与磬均为古徐国宫廷乐器。此外，徐州一带考古还发现有琴、瑟、陶埙。乐器的发展水平说明古徐州"礼"的发展程度。因为古代"礼""乐"往往是连在一起的，所谓"礼乐"者，"礼"需要"乐"，"乐"为"礼"而设、有"礼"有"乐"、四海升平、政通人和才是"礼治"。出土有"乐"、朝纲有"礼"，当为不虚。

《庄子·外篇·达生》记载孔子曾到徐地"观于吕梁"，又曾往沛问礼于老聃。门生中后世封号如"彭城公""下邳伯""徐城侯"等当来自徐地者。战国时孔学传人子思在时为宋都的彭城作《中庸》、亚圣孟子带领学生游历魏、齐、宋、鲁、滕、薛诸国多为徐地。《周礼》曰："儒家得道以民"。所谓得道，一曰礼乐，二曰仁义。因此，可以说，徐文化是儒家核心思想之源，儒学是徐文化之表。从文化传承关系看，徐文化是鲁（儒）文化的源头、是地域文化上的上位文化。

另一方面，徐人并不盲从权威。如《今本竹书纪年》记载：成王二年"奄人、徐人及淮夷入于邶以判"又载："穆王十三年，徐戎侵洛。冬十月、造父御王入于宗周"[118]、《后汉书·列传·东夷列传》载："后徐夷僭号，乃率九夷以伐宗周，西至河上。穆王畏其方炽，乃分东方诸侯、命徐偃王主之。"《史记·鲁世家》载："伯禽即位之后，有管、蔡等反也，淮夷、徐戎亦并兴反"[82]《周书·费誓》云："祖兹淮夷、徐戎并兴。"[119]徐人的这些西进、南下，有力推动了徐文化的传播发展，将徐器铭文与西周和春秋时期的文字作比较可以看出其端倪：秦朝统一文字是系统整理、继承前朝文化包括徐文化的结果，而大汉王朝的建立，"汉承秦制"，创造了汉隶，演变成现代汉字。汉文化吸收传承古徐文化，对当时和以后产生了广泛而深远的影响。

二、外在形态特征

（一）鸟图腾崇拜

图腾是古人记载神的灵魂的载体，是本氏族的徽号或象征，是人类历史上最早的一种文化现象。具有号令族群、密切内部关系、维系社会组织和互相区别的职能。同时通过图腾标志、得到图腾的认同、受到图腾的保护。古代的氏族因受自然灾害、部落纷争以及物质资源等因素的影响,并非一成不变地永居一地,而是有时频繁地迁徙,有时缓慢地移动(当然不排除有部分成员留于故地)。但是,无论如何迁移,其图腾保持不变。否则,古老的部族将会被其他的部族所并吞或融合。

徐族本嬴姓,是东方少皞(少昊)氏鸟图腾族团中的一支,既有大量古文记载所证明,也有大量考古事实依据。《左传·昭公·昭公十七年》记:"秋,郯子来朝,公与之宴。昭子问焉,曰:'少皞氏鸟名官,何故也?'郯子曰:'吾祖也,我知之。昔者黄帝氏以云纪,故为云师而云名;炎帝氏以火纪,故为火师而火名;共工氏以水纪,故为水师而水名;大皞氏以龙纪,故为龙师而龙名。我高祖少皞挚之立也,凤鸟适至,故纪于鸟,为鸟师而鸟名。'"顾颉刚先生的研究证明:"嬴姓出于少皞,司马迁《秦本纪》独说为'帝颛顼之苗裔孙',是他酷信中国的高级统治阶级全是黄帝、颛顼的子孙,少皞在这篇书里没有取得地位,因此、把少皞的子孙嫁接给颛顼了。"[120]

从今山东中东部、江苏北部一带大汶口文化、龙山文化(海岱文化)及偏南的青莲岗文化出土文物鸟形器及鸟形纹,都可以见证徐族的图腾是鸠形鸟、乌及凤的前身。整个大汶口文化从早到晚、从苏北鲁南到胶东沿海,提供了愈来愈多的物证坐实了鸟夷的神话传说。如山东兖州王因、江苏邳县大墩子等地大汶口文化遗址中,女性特别是成年女性口中往往含有一个直径约15~20mm的石球或陶球,这球一旦放入便不再取出,死后犹然。刘德增先生考证认为:"这种含球习俗乃模拟吞玄鸟卵而生子,球象征鸟卵,含球乃祈子。"[121]山东莒县陵阳河大汶口文化遗址中编号为Mll、M17的两墓出土的陶尊上有一种刻划符号、李学勤先生考证是一种用羽毛装饰的冠[122]。出土的器物中也多鸟状器,陶鬶即是其中之一,是龙山文化最具特色的器物之一。再如徐国编钟上大多饰有浮雕羽翅式兽体卷曲纹、这种纹饰有一种强烈的律动感[123]。数以千计的大量汉画像石中,刻绘的动物主要的是各种形态的鸟,进一步证明直到东汉,鸟崇拜仍然是古徐地人们的神圣图腾。

(二)器物清奇华丽

器乐文化看,有徐地文化特征的远古器物——带有棘刺类密集的变形动物纹、几何印纹、陶纹特点的细密花纹,都是西周徐国青铜器的显著特征。如青铜器中的兽首鼎、无耳无肩盘、折肩鬲、陶器中的"淮式鬲"等证明,与同时代其他地区的器物相比在很多方面更具特色。徐国青铜盘上常见蟠蛇纹、绳纹与三角纹3种纹饰组合、蟠蛇纹已图案化、模式化,锯齿纹与连珠纹的组合在青铜尊上常见,龙首纹多饰鼎上。

特别是徐人在乐器(主要是编钟和石磬)的改进上,徐国编钟不但体积、音量适中,其造型也很优美,纹饰流畅清晰,而且大都经过仔细地调音锉磨,音质标准。徐国编钟类齐备,有镈钟、钮钟和甬钟。徐人对音乐的爱好不只表现在编钟上,还表现在其他乐器上。如《尚书·禹贡》中列举徐州贡物,特别提到"峄阳孤桐、泗滨浮磬"。徐人不仅拥有磬石产地,还具备高超的制磬工艺。徐国石磬较之中原石磬不但造型更加修长优美,而且音色也更加清越悠扬，堪称当时一绝。徐器的造型较之吴器亦更加秀丽精美，花纹装饰较之吴器也更加繁缛流畅[12, 123]。

（三）建筑雄浑质朴

从建筑文化看，古徐地的汉代建筑文脉意识的表达亦分为两个方面，一是物质形态方面，二是精神形态方面。物质形态主要表现为建筑本身和建筑材料的选用，而精神形态则是人的精神意志的外在表达，最具典型的特征就是"非壮丽无以威四海"的雄浑、大气、豪迈、古拙。建筑的群体布局讲究均衡和对称，平面布局大多呈面宽窄而进深大，立面形式多为三段式，自上而下是屋顶、屋身、台基三个部分，追求气势博大、粗犷浑厚和刚健有力。建筑的屋顶形式已很丰富，有悬山、歇山、攒尖、平顶和重檐等，屋顶的瓦件已有雕花和施彩，台基高大，外包花纹砖，建筑结构主要采用斗拱，进一步扩大了体量，强化了建筑的大气、壮观、厚重的视觉效果和心灵感应。

（四）言行爽朗悠扬

语言和行为是人类文化形成和发展的前提，是文化的基石。一个地区人们总体的语言和行为特征，不仅反映一个地区的历史和文化，而且蕴藏着该地区人们的生活方式和思维方式。以集地域文化精髓之大成的今徐州地方戏徐州梆子和柳琴戏为例：

徐州梆子因以枣木梆子为击节乐器，曲调的快慢节奏由一副鼓板和梆子来指挥而得名，将文学、音乐、舞蹈与技艺融于一体。表演以虚拟为主，虚实结合，强调感情真实，节奏强烈，程式上规范严谨，技巧性高，具有淳厚、朴素、明朗的特点。梆子戏的音乐属板式变化体，以慢板、流水、二八、非板四大板为主，声腔主要由陕西、山西梆子衍化而来，在调式、旋律节奏以及语言音韵和演唱风格上，都体现了徐州方言介于中州语系与吴越语系之间，既有中原音韵的厚重，又有吴越音韵的轻柔之独特风格，具有鲜明的地方特色。

柳琴戏广泛分布在以徐州为中心的江苏、山东、安徽、河南四省接壤地区，经国务院批准，2006年5月20日列入第一批国家级非物质文化遗产名录。柳琴戏的音乐唱腔非常别致，男唱腔粗犷、爽朗、嘹亮，女唱腔婉转悠扬、丰富多彩、余味无穷。演唱者可以随心所欲的发挥、创造，自由地变化。柳琴戏的唱腔以徵调式与宫调式为主，徵调式温和缠绵，宫调式明快刚劲。柳琴戏的表演粗犷朴实，节奏明快，乡土气息浓厚，身段、步法多具有民间歌舞的特点。

元萨都剌《木兰花慢·彭城怀古》："古徐州形胜，消磨尽几英雄。想铁甲重瞳，乌骓汗血，玉帐连空，楚歌八千兵散，料梦魂应不到江东。空有黄河如带，乱山回合云龙。汉家陵阙起秋风，禾黍满关中。更戏马台荒，画眉人远，燕子楼空。人生百年如寄，且开怀，一饮尽千钟。回首荒城斜日，倚栏目送飞鸿。"这首赴任途中在徐州逗留时留下的感怀，看似苍凉，实则振奋昂扬、壮怀激烈，具有博大雄阔的气势，传神地反映了徐州人的人格魅力。这魅力的根基，既在于徐州山水的舒广，更在于文化积淀的悠久深厚。

本章参考文献

[1] 刘起釪.《禹贡》江苏徐州地理丛考[C]. 中华书局编辑部. 文史（第44辑）. 北京：中华书局, 1988, 13-36.
[2] 王国维著, 黄永年校. 今本竹书纪年疏证[M]. 沈阳：辽宁教育出版社, 1999.
[3] 李学勤. 十三经注疏·春秋左传正义（卷四十一）[M]. 北京：北京大学出版社, 1999.
[4] 何光岳. 东夷源流史[M]. 南昌：江西教育出版社, 1992.
[5] 谭骐湘. 中国历史地图集[M]. 北京：地图出版社, 1982.
[6] 韩理洲辑校. 全隋文补遗[M]. 西安：三秦出版社, 2004.
[7] 罗凯. 隋唐政治地理格局研究——以高层政治区为中心[D]. 上海：复旦大学, 2012.
[8] 孔令远. 春秋时期徐国都城遗址的发现与研究[J]. 东南文化, 2003, (11)：39-42.
[9] 南京博物院, 江苏徐州博物馆, 邳州博物馆. 邳州梁王城遗址2006—2007年考古发掘收获[J]. 东南文化, 2008, (2)：24-28.
[10] 郭沫若. 两周金文辞大系图录考释[M]. 北京：科学出版社, 1957.
[11] 万全文. 徐楚青铜文化比较研究论纲[J]. 东南文化, 1993, (6)：26-33.
[12] 孔令远. 徐国考古发现与研究[D]. 成都：四川大学, 2002.
[13] 石伟.《殷周金文集成》钟镈类铭文校释[D]. 合肥：安徽大学, 2014.
[14] 曹锦炎. 绍兴坡塘出土徐器铭文及其相关问题[J]. 文物, 1984, (1)：27-29.
[15] 王屹峰. 绍兴306号墓出土的伎乐铜屋再探[J]. 东方博物, 2009, (32)：90-95.
[16] 黄建秋. 花厅墓地的人类学考察[J]. 东南文化, 2007, (3)：6-11.
[17] 苏秉琦. 略谈我国沿海地区的新石器时代考古[J]. 文物, 1978, (3)：40-42.
[18] 严文明. 东夷文化的探索[J]. 文物, 1989, (9)：1-12.
[19] 杨东晨, 杨建国. 论伯益族的历史贡献和地位[J]. 中南民族学院学报（人文社会科学版）, 2000, 20 (2)：60-65.
[20] 郭沫若. 历史人物[M]. 北京：人民文学出版社, 1979.
[21] 何汉文. 嬴秦人起源于东方和西迁情况初探[J]. 求索, 1981, (3)：137-147.
[22] 何光岳. 嬴姓诸国的源流与分布[J]. 信阳师范学院学报（哲学社会科学版）, 1984, (3)：23-33.
[23] 杨东晨. 秦人秘史[M]. 西安：陕西人民教育出版社, 1991.
[24] 郭沫若. 殷周青铜器铭文研究[M]. 北京：人民出版社, 1954.
[25] 蒙文通. 古族甄微[M]. 成都：巴蜀书社, 1993.
[26] 贺云翱. 徐国史研究综述[J]. 安徽史学, 1986, (6)：38-44.
[27] 曹锦炎. 春秋初期越为徐地说新证——从浙江有关徐偃王的遗迹谈起[J]. 浙江学刊, 1987, (1)：142-143.
[28] 池太宁. 徐偃王与台州徐偃王城考[J]. 台州学院学报, 2005, 27 (4)：10-13.
[29] 王清淮, 范垂娴. 汉代楚风索源[J]. 大连大学学报, 1991, 1 (2)：39-42, 24.
[30] 王令云. 试论孙吴时期淮泗集团的兴衰[D]. 郑州：郑州大学, 2006.
[31] 胡阿祥. 魏晋南北朝时期江苏地域文化之分途异向演变述论[J]. 学海, 2011, (4)：173-184.
[32] 易中天. 易中天中华史：魏晋风度[M]. 杭州：浙江文艺出版社, 2016.
[33] 葛剑雄. 中国移民史（第二卷）[M]. 福州：福建人民出版社, 1997.
[34] 胡阿祥. 东晋南朝人口南迁之影响述论[C]. 江苏省六朝史研究会. 六朝历史与吴文化转型高层论坛论文专辑·哲学与人文科学·中国古代史. 南京：吴文化博览, 2007, 31-40.
[35] 吴梅. 淮河水系的形成与演变研究[D]. 北京：中国地质大学, 2013.
[36] 钱济丰. 历史时期淮河流域沉积环境的变迁[J]. 安徽大学报（自然科学版）, 1984, (2)：58-62.
[37] 叶正伟, 纪旭, 刘育秀. 典型南北气候过渡带地区气温的时间变化特征——以淮河流域为例[J]. 中国农业资源与区划, 2018, 39 (3)：122-131.
[38] 黄志强. 苏北低山丘陵的地貌特征和地貌分区[J]. 徐州师范学院学报（自然科学版）, 1991, 9 (3)：1-5.
[39] 孙倩. 从仰韶到先周：全新世中晚期气候变化对黄、淮河流域文化发展的影响[D]. 南昌：江西师范大学, 2010.
[40] 李志鹏. 新石器时代晚期至末期黄淮下游地区的生业初探[J]. 南方文物, 2017, (3)：177-186.
[41] 竺可桢. 中国近五千年来气候变迁的初步研究[J]. 考古学报, 1972, (1)：15-38.
[42] 韩湘玲, 刘巽浩. 黄淮平原自然资源评价与开发[J]. 自然资源, 1985, (4)：29-37.
[43] 徐州市农业区划委员会. 徐州市农业农业资源与综合区划[M]. 南京：江苏科学技术出版社, 1991.
[44] 黄嫔, 朱怀诚, 王阿云. 徐州王庄煤矿山西组孢粉植物群及其地层意义[J]. 微体古生物学报, 2002, 19 (1)：35-54.

[45] 王从军. 安徽沿淮地区第四纪孢粉组合及地质意义[J]. 淮南矿业学院学报, 1994, 14 (1): 16-24.
[46] 吴不爽. 江苏建湖地区末次冰盛期以来的古植物群和古地理[D]. 南京: 南京师范大学, 2018.
[47] 张爱存. 皇藏峪的植物资源[J]. 淮北煤师院学报（自然科学版）, 1994, 15 (4): 96-99.
[48] 储玲, 赵娟, 刘登义. 安徽宿州大方寺林区植物种类及其资源的初步调查[J]. 生物学杂志, 2002, 19 (4): 24-26.
[49] 苑继平. 枣庄胜景[M]. 青岛: 青岛出版社, 2006.
[50] 谢中稳, 蔡永立, 周良骝. 安徽皇藏峪自然保护区的植物区系和森林植被[J]. 武汉植物学研究1995, 13 (4): 310-316.
[51] 梁珍海, 秦飞, 季永华. 徐州市植物多样性调查与多样性保护规划[M]. 南京: 江苏科学技术出版社, 2013.
[52] 罗其湘. 徐州附近发现上新世和更新世大量哺乳动物化石[J]. 古脊椎动物与古人类, 1978, 16 (1): 76.
[53] 郑庆生, 郑历兰. 徐州原始社会的生产状况——徐州古文化遗存分析[J]. 徐州教育学院, 2001, 16 (1): 89-91.
[54] 南京博物院（尹焕章, 张正祥, 纪仲庆）. 江苏邳县四户镇大墩子遗址探掘报告[J]. 考古学报, 1964, 9-56.
[55] 华东文物工作队. 淮安县青莲岗新石器时代遗址调查报告[J]. 考古学报, 1955, (1): 13-24+199-210.
[56] 江苏省文物工作队（尹焕章, 张正祥）. 江苏邳县刘林新石器时代遗址第一次发掘[J]. 考古学报, 1962, 81-102.
[57] 南京博物院（尹焕章, 张正祥, 纪仲庆）. 江苏邳县刘林新石器时代遗址第二次发掘[J]. 考古学报, 1965, 9-47.
[58] 王海玉、刘延常、靳桂云. 山东省临沭县东盘遗址2009年度炭化植物遗存分析[C]. 山东大学东方考古研究所. 东方考古（第8集）. 北京: 科学出版社, 2011.
[59] 陈雪香. 山东日照两处新石器时代遗址浮选土样结果分析[J]. 南方文物, 2007, (1): 92-94.
[60] 董珍、张居中、杨玉璋, 等. 安徽濉溪石山子遗址古人类植物性食物资源利用情况的淀粉粒分析[J]. 第四纪研究, 2014, 34 (1): 114-125.
[61] 钟蓓. 济宁玉皇顶遗址中的动物遗存[C]. 山东文物考古研究所. 海岱考古（第三辑）. 北京: 科学出版社, 2010.
[62] 安徽省文物考古研究所. 安徽省濉溪县石山子遗址动物骨骼鉴定与研究[J]. 考古, 1992, (3): 253-262+293-294.
[63] 周本雄. 山东兖州王因新石器时代遗址出土的动物遗存[C]. 中国社会科学院考古研究所编著. 山东王因. 北京: 科学出版社, 2000.
[64] 南京博物院新沂工作组（宋伯胤）. 新沂花崛村新石器时代遗址概况[J]. 文物参考资料, 1956, (): 23-16, 13
[65] 南京博物院（钱锋, 郝明华）. 1987年江苏新沂花厅遗址的发掘[J]. 文物, 1990, (2): 1-26.
[66] 南京博物院花厅考古队. 1989年江苏新沂花厅遗址的发掘纪要[J]. 东南文化, 1990, (2): 255-261.
[67] 靳桂云、王育茜、王海玉, 等. 山东即墨北阡遗址（2009）炭化种子果实遗存初步研究[C]. 山东大学东方考古研究所. 东方考古（第10集）, 2013.
[68] 陈雪香. 山东日照两处新石器时代遗址浮选土样结果分析[J]. 南方文物, 2007, (1): 92-94.
[69] 靳桂云、赵敏、王传明, 等. 山东莒县、胶州植物考古调查[M] // 山东大学东方考古研究所. 东方考古（第6集）, 2009.
[70] 程至杰, 杨玉璋, 袁增箭, 等. 安徽宿州杨堡遗址炭化植物遗存研究[J]. 江汉考研, 2016, (1): 95-103.
[71] 江称省文物管理委具合（谢春祝）. 徐州高皇庙遗址清理报告[J]. 考古学报, 1958, (4): 7-18+102-115
[72] 郑庆生, 郑历兰. 徐州原始社会的生产状况—徐州古文化遗存分析[J]. 徐州教育学院学报, 2001, 16 (1): 89-91.
[73] 靳桂云, 王传明, 燕生东, 等. 山东胶州赵家庄遗址龙山文化炭化植物遗存研究[C]. 中国社会科学院考古研究所科技考古中心. 科技考古（第三辑）. 北京: 科学出版社, 2011.
[74] 任重. 商周时代淮夷农业生产水平考述[J]. 古今农业, 1996, (4): 26-31.
[75] 沈嘉荣. 江苏史纲[M]. 南京: 江苏古籍出版社, 1993.
[76] 孔令远, 陈永清. 江苏邳州市九女墩三号墩的发掘[J]. 考古, 2002, (5): 19-30+100-101+104+2.
[77] 吴文祺, 张其海. 莒南大店春秋时期莒国殉人墓[J]. 考古学报, 1978, (3): 317-336+398-405.
[78] 罗勋章. 山东沂水刘家店子春秋墓发掘报告[J]. 文物, 1984, (9): 1-10+98-99.
[79] 南京博物院. 江苏铜山丘湾遗址的发掘[J]. 考古, 1973, (2): 71-79+138-140.
[80] 何慕. 秦代政区研究[D]. 上海: 复旦大学, 2009.
[81] 谭其骧. 长水集: 上册[M]. 北京: 人民出版社, 1987.
[82] （西汉）司马迁. 史记[M]. 北京: 中华书局, 1959.

[83] （南朝·宋）范晔. 后汉书[M]. 北京：中华书局，1965.
[84] （梁）沈约. 宋书·何承天传[M]. 北京：中华书局，1974.
[85] （北齐）魏收. 魏书·薛虎子传[M]. 北京：中华书局，1974.
[86] 郑善谆. 沛县志[M]. 北京：中华书局，1995.
[87] 尹钊，刁海洋，徐丹萍，等. 汉画像石折射出的古代徐州农业光辉[J]. 东方收藏，2010，(9)：32-35.
[88] 傅筑夫. 中国封建社会经济史（第二卷）[M]. 北京：人民出版社，1981.
[89] 宁可. 汉代农业生产漫谈[N]. 光明日报，1979-04-10.
[90] 李锦山. 略论汉代地方庄园经济[J]. 农业考古，1991，(3)：108-124.
[91] 晁成林. 地域文化视域下唐前江苏文学家族的地理分布[J]. 西南交通大学学报（社会科学版），2017，18(5)：50-60.
[92] 李勇，秦飞. 中国园林的起源补遗[C] // 孟兆祯，陈重. 中国风景园林学会2019年会论文集. 北京：中国建筑工业出版社，2019.
[93] 朱子彦. 汉魏之际徐州的战略地位与归属[J]. 史林，2010，(3)：38-47.
[94] 刘作霖，李小凤. 一部三国史半部在下邳——睢宁县"下邳故城遗址"列入第八批全国重点文物保护单位[N]. 徐州日报，2019-10-22，02版.
[95] 刘磐修. 魏晋南北朝时期徐州战略地位的形成[J]. 史学月刊，2010，(4)：28-37.
[96] 顾祖禹. 读史方舆纪要（卷二九）[M]. 北京：中华书局，2006.
[97] 任重. 魏晋南北朝两淮农业兴衰原因初探[J]. 中国农史，1998，17(1)：10-15.
[98] 徐扬杰. 中国家族制度史[M]. 北京：人民出版社，1992.
[99] （宋）欧阳修等. 新唐书[M]. 北京：中华书局，1975.
[100] 李启. 唐代淮泗地区的经济开发[D]. 福州：福建师范大学，2002.
[101] 杜牧. 樊川文集[M]. 上海：上海古籍出版社，1978.
[102] （日）福本雅一文. 燕子楼与张尚书[J]. 李寅生，译. 河池学院报，2007，27(6)：15-23.
[103] 丁利利. 金代山东路区域经济研究[D]. 西安：陕西师范大学，2016.
[104] 任重. 明代治黄保漕对徐淮农业的制约作用[J]. 中国农史，1995，14(2)：57-64.
[105] 台北中央研究院历史语言所. 明神宗实录[M]. 北京：北京图书馆抄本影印，1982.
[106] 张纪成，等. 京杭运河（江苏）史料选编[M]. 北京：人民交通出版社，1997.
[107] 吴海涛，金光. 论明清苏北集市镇的结构特色[J]. 学海，2002，(3)：143-145.
[108] 崔溥，葛振家. 漂海录[M]. 北京：社会科学文献出版社，1992.
[109] （清）陈梦雷编. 蒋廷锡校订. 古今图书集成[M]. 北京：中华书局，巴蜀书社，1985.
[110] 马俊亚. 被牺牲的局部：淮北社会生态变迁研究[M]. 北京：北京大学出版社，2011.
[111] 邱沅，王元章. 民国续纂山阳县志[C]. 中国地方志集成·江苏府县志辑(55). 南京：凤凰出版社，2008.
[112] 刘宏，姜新. 民国前期苏北工业发展浅析[J]. 江苏社会科学，1997，(2)：138-143.
[113] 赵良宇. 环境·经济·社会——近代徐州城市社会变迁研究（1882-1948）[D]. 济南：山东大学，2007.
[114] 邹晨，欧向军，梁壮，等. 淮海经济区经济发展阶段综合判定[J]. 江苏师范大学学报（自然科学版），2018，36(3)：1-6.
[115] 王浩，沈正平，李新春. 淮海城市群战略定位与协同发展途径及措施[J]. 经济地理，2017，37(5)：58-65.
[116] （唐）房玄龄撰. （明）刘绩补注. 刘晓艺校. 管子[M]. 上海：上海古籍出版社，2015.
[117] （南朝宋）范晔撰. （唐）李贤等注. 后汉书[M]. 北京：中华书局，1973
[118] 朱右曾辑，王国维校补，黄永年校点. 古本竹书纪年辑校·今本竹书纪年疏证[M]. 沈阳：辽宁教育出版社，1977.
[119] 孔安国. 尚书正义[M]. 上海：上海古籍出版社，2007.
[120] 顾颉刚. 鸟夷族的图腾崇拜及其氏族集团的兴亡——周公东征史事考证四之七[J]. 史前研究，2000，(0)：148-210.
[121] 刘德增. 鸟夷的考古发现[J]. 文史哲，1997，(6)：85-90..
[122] 韩康信，潘其风. 大墩子和王因新石器时代人类颅骨的异常变形[J]. 考古，1980，(2)：185-191.
[123] 孔令远. 徐国青铜器群综合研究[J]. 考古学报，2011，(3)：503-524+578-579.

第三章
徐派园林的发展历程

徐派园林孕育于前秦,生成于秦汉,升华于两晋南北朝,成熟于唐宋明清,并在新世纪得到创新发展。

第一节　徐派园林的孕育

《尔雅·注疏》李巡曰："淮、海间其气宽舒。"优越的自然地理环境，为人类在本区域的定居和经济社会的发展提供了良好保障，较高的经济社会发展水平，为徐派园林的产生提供了肥沃的土壤，到周代已经有了大量的早期园林形态，特别是徐州梁王城园林遗址的考古发现，为研究中国园林史的起源提供了直接的、且在时间上也可能是更早的考古学证据。及至春秋战国时期，众多权威性古文献记载的各种台、囿等大量的早期园林形态，如武子台、周公台、观鱼台、舞雩坛、薛台、秦台、季札挂剑台（徐君冢）等，表明徐派园林从这一时期孕育。

一、古文献的记述

记录有先秦时期古徐州地区园林的古文献，主要有《左传》[1]《水经注》[2]《史记》[3]《汉书》[4]《后汉书》[5]《太平御览》[6]等，内容如下：

《水经注·卷二十五》载："阜上（指鲁国）有季氏宅，宅有武子台，今虽崩夷，犹高数丈。台西百步，有大井，广三丈，深十余丈，以石垒之，石似磬制。《春秋》定公十二年，公山不狃帅费人攻鲁，公入季氏之宫，登武子之台也。台之西北二里，有周公台，高五丈，周五十步。台南四里许，则孔庙，即夫子之故宅也。宅大一顷，所居之堂，后世以为庙。"季氏何人？《史记·十二本纪·周本纪》载："古公有……。少子季历，古公卒，季历立，是为公季。公季卒，子昌立，是为西伯。西伯曰文王。"《太平御览·居处部·卷六》载："曲阜县南十里，有孔子春秋台。"

《后汉书·志·郡国三》载：山阳郡故梁，景帝分置。十城，[昌邑]刺史治。有梁丘城。有甲父亭。[钜野]有大野泽。[南平阳]侯国。有漆亭。有闾丘亭。[方与]有武唐亭，鲁侯观鱼台。有泥母亭，或曰古甯母。《旧唐书·志·卷十八》载："鱼台，汉方舆县……，以城北有鲁（隐）公观鱼台。"

《水经注·卷二十五》载："门南隔水有雩坛，坛高三丈，曾点（曾皙）所欲风舞处也。"《论语》中有多处关于舞雩坛的记载，《颜渊篇》载："樊迟从游于舞雩之下"；《先进篇》载："（点）曰：'暮春者，春服既成，冠者五六人，童子六七人，浴乎沂，风乎舞雩，咏而归。'夫子喟然叹曰：'吾与点也！'"《左传·庄公·庄公十年》载："夏六月，……。自雩门窃出，蒙皋比而先犯之。"

《左传·庄公·庄公三十一年》和《公羊传·庄公·三十一年》均载："三十一年春，筑台于郎。夏四月，薛伯卒。筑台于薛。秋，筑台于秦。"

《史记·三十世家·鲁周公世家》载："三十二年，初，庄公筑台临党氏（临党台），见孟女，说而爱之，许立为夫人，割臂以盟。"即在鲁庄公三十二年（前662年），当初庄公修筑的一台正好俯临党氏之家，庄公见其孟女，十分喜爱，答应立她为夫人，并割破胳膊订下盟誓。

《左传·僖公·僖公五年》载:"五年春,王正月辛亥朔,日南至。公既视朔,遂登观台以望。而书,礼也。凡分、至、启、闭,必书云物,为备故也。"

《十三经注疏》记载:鲁僖公十六年(公元前644年)前已建有泮宫。《诗·鲁颂·泮水》云:

泮水
先秦·佚名

思乐泮水,薄采其芹。鲁侯戾止,言观其旂。其旂茷茷,鸾声哕哕。无小无大,从公于迈。
思乐泮水,薄采其藻。鲁侯戾止,其马蹻蹻。其马蹻蹻,其音昭昭。载色载笑,匪怒伊教。
思乐泮水,薄采其茆。鲁侯戾止,在泮饮酒。既饮旨酒,永锡难老。顺彼长道,屈此群丑。
穆穆鲁侯,敬明其德。敬慎威仪,维民之则。允文允武,昭假烈祖。靡有不孝,自求伊祜。
明明鲁侯,克明其德。既作泮宫,淮夷攸服。矫矫虎臣,在泮献馘。淑问如皋陶,在泮献囚。
济济多士,克广德心。桓桓于征,狄彼东南。烝烝皇皇,不吴不扬。不告于讻,在泮献功。
角弓其觩,束矢其搜。戎车孔博,徒御无斁。既克淮夷,孔淑不逆。式固尔犹,淮夷卒获。
翩彼飞鸮,集于泮林。食我桑葚,怀我好音。憬彼淮夷,来献其琛。元龟象齿,大赂南金。

在这首赞美鲁僖公战胜淮夷战功的诗中,提到了建在泮水边的泮宫,并对这一有着优美生态环境的初期园林进行了真实细致的描写。

《左传·文公·文公十六年》载:"有蛇自泉宫出,入于国,……,毁泉台。"《公羊传·文公·文公十六年》载:"泉台者何?郎台也。郎台则曷为谓之泉台?未成为郎台,既成为泉台。"《汉书·志·五行志下之上》载:"泉宫在囿中,公母姜氏尝居之,蛇从之出,象宫将不居也。"

《左传·成公·成公十八年》载:"八月,邾宣公来朝,即位而来见也。筑鹿囿,书,不时也。"意思是在八月,邾宣公新即位,来鲁国朝见。鲁国建造鹿囿,《春秋》所以记载这件事,不合于时令。

鲁襄公二十九年,吴延陵季子使鲁。《史记·三十世家·吴太伯世家》载:"季札之初使,北过徐君。徐君好季札剑,口弗敢言。季札心知之,为使上国,未献。还至徐,徐君已死,于是乃解其宝剑,系之徐君冢树而去。从者曰:'徐君已死,尚谁予乎?'季子曰:'不然。始吾心已许之,岂以死倍吾心哉!'"。先秦《徐人歌》曰:"延陵季子兮不忘故,脱千金之剑兮挂丘墓。"明马世俊《吴季子挂剑处》诗曰:"公子归吴去,故人知此心。死生同白日,然诺岂黄金。一剑竟何往,高台自古今。君看碑上字,苔藓不能侵。"

《左传·昭公·昭公九年》载:"冬,筑郎囿,书,时也。季平子欲其速成也,叔孙昭子曰:'《诗》曰:"经始勿亟,庶民子来。"焉用速成?其以剿民也?无囿犹可,无民其可乎?'"

《左传·昭公·昭公二十年》载:"十二月,齐侯田于沛,招虞人以弓,不进。"《史记·三十世家·齐太公世家》还载:"冬十二月,襄公游姑棼,遂猎沛丘。"可见沛囿传序清晰久远。

《左传·哀公·哀公十四年》载:"十四年春,西狩于大野,叔孙氏之车子鉏商获麟,以为不祥,以赐虞人。仲尼观之,曰:麟也。然后取之。"

《汉书·传·楚元王传》载:"及鲁严公刻饰宗庙,多筑台囿,后嗣再绝,《春秋》刺焉。"

二、考古学发现

园林史学界一般认为,中国古典园林的雏形"最早见于文字记载的是'囿'和'台',时间在公元前11世纪,也就是殷末周初(殷纣王修建的'沙丘苑台'和周文王修建的'灵囿、灵台、灵沼')。"以及"从偃师城、安阳殷墟的布局和宫室建设的情况来推测,当有园林建设的可能。"经考古发掘确定的园林遗址,则要晚至东周中期(春秋战国之交)以后,且在目前的园林史学专著中,也仅记录了燕下都的三台(钓台、金台、阑马台)、楚郢都的章华台、吴都的姑苏台、赵城的蘖台(又名龙台)等数例[7-8]。其中,章华台在今湖北潜江境内,始建于春秋末期楚灵王六年(公元前535年);姑苏台在今苏州西南姑苏山上,始建于春秋末期吴王阖闾十年(公元前505年)。

1995年夏,徐州博物馆和邳州博物馆对位于徐州市邳县(今邳州市)戴庄乡(今戴庄镇)禹王山西北麓"梁王城遗址"进行了发掘。此次发掘面积650m²,主要集中于遗址西部,靠近金銮殿的地方。遗址地层堆积情况复杂,最厚处达6m,分7层:第7、6层为新石器时代遗存,第5、4层为商周时期堆积,第3层为汉代地层,第2层为汉代以后地层。其中,在商周时期地层出土有宗庙宫室和大型建筑的遗址,还发现有人造园景的遗迹,有一条长约10m、宽约1m用鹅卵石铺成的小径,小径两旁用奇形怪状的石块垒起高约70~80cm高的类似现今园林中假山一般的造型(图3.1.1),在其附近路面下方约1m处发现铺有陶制下水管道以及陶井圈(图3.1.2)[9]。徐州梁王城园林遗址的发现,为研究中国园林史的起源提供了又一直接、且在时间上也可能是更早的考古学证据。

图3.1.1 梁王城商周地层的石铺小径与石块垒起的假山一般的造型

 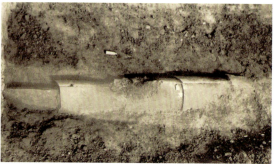

图3.1.2 陶制下水管道以及陶井圈

第二节　徐派园林的生成

秦汉时期是徐派园林的生成期。这个时期古徐州地区的王（皇）家园林和民间园林已经呈现出并行发展的态势。王（皇）家园林为各诸侯王（郡王）与秦始皇、汉高祖皇帝刘邦建造的园林，代表性的有沛宫、厌气台、戏马台、汉祖庙、鲁灵光殿等。民间园林方面，从古徐州地区发现并汇集的权贵富豪的中、小型墓室的汉画像石图像中众多的园林景观，可以看到民间园林从庭、院到园的发展过程，园林植物和动物种类丰富，堂、厅、楼、阁、亭、榭、台、舫、廊、门、阙、桓表等园林建筑类型基本齐全，特别是"悬水榭"为徐派园林中独有的建筑形式。

一、古文献的记述

秦汉时期有关古徐州地区园林的文献及内容如下：

《史记·十二本纪·秦始皇本纪》载："南登琅琊，大乐之，留三月。……作琅琊台，立石刻，颂秦德，明得意。"[3]《水经注·卷二十六》载："台在城东南十里，孤立，特显出于众山，上下周二十里余，傍滨巨海。秦王乐之，因留三月。……所作台基三层，层高三丈，上级平敞，方二百余步，广五里，刊石立碑，纪秦功德。台上有神渊，渊至灵焉。人污之则竭，斋洁则通。"[2]

《史记·十二本纪·高祖本纪》载："秦始皇帝常曰'东南有天子气'，于是因东游以厌之。"派人在丰邑挖深坑埋丹砂宝剑，并筑起二十余米高台镇压天子紫气。后人谓之"厌气台"。宋梁颢《厌气台》有诗曰："天生王气何能厌，嬴氏空劳筑此台。今日我来台上看，残春寂寞野花开。"[10]

《史记·十二本纪·项羽本纪》载："项王自立为西楚霸王，王九郡，都彭城。"筑戏马台，建项王宫。《魏书·列传·卷六十七》载："萧衍遣其豫章王综据徐州时，兼殿中侍御史、监临淮王彧军的鹿忩单马间出、径趣彭城，上戏马台……。还军，于路与梁话誓盟。契约既固，未旬，综果降。"明胡应麟《彭城云龙山晚眺憩项王故台并醑亚父冢有怀题》："返照长河急，浮云大泽空。遥凭孤阁上，俯眺万家中。地废悲王略，天亡惜霸功。荒坟犹亚父，涕泪尽城东。"[11]许恕《戏马台怀古》记曰："崇台何巍巍，直上望四海。项王戏马日，意气今何在？……遗迹隐荒榛，青山澹浮霭。日夕众鸟下，风秋群物改。……"陈衡《戏马台诗 其十八》记曰："未上高台草色青，夕阳遥望耸亭亭。"[12]

《史记·十二本纪·高祖本纪》载："高祖还归，过沛，留。置酒沛宫，……，高祖击筑，自为歌诗曰：'大风起兮云飞扬，威加海内兮归故乡，安得猛士兮守四方！'……及孝惠五

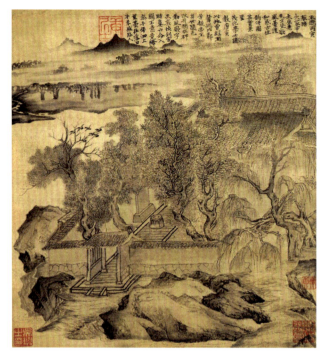

图3.2.1　明唐寅《沛台实景图》

年，思高祖之悲乐沛，以沛宫为高祖原庙。"沛人因台作室，名歌风台。唐鲍溶《沛中怀古》："烟芜歌风台，此是赤帝乡。……。高台何巍巍，行殿起中央。……。"[13]明唐寅（唐伯虎）有纪实画作《沛台实景图》（图3.2.1）并赋诗于图中："此地曾经王辇巡，比邻争睹帝王身。世随邑改井犹存，碑勒风歌字失真。仗剑当时冀亡命，入关不意竟降秦。千年泗上荒台在，落日牛羊感路人。"[14]

《水经注·卷二十五》载："汉高祖十三年，过鲁，以太牢祀孔子。……汉、魏以来，庙列七碑，二碑无字。桧柏犹茂。庙之西北二里，有颜母庙，庙像犹严，有修桧五株。孔庙东南五百步，有双石阙，即灵光之南门。北百余步，即灵光殿基，东西二十四丈，南北十二丈，高丈余。东西廊庑别舍，中间方七百余步。阙之东北有浴池，方四十许步。池中有钓台，方十步，台之基岸悉石也。遗基尚整，故王延寿赋曰：周行数里，仰不见日者也。是汉景帝程姬子鲁恭王之所造也。殿之东南，即泮宫也，在高门直北道西。宫中有台，高八十尺，台南水东西百步，南北六十步，台西水南北四百步，东西六十步，台池咸结石为之，《诗》所谓思乐泮水也。沂水又西径圜丘北，丘高四丈余。"灵光殿《后汉书列传·光武十王列传》载："鲁恭王好宫室，起灵光殿，甚壮丽。"东汉王延寿《鲁灵光殿赋》赞曰："彤彤灵宫，岧嶭穹崇，纷厖鸿兮。嵼岉嵫厘，岑崟崷嶷，骈龙駥兮。连拳偃蹇，仑菌踡产，傍欹倾兮。歇欤幽蔼，云覆霮䨴，洞杳冥兮。葱翠紫蔚，碌硌瑰玮，含光晷兮。穷奇极妙，栋宇已来，未之有兮。"

《水经注·卷二十五》载："泗水南径小沛县东。县治故城南垞上，东岸有泗水亭，汉祖为泗水亭长，即此亭也。故亭今有高祖庙，庙前有碑，延熹十年立。庙阙崩褫，略无全者。水中有故石梁处，遗石尚存。"《苏辙文集·栾城集卷十八·彭城汉祖庙试剑石铭〈并叙〉》记有："汉高皇帝庙有石，高三尺六寸，中裂如破竹，不尽者寸。"父老曰："此帝之试剑石也。"

《史记·三十世家·梁孝王世家》载："孝王，窦太后少子也，爱之，赏赐不可胜道。于是孝王筑东苑，方三百余里。广睢阳城七十里。大治宫室，为复道，自宫连属于平台三十余里。"《西京杂记·卷二》载："梁孝王好营宫室苑囿之乐，作曜华宫，筑兔园。园上有百灵山，山有肤寸石、落猿岩、栖龙岫。又有雁池，池间有鹤洲凫渚。其诸宫观相连，延亘数十里，奇果异树、瑰禽怪兽毕备。王日与宫人宾客，弋钓其中。"[15]《水经注·卷二十四》载：

"司马彪《郡国志》曰：睢阳县有卢门亭，城内有高台，甚秀广，巍然介立，超焉独上，谓之蠡台、亦曰升台焉。当昔全盛之时，故与云霞竞远矣。……。蠡台如西，又有一台，俗谓之女郎台。台之西北城中，有凉马台。台东有曲池，池北列两钓台，水周六七百步。蠡台直东，又有一台，世谓之雀台也。城内东西道北，有晋梁王妃王氏陵表，……。东即梁王之吹台也。基陛阶础尚在，今建追明寺故宫东，即安梁之旧地也。齐周五六百步，水列钓台。池东又有一台，世谓之清泠台。北城凭隅，又结一池台，晋灼曰：或说平台在城中东北角，亦或言兔园在平台侧。如淳曰：平台，离宫所在。今城东二十里有台，宽广而不甚极高，俗谓之平台。余按《汉书·梁孝王传》……，是知平台不在城中也。"此外，"梁孝王游于忘忧之馆，集诸游士，各使为赋。"枚乘《柳赋》、路乔如《鹤赋》、公孙诡《文鹿赋》、司马相如《子虚赋》等用艺术的手法对梁苑的辉煌作了生动的描述（《西京杂记·卷四》）。

《汉书·志·地理志（上）》和《后汉书·志·郡国（三）》均载："泰山郡……，有泰山庙。"[4-5]《太平御览·地部》汇集了前代大量泰山封禅、泰山庙等人文和自然景观记载[6]，如收录的《汉官仪》及《泰山记》曰："泰山盘道屈曲而上，凡五十余盘，经小天门、大天门，仰视天门，如从穴中视天窗矣。自下至古封禅处，凡四十里。山顶西岩，为仙人石间；东岩为介丘；东南岩名日观，日观者，鸡一鸣时，日始欲出也，长三丈许。又东南名秦观，秦观者，望见长安。吴观者，望见会稽。周观者，望见齐。黄河去泰山二百余里，于祠所瞻黄河如带，若在山阯。山南有庙，悉种柏千株，大者十五六围，相传云汉武所种。小天门有秦时五大夫松，见在。（《茅君内传》云：仙家凡有三十六洞天，岱宗之洞周回三千里，名曰三宫空洞之天。）"《后汉书·列传·光武十王列传》载："楚王英，以建武十五年封为楚公，十七年进爵为王，二十八年就国。……英少时好游侠，交通宾客，晚节更喜黄老，学为浮屠斋戒祭祀。……国相以闻，诏报曰：'楚王诵黄老之微言，尚浮屠之仁祠，洁斋三月，与神为誓，何嫌何疑，当有悔吝？其还赎，以助伊蒲塞桑门之盛馔。'因以班示诸国中傅。英后遂大交通方士，作金龟玉鹤，刻文字以为符瑞。"楚王刘英建立了中国境内第一座佛寺——浮屠仁祠，开创了中国佛教园林的先河。又《后汉书·列传·刘虞公孙瓒陶谦列传》记载：陶谦为徐州刺史（后朝廷下诏任徐州牧），"是时，徐方百姓殷盛，谷实甚丰，流民多归之。……同郡人笮融，聚众数百，往依于谦，谦使督广陵、下邳、彭城运粮。遂断三郡委输，大起浮屠寺。上累金盘，下为重楼，又堂阁周回，可容三千许人，作黄金涂像，衣以锦彩。"将佛寺园林推向第一个高潮。

此外，《魏书·志·卷六》还记载了大量的风景名胜和人文景观，其中，彭城有寒山、孤山、龟山、黄山、九里山、桓魋冢、亚父冢、楚元王冢、龚胜冢等；吕有吕梁城、茱萸山、偪阳城、明星陂、龙泉塘、石头山、项羽山等；薛有奚公山、奚仲庙、薛城、孟尝君冢等；龙城有楚五墓、龙汉赤唐陂、龙城等；留有微山、微子冢、张良冢、祠、广戚城、戚夫人庙、黄山祠等；睢陵有九子山、荆山等；萧有萧城、汉高祖庙、谷水、华山等；沛有汉高祖庙、沛城、吕母冢等；相有厥城、相城、相山庙、罗山等；昌虑有挑山、孤山等；承有抱犊山、承城、坊山等；合乡有三孤山等；兰陵有兰陵山、石孤山、荀卿冢等；丰有丰城、汉高祖旧宅、庙碑等；离狐有单襄公祠、宓子贱祠、汉高祖祠等；鲁有牛首亭、五父衢、尼丘山、房山、鲁城、叔梁纥庙、孔子墓、庙、季武子台、颜母祠、鲁昭公台、伯禽冢、鲁文公冢、鲁恭王陵、宰我冢、兒宽碑等；邹有叔梁纥城、峄山邹等[16]。

二、汉画像中的园林（景物）刻画

"事死如事生"是中国自原始社会就已经存在，并一直延续至今的丧葬制度的基本原则之一[17]。汉画像石是在两汉时期厚葬之风下，于建造墓室、墓地祠堂、墓阙和庙阙等祭祀性建筑时，在石质材料上雕刻的神话传说、风土人情、生活娱乐等图像，是希望逝者安享诸般富贵、庇佑生者在表现方法上的发展。秦汉时期，作为"西楚故都，两汉故土"的古徐州地区，经济文化进一步发达，成为汉画像石的集中发现地。如徐州市发现并汇集了一千多块汉画像石，经专家考证属于刘氏宗室王侯墓葬等级的仅占很少一部分，大部分是出于本地区权贵富豪的中、小型墓室。在这数以千计描述他们生活的图像里，存有众多的园林景观或景物，情节细致清晰，事例丰满明确，既有反映整个园林的全貌图像，更多的是对园林建筑、植物和山水的刻画。这一时期的园林建筑出现了重大的发展，其支撑结构斗栱的发展和创新，创造出了倾斜透迤的高耸悬空木结构建筑[18]，屋面与屋脊既有平直的，也有多角度的翘起乃至反翘，形态丰富，并开始在屋脊上使用鸟、鱼等形状的装饰，使得原来坚硬险峻、棱角分明的屋脊呈现丰富的变化。特别是在一类造型奇异、高悬于水面的榭——"悬水榭"，在中国园林建筑榭的发展史中，具有独特的历史价值和艺术价值（图3.2.2）。此外，还从徐州土山彭城王墓黄肠石上发现了"苑伯"这一陵园管理官员名（图3.2.3）。表3.2.1汇总了徐州、滕州、临沂3个市汉画像石馆公开展出的汉画像石中园林及园林景物的情况。

图3.2.2 汉画像中的典型园林场景

图3.2.3 "苑伯"刻铭
（徐州土山彭城王墓）

表3.2.1　徐州、滕州、临沂3市展出汉画像石中园林及园林景物统计表（2019.02）

项目		合计		徐州		滕州		临沂	
		数量（块）	占比（%）	数量（块）	占比（%）	数量（块）	占比（%）	数量（块）	占比（%）
展出数量		1 079	—	601	—	400	—	78	—
园林	小计	217	20.11	116	19.3	81	20.25	20	25.64
	植物	111	10.29	62	10.3	39	9.75	10	12.82
	建筑	78	7.23	43	7.2	28	7	7	8.97
	山水	28	2.59	11	1.8	14	3.5	3	3.85

从这些汉画像石中，我们还可以清晰地看到，墓主人的不同，所刻画的园林形态，按规模和复杂程度，可以分为"庭""院""园""苑"4种，实质上是生活环境进步的过程，也是民间园林从简单到复杂、从萌芽到完成的过程。

庭。一般指堂室前的空地，是大门内主室与偏厢房之间的天井。在庭内植上树木，或驯鸟养鱼，甚或置块景观大石，美化生活环境，提高生活情趣，借助自然景物、祥禽瑞兽与传说故事寓寄、表达自己的品行美德，寄托、表达自己的理想与追求。图3.2.4中，庭中听琴图，一块不完整的残石，一亭一树一鸟，亭内一人端坐抚琴一人抱手聆听，汉人诗意美的环境追求跃然而出。娱乐图，栌斗与斗拱叠擗使用的高大华丽的堂室，檐下点植1株小树，加上脊上2鸟，以景抒怀，表现出对自然的小中见大的艺术效果。龙马图，庭中一株主干粗壮、枝干虬曲的大树，上驻1只长尾凤鸟，空中二龙交舞，树旁一匹矫健骏马，奇妙的场景，把现实景物与梦想追求悄然融汇一起，展现了超越生活、大胆奔放的梦幻诉求。可见汉代"庭"已经具有了民间园林的雏形。

听琴图（铜山）　　　　娱乐图（徐州）　　　　龙马图（邳州）
图3.2.4　汉画像中的庭

院。是扩大了规模的庭，有栏杆或围墙维护遮挡的封闭空间。汉画像石上表现的院有小有大，形制不同，功能指向不同，所表达的内容也不同。可以进一步划分为宅院、别院、邸院和豪院，饲养鸟兽宠物、种植树木等，但主要功能还是用于生活，内容简单造成了功能简单，具有初步的游赏功能。图3.2.5中，会友图刻画的庭院两面筑起围墙，左侧还有一个铺首衔环喻示

会友图(庭院,邳州)

宴饮图(别院,徐州)

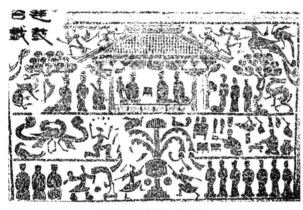
娱乐图(豪院,徐州)

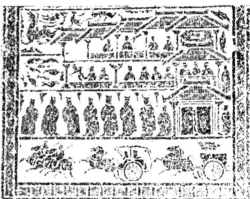
会见图(深宅大院,徐州)

图3.2.5 汉画像中的院

大门,上面有一只长颈大鸟,院内有一2人对坐的小亭,亭外2匹马,院中有2只鹤,天空布满奇异的动物,喻示这里是一处驯养鸟兽、供主人游玩观的专用小院。宴饮图刻画的是一组亭室别院,院内鹦鹉等珍禽盘旋低飞,野雉晾晒羽毛,山鸡捉对翻腾争斗,鹳雀伴侣呼唤相应。娱乐图表现的一处豪宅大院,华堂两侧栽植景观佳树,凤鸟、异兽围绕室外,一侧庖厨在烤炙丰盛的肉食,观舞的客人与众多侍立的侍从体现了现实的繁华。会见图,数进院落层层递进,长廊水榭、绿树假山与鸟兽鱼池都显示了这类高楼大院的豪华壮观、深阔广大。

园。院落进一步扩大规模、增加游憩设施、丰富观赏内容,作为聚会宴客、休闲赏玩的主要场所,园林要素与功能完备。图3.2.6一处宽阔宏伟的亭室由正下方的斗拱和两侧斜梯支承,凌空架于水面之上。斜梯近地面处刻着两条凸露半身的大鱼(寓示有鱼池),屋顶正

图3.2.6 汉画像中的园

脊上一只猴，其余空间里满布着凤凰与龙虎形异兽。可见这是一处汉代官员参照"台、囿、沼"模式建造的园林；"沼"是用两条鱼表示，"囿"更是非常夸张的华美想象，并寓寄主人"公、侯到顶"的愿望。

苑。规模宏大，园内纳入自然山水，建筑恢宏壮观严整，动植物种类繁多，功能极为丰富，造园方式也从在庭院中对自然事物的简单植入，组合演变为对自然的主动利用与效法。图3.2.7别墅式庄园全景图，右上部略有残缺的图像的一角整齐排列的马群和左侧楼阁前列队而行的文吏、武士，数进高低错落的亭阁堂室，图像右下位置湖面上停泊着一艘小船及一对鱼鹰，上方繁茂的树木及树下聚集的群鸟，都显示了这是一处场面宏大的权贵园林。

图3.2.7　汉画像中的苑

第三节　徐派园林的升华

从公元220—222年间魏、蜀、吴三国分立起，经两晋南北朝，到公元580—公元589年间北齐、北周和陈"后三国"被隋统一，前后近400年，史称中国历史的中古时期，也是中国园林史中的一个重要时期——周维权先生将这一时期称为中国古典园林史的"转折期"[7]，也是公认的"园林"一词诞生期[19]。

这一时期，因受分裂对峙的疆域形势控制，大量徐民南渡，本地的园林营造活动较少。但随着大量徐人的南迁，也促进了徐派园林成果的传播。除孙吴、东晋、刘宋、肖齐、肖梁5朝皇家园林外，豪族与士人园林如蜀后主"安乐园"、石崇白门楼与鱼亭、薛安都园宅、江淹宅园、庾诜宅园等，寺庙园林如关羽"困凤堂"及其演变的土山关帝庙，徐州僧渊、慧远、法显以及比丘尼净检创造的精舍禅林、李志督建永宁寺等。在承袭秦汉时期壮观、粗犷风格的同时，走向"崇丽"，总结提出了"师造化""意境念"的造园理念，将园林营造技艺上升到了理论高度，开创了中国古典园林"师法自然"思想的先声。

一、徐地的造园与园事

这个时期徐地的造园活动及所涉人、事及其他举要如次：

200年，曹操东进破刘备，擒关羽，遂有"屯土山关公约三事"。下邳土山为关羽被围之地，后设为关帝庙。前院为关羽栖身处，后院有"困凤堂"，是甘、糜二夫人的寝院，再后为花园。园中建有马迹亭、立有拴马桩，又有关羽磨刀石和张辽跪拜关羽留下的"石印"痕迹等景观。今睢宁县土山镇关帝庙是传承有序的寺庙园林。[20]

263年，魏攻蜀，抵成都，后主降，封称"安乐公"，去琅琊郡舅舅家，路遇一奇山，山如白玉（指石英石）砌，晶莹闪光灿。山之北有莽莽林海，山之南为清波平湖，驿道其间东西横贯。安乐公叹曰"真乃一处胜境"，于是依山傍湖，建作"安乐园"。终日垂钓小酌。终老此地。湖者，后人称"阿斗湖"，为今徐州新沂市的阿湖（镇）名之由来。

280年，太康元年，分全国为十九州郡。徐州领郡国七：东海、东莞（今山东莒县）、广陵、临淮、彭城、下邳、琅琊，刺史治彭城。惠帝元康年末，州治改置下邳。

296年，元康六年，石崇"从太仆卿出为使持节监青、徐诸军事、征虏将军"，假节、镇下邳。任内用全白玉石重修白门楼，亲题门额，并建别墅、造鱼亭。"崇，有别馆""娱目悦心""终优游以养拙"（《晋书·石崇传》[21]）。明代户部郎中索承学《渔亭晚照》："台榭明西日，桑榆映暮春。闲行出郭外，理钓向河滨。徒有羡鱼意，终成黩货身。如何敌国富，不及阮家贫。"为欢送石崇"持节监青、徐诸军事、征虏将军"并欢迎"时征西大将军祭酒王诩当还长安",石崇与苏绍及以及金谷二十四友等三十人等齐聚金谷园,留下著名的《金谷诗集》。

379年,谢玄率兵击败前秦军的进攻,进号冠军将军,加领徐州刺史。403年(晋安帝元兴二年),18岁的谢灵运继承了祖父谢玄的爵位,被封为康乐公。谢灵运造园"选自然之神丽,尽高栖之意得""托崇岫以为宅,因茂林以为阴"。作《山居赋》,讲山水文学,涉及诸多造园理论。与谢家"过从甚密"的徐州籍讲经僧有慧远、慧观、慧睿、笠道生(《高僧传·慧远传》)和法显。过江之后,王谢庄园多在浙东,"久居会稽""修营别业,傍山带江,尽幽居之美"(《宋书·谢承运传》)。谢氏的北方之居宅,"舍以为寺。举宅之内山斋、泉石之美,怡然自然"(《南史·谢举传》)[22]。

401年,姚兴通西域,高僧鸠摩罗什到长安,住逍遥园译经、讲经。徐州相关的弟子有僧肇、道融、僧嵩、僧渊、昙度、道登、道纪等,僧肇曰:"青青翠竹,尽是法身;郁郁黄花,无非《般若》。"明讲的是园林,其实讲的是《不真空论》经典。僧渊"建鹿野佛图于苑中西山"。"立精舍,旁连岭,带长川,芳林列于轩庭,清流激于堂前"(《世说新语·栖逸》)。慧远"创造精舍,洞尽山美,却负香炉之峰,旁带瀑布之壑,仍石垒基,即松栽构,清泉环阶白云满室。复于寺内别置禅林,森树烟凝,石筵苔合,凡在瞻履,皆神清而气肃焉"(《高僧传·慧远传》)。笠道生在吴地虎丘讲《涅槃经》,"点头石""讲经台"至今尚存。[23]

412年,法显(337—422年)从长安出发西行古印度取经后,由海上归,遭遇风暴吹至青州崂山登岸后,在彭城"一冬一夏",建龙华寺、说吴姓"舍宅为寺"。依龙华图所建的龙华寺,寺中有法显携来的"天竺二石""光洁可爱",立于寺东园中(《水经注·泗水》)。

417年,居长安的徐州籍讲经僧随刘裕"东下徐海""东归徐州",在"宋壤彭城"讲经。

425年,彭城比丘尼净检(372—462年)法师被推为僧团首领,"以王坦之祠堂与比丘尼业首精舍"(《塔寺记》),起立青园寺(竹林寺前身)。437年又作"扩建起殿"。

444年,刘宋文学家刘义庆(413—444年)死。刘义庆彭城人,著有《世说新语》,书中记有大量的山水园林相关内容。[24]

447年,刘宋御史中丞何承天(370—447年)死。东海郯人(今山东郯城),"立史学",无神论思想家,反对佛教报应说,主张形死则神灭。有《鼓吹铙歌十五首 其九 芳树篇》等园林诗作。

450年,魏拓跋焘开凿云龙山大石佛。[25]

456年,南宋颜延之(?—456年)死,琅琊临沂人,多有山水诗作[26],与谢灵运等合称谢颜。434年宋文帝诏会赋诗,命颜延之为序,有《七绎》曰:"岩屋桥构,磴道相临"。

466年,正月晋安王在寻阳即位,改元义嘉。徐州刺史薛安都等响应晋安王。十月薛安都降魏。薛氏"性豪爽,盛营园宅"(《魏书·列传·卷三十》)。此时彭城"宏壮坚峻,楼橹赫奕,南北所无""邑阁如初,观不异昔"(《水经注·卷二十三》)。刘宋明帝诏曰:"夫秉机询政,……。若乃林 泽贞栖,丘园耿洁,博洽古今,……。"

481年,徐州刺史薛虎子建议屯田:"徐州沃野,清汴通流,足盈灌溉。若市牛分卒,兴办公田,必当大获粟稻。魏主纳之。"徐州有"足盈灌溉"之利,官私园林多属山水园林。

490年,北魏孝文帝迁都洛阳后,追忆评价徐州高僧在平城的"业绩"曰:"徐州法师慧纪，……光法彭方，声懋华裔，研论宋壤，宗德远迩。爰于往辰，唱谛鹿苑，作匠京淄，延赏贤丛。"徐州高僧去平城时，带有大批的优秀建筑"作匠"。(《元魏孝文帝为慧纪法师亡施帛设斋诏第七》)[27]。

496年，北魏孝文帝"帝幸驾徐州白塔寺。"(《魏书·志·卷二十》)。

505年，梁文学家江淹（444—505年）死，字文通，考城人。历仕宋齐梁三代，善诗赋，"余有莲花池"私园。梁文学家任昉（460—508年）死，字彦升，博昌（山东寿光）人，仕宋齐梁三代，"为山泽之游"。

518年，梁诗人何逊（？—518年）死，字仲言，东海郯人。任、何都有众多园林诗作，为今天复现当年园林提供了文献资料。

520年，文学批评家刘勰约卒于本年（465—520年），字彦和，东莞莒县人，著有《文心雕龙》，辑录了诸如谢氏诸人、江淹、王融、何逊、庾信和萧氏集团等一大批山水诗及诗画论杰作。

532年，琅琊人庾诜（455—532年）"性托夷简，特爱林泉，十亩之宅，山池居半"。爱园爱到"疏食弊衣，不修产业"(《梁书·处士传》)。

533年，刘昶与诸将南伐，"路经徐州，遍循故居……，昔斋宇山池，留存并立。昶更修缮，还处其中"(《北史·刘昶传》)。

上文中除注明外，其均引自《中国历史大事年表（一版二印）》[29]。

二、徐人南迁与六朝园林

三国两晋南北朝时期的大量徐民南渡，特别是南迁移民中众多的宗室世家、官僚大族、士绅豪民等，他们拥有很高的社会地位、经济实力、文化水准，极大地丰富了江南文化的内涵，迅速提升了江南文化的层次[30]，不仅对当时以至对后世的江南历史产生了多重的影响，而且在南渡徐人的有力推动下，江南（时称江东）园林形成了以山水审美为主体、以宣和情志为目的、注重自然审美意象的独特美学气质和艺术面貌，塑造了后世江南园林的文化意识和基本形态以及整体的发展基调，成为江南园林重要的历史母体之一。

（一）六朝移民政权与皇家园林

从三国两晋南北朝时期的中央政治集团看，位于江南的孙吴、东晋、宋、齐、梁都属古徐州地区移民所建立的政权。

孙吴的开国皇帝孙权生于下邳（今江苏徐州睢宁县内）、成长于下邳，"淮泗集团"是助他南渡成功开创江南基业最主要的势力，《三国志·吴书》列传人物中的流寓士人有28人，约占列传人物总数（不含吴主宗室、妃嫔）的44%，其中来自古徐地的有周瑜、鲁肃、张昭、诸葛瑾、胡琮、程普、韩当等，这些南渡人士，有的举家而来，有的举族转徙，他们在后来的孙吴政权中位居高位，对孙氏政权立足江东、开基立业影响颇深[31]。到东晋时期，开国皇帝司马睿世袭琅琊（今山东临沂）王，南渡建康后，任琅琊人王导为宰相，执掌朝政，时人谓之"王与马,共天下"。东晋转换为南朝刘宋,创始者彭城(今江苏徐州)刘裕。又兰陵(今山东临沂)萧道成禅宋建齐,萧齐开国皇帝萧道成兰陵人。萧衍禅齐建南梁,开创者萧衍亦兰陵人。这些原籍都为古徐州的皇族[32],在南渡开创基业后,均建宫置苑,形成数量可观的皇家园林,

表3.3.1 六朝时期皇家园林

年代	园名	参考资料
六朝	华林园	《舆地志》:"(华林园)吴时旧宫苑也。晋武帝更筑立宫室。宋元嘉二十二年,重修广之。又筑景阳、武当诸山,凿湖名曰天渊,造景阳楼以通天观。至孝武大明中,紫云出景阳楼,因改为景云楼。又造琴堂,东有双树连理,又改为连玉堂。又造灵曜前后殿,又造芳香堂、日观台。元嘉中,筑蔬圃,又筑景阳东岭,又造光华殿,设射棚。又立凤光殿、醴泉堂、花萼池,又造一柱台、层城观、兴光殿。梁武又造重阁,上名重云殿,下名兴光殿,及朝日、明月之楼,登之而阶道,绕楼九转。自吴、晋、宋、齐、梁、陈六代互有构造,尽古今之妙。陈永初中更造听讼殿。天嘉三年,又作临政殿。其山川制置,多是宋将作大匠张永所作。"[33]
孙吴	西苑	《建康实录·卷2》:"今在县东北三里,晋建康宫城西南,今运渎东曲折内池,即太初宫西门外。池吴宣明太子所创,为西苑。"《裴注三国志·卷48》:"(孙)亮后出西苑,方食生梅,使黄门至中藏取蜜渍梅……"《晋书·志·第18章》:"孙皓建衡三年,西苑言凤皇集,以之改元,义同于亮。"
孙吴	桂林苑	《太平御览·居处部·卷4》《金陵地记》:吴嘉禾元年,于桂林苑落星山起三重楼,名曰落星楼。"《文选·卷5》左思的《吴都赋》:"数军实乎桂林之苑,享戎旅于落星之楼。"
孙吴	后苑	《建康实录·卷2》:"(赤乌八年)秋七月,帝游后苑,观公卿射。"《裴注三国志》卷47:"吴历云:权数出苑中,与公卿诸将射。"《裴注三国志·卷48》:"(孙亮为帝时)科兵子弟十八已下十五已上者,得三千余人,……日于苑中习焉。"(孙皓)破坏诸营,大开园囿,起土山楼观,穷极伎巧,功役之费以亿万计。"
东晋	西池	《晋书·第19章》:"西池是明帝为太子时所造次,故号太子池。"第37章:"时太子起西池楼观,颇为劳费。"第37章:"初,裕征卢循,凯归,帝大宴于西池,有诏赋诗。毅诗云:'六国多雄士,正始出风流。'自知武功不竞,故示文雅有余也。"谢灵运《三月三日侍宴西池诗》:"矧乃暮春,时物芳衍。滥觞逶迤,周流兰殿。礼备朝容,乐阕夕宴。"[34]
刘宋	乐游苑(北苑)	《舆地志》:"县东北八里,晋时为药圃,卢循之筑药圃垒即此处也。其地旧是晋北郊,宋元嘉中移郊坛出外,以其地为北苑,遂更兴造楼观于覆舟山,乃筑堤壅水,号曰后湖。其山北临湖水,后改曰乐游苑。山上大设亭观,山北有冰井,孝武藏冰之所。至大明中,又盛造正阳殿。侯景之乱,悉焚毁。"[33]
刘宋	上林苑(西苑)	《宋书·卷6》:"壬辰,于玄武湖北立上林苑。……上林苑内民庶丘墓欲还合葬者,勿禁。"《宋书·卷28》:"明帝泰始二年四月己亥,甘露降上林苑,苑令徐承道以献。"
刘宋	南苑	《宋书·卷8·明帝记》:"以南苑借张永,云'且给三百年,期讫更启。'"《宋书·鲍照·三日游南苑诗》:"采藿及华月,追节逐芳云。腾蒨溢林疏,丽日晔山文。清潭圆翠会,花薄缘绮纹。"
南齐	芳林苑	《建康实录·卷2》:"今湘公寺门前巷东出度溪,东有桃花园,是齐太祖旧宅,即位后,修为园,亦名芳林园。"《南史·卷52》:"齐世青溪宫改为芳林苑,天监初,赐伟为第。又加穿筑,果木珍奇,穷极雕靡,有侔造化。"
南齐	娄湖苑、新林苑	《南史·卷4》:"(永明元年)望气者云:新林、娄湖、东府西有天子气。甲子,筑青溪旧宫,作新林、娄湖苑以厌之。"
南齐	博望苑	《建康实录·卷2注云》:"青溪走马桥,桥东燕雀湖,湖连齐文惠太子博望苑。"庾信《哀江南赋》:"西瞻博望,北临玄圃,月榭风台,池平树古。"沈约《郊居赋》:"睇东巘以流目,心凄怆而不怡。盖昔储之旧苑,实博望之余基。修林则表以桂树,列草则冠以芳芝。风台累翼,月榭重杞。千栌捷猎,百栱相持。阜辕林驾,兰枻水嬉。逾三龄而事往,忽二纪以历兹。咸夷漫以荡涤,非古今之异时。"[34]
南齐	芳乐苑	《资治通鉴·齐纪》:"东昏侯作芳乐苑,山石皆涂以五采。望民家有好树、美竹,则毁墙撤屋而徙之,时方盛暑,随即枯萎,朝暮相继。"《南齐书》卷7:"于阅武堂起芳乐苑。山石皆涂以五采;跨池水立紫阁诸楼观,壁上画男女私亵之像。种好树美竹,天时盛暑,未及经日,便就萎枯。"

（续）

年代	园名	参考资料
南梁	建兴苑	《梁书·卷2·武帝纪中》："（天监四年二月）是月，立建兴苑于秣陵建兴里。"纪少瑜《游建兴苑诗》："丹陵抱天邑，紫渊更上林。银台悬百仞，玉树起千寻。水流冠盖影，风扬歌吹音。踟蹰怜拾翠，顾步惜遗簪。日落庭光转，方憺屡移阴。终言乐未极，不道爱黄金。"
	江潭苑（王游苑）	《建康实录·卷17》："武帝又新亭凿渠，通新林浦，又为池，并大道，立殿宇，亦名王游苑，未成而侯景乱。"
	兰亭苑	《梁书·卷3·武帝纪下》："丁未，皇太子又命南兖州刺史南康王会理、前青冀二州刺史湘潭侯萧退帅江州之众，顿于兰亭苑。"
	西园	《先秦汉魏晋南北朝·梁诗》载刘孝绰《侍宴集贤堂应令诗》："北阁时既启，西园又已辟。宫属引鸿鹭，朝行命金碧。……壶人告漏晚，烟霞起将夕。反景入池林，余光映泉石。"[35]
	甘泉宫	《先秦汉魏晋南北朝·梁诗》载梁简文帝《行幸甘泉宫》："雄归海水寂，裘来重译通。吉行五十里，随处宿离宫。鼓声恒入地，尘飞上暗空。尚书随豹尾，太史逐相风。铜鸣周国鐩，旗曳楚云虹。幸臣射覆罢，从骑新歌终。董桃拜金紫，贤妻侍禁中。不羡神仙侣，排烟逐驾鸿。"[35]
	后园	《艺文类聚·卷六十五·产业部上》："（梁简文帝）临后园诗曰：隐沦少海，神仙入太华，我有逍遥趣，中园可复嘉，千株同落叶，百尺共寻霞。梁元帝游后园诗曰：暮春多淑气，斜景落高春。日照池光浅，云归山望浓。入林迷曲径，度渚跃危峰。又晚景游后园诗曰：高轩聊骋望，焕景入川梁。波横山渡影，雨罢叶生光。日移花色异，风散水文长。"
南陈	临春、结绮、望仙三阁	《资治通鉴·陈纪》《南史·卷12·张贵妃传》："至德二年，乃于光昭殿前起临春、结绮、望仙三阁，阁高数丈，并数十间。其窗牖、壁带、悬楣、栏槛之类，皆以沈檀香木为之，又饰以金玉，间以珠翠，外施珠帘。内有宝床、宝帐，其服玩之属，瑰奇珍丽，近古所未有。每微风暂至，香闻数里，朝日初照，光映后庭。其下积石为山，引水为池，植以奇树，杂以花药。"
	乐游苑	《梁书·列传·卷41》："中大通五年，高祖宴群臣乐游苑，别诏翔与王训为二十韵诗，限三刻成。"张正见《御幸乐游苑侍宴诗》："画熊飘析羽，金垾响胶弦。鸣玉升文砌，称觞溢绮筵。兽舞依钟石，鸾歌应管弦。霞明黄鹄路，风爽白云天。潦收荷盖折，露重菊鲜。上林宾早雁，长杨唱晚蝉。小臣惭艺业，击壤慕怀铅。康衢飞驶羽，大海滴微涓。咏歌还集木，舞蹈遂临泉。愿荐南山寿，明明奉万年。"

兹列如表3.3.1。此外，还有延春苑、白水苑、方山苑、青林苑等[36]。

（二）徐地士族南渡与六朝民间园林

大量徐人南迁后，第一要务是求田问舍、占山封水、垦湖起田。这在同时，作为士族生活的一部分，一并营建了一大批民间园林。据余开亮《六朝园林美学》[37]记录，并综合《晋书》[21]《宋书》[38]《南史》[39]《南齐书》[40]《全梁文》[41]《梁书》[42]《陈书》[43]《建康实录》[44]等古文献记述，共统计到六朝时期建江南地区的民间园林的80处。按园主籍贯统计，属南迁徐人33处，占总数的41.25%，属其他南迁者20处，占总数的25%；属江南原住民共26处，占总数的33.75%，见表3.3.2。

表3.3.2 六朝时期江南民间园林统计表

朝代	园主	园主籍	园林位置	引证资料
东晋	诸习氏#	荆州（今湖北）	荆土（今湖北）	《晋书》卷42《山涛传》
	孙绰★	中都（今山西平遥）	东山（今浙江绍兴）	孙绰《遂初赋》 陈慧娟《孙绰生平考》（2009）[45]

（续）

朝代	园主	园主籍	园林位置	引证资料
东晋	许询★	高阳（今河北高阳）	永兴西山（今湖南郴州）	《建康实录》卷8；顾农《"一时文宗"许询的兴衰》（2007）[46]
	司马道子	东晋宗室	东府城（今江苏南京）	《晋书》卷64《简文三王传》；李琼英《论东晋后期司马道子对寒人的任用》（2011）[47]
	纪瞻#	丹阳秣陵（今江苏南京）	乌衣巷（今江苏南京）	《晋书》卷68《纪瞻传》
	谢安★	陈郡阳夏（今河南太康）	会稽（今浙江绍兴）	《百家姓·谢》《晋书》卷79《谢安传》
	谢玄★	陈郡阳夏（今河南太康）	始宁县（今属浙江）	《百家姓·谢》《晋书》卷67《谢灵运传》
	王羲之	琅琊（今山东临沂）	东土（今浙江绍兴）	《百家姓·王》《晋书》卷80《王羲之传》
	戴逵	谯郡（今安徽濉溪）	剡县（今浙江绍兴）	《晋书》卷64《戴逵传》；戴逵《栖林赋》
	顾辟疆#	吴郡（今江苏苏州）	吴郡（今属浙江）	《世说新语·简傲》；朱红《辟疆园寻踪》（2015）[48]
	王导	琅琊（今山东临沂）	钟山（今江苏南京）	《晋书》卷94《隐逸传》；李怀《东晋丞相王导的政治谋略补缀》（2015）[49]
	郗僧施	高平金乡（今山东济宁）	青溪（今江苏南京）	《建康实录》卷2；王永平《刘裕诛戮士族豪族与晋宋社会变革》（2015）[50]
	陶渊明#	浔阳柴桑（今江西九江）	柴桑里（今江西九江）	《宋书》卷93《隐逸传》
	桓玄	谯国龙亢（今安徽怀远）	姑孰城（今安徽马鞍山）	《晋书》卷99《桓玄传》；祝总斌《试论东晋后期高级士族之没落及桓玄代晋之性质》（1985）[51]
	庾阐★	颍川鄢陵（今河南鄢陵）	京郊（今江苏南京）	庾阐《闲居赋》；张克霞《庾阐研究》（2013）[52]
	湛方生#	豫章（今江西南昌）	西道县（今湖北宜都）	湛方生《游园咏》；宋冠军《湛方生诗文研究》（2018）[53]
刘宋	孔灵符#	山阴（今浙江绍兴）	永兴（今湖南郴州）	《宋书》卷54《孔季恭传》
	王敬弘	琅琊临沂（今山东临沂）	东山（今浙江绍兴）	《宋书》卷66《王敬弘传》
	谢举★	陈郡阳夏（今河南太康）	乌衣巷（今江苏南京）	《南史》卷20《谢举传》
	何尚之#	庐江潜县（今安徽霍山）	南涧寺侧（今江苏南京）	《宋书》卷66《何尚之传》
	谢灵运★	陈郡阳夏（今河南太康）	始宁县（今属浙江）	《百家姓·谢》《晋书》卷67《谢灵运传》
	谢惠连★	陈郡阳夏（今河南太康）	会稽（今浙江绍兴）	谢惠连《仙人草赞序》；孙玉珠《谢惠连研究》（2010）[54]
	徐湛之	东海郯县（今山东郯城）	广陵（今江苏扬州）	《宋书》卷71《徐湛之传》
	刘宏	南宋宗室	鸡笼山（今江苏南京）	《宋书》卷72《文九王传》
	颜师伯	琅琊（今山东临沂）	建康（今江苏南京）	《宋书》卷77《颜师伯传》

（续）

朝代	园主	园主籍	园林位置	引证资料
刘宋	沈庆之#	吴兴武康（今浙江德清）	娄湖（今江苏南京）	《宋书》卷77《颜师伯传》
	刘诞	南宋宗室	竟陵（今湖北）	《南史》卷14《宋宗室及诸王下》
	刘勔	彭城（今江苏徐州市）	钟岭（今江苏南京）	《宋书》卷86《刘勔传》
	袁粲★	陈郡阳夏（今河南太康）	建康（今江苏南京）	《宋书》卷89《袁粲传》《南史》卷26《袁粲传》
	戴颙	谯郡铚县（今安徽濉溪）	黄鹄山（今湖北武汉）	《宋书》卷93《隐逸传》《南史》卷75《隐逸传上》
	宗炳★	南阳涅阳（今河南镇平）	江陵三湖（今湖北荆州）	《百家姓·宗》《宋书》卷93《隐逸传》
	孔淳之	鲁郡鲁人（今属山东）	会稽剡县（今浙江绍兴）	《南史》卷75《隐逸传上》
	沈道虔#	吴兴郡武康县（今属浙江）	吴兴武康石山（今浙江省）	《南史》卷75《隐逸传上》
	阮佃夫#	会稽诸暨（今浙江诸暨）	建康（今江苏南京）	《宋书》卷94《恩幸传》
	卢度★	始兴（今广东韶关）	三顾山（今江西泰和县）	《南齐书》卷54《高逸传》
	谢庄★	陈郡阳夏（今河南太康）	丹阳秣陵（今江苏南京）	《宋书》卷85《谢庄传》谢庄《北宅秘园诗》刘国勇《谢庄诗文研究》（2011）[55]
	江淹	济阳考城（河南商丘）	江南（具体位置待考证）	《南史》卷59《江淹传》《全梁文》卷38《草木颂十五首序》
萧齐	萧长懋	南齐宗室	东田（今江苏南京）	《南史》卷44《齐武帝诸子传》
	萧嶷	南齐宗室	青溪（今江苏南京）	《南史》卷42《齐高帝诸子传上》
	周山图#	义兴义乡（今江苏无锡）	新林（今江苏南京）	《南齐书》卷29《周山图传》
	到撝	彭城武原（今江苏邳州）	建康（今江苏南京）	《南齐书》卷37《到撝传》
	刘悛	彭城（今江苏徐州）	建康（今江苏南京）	《南齐书》卷37《刘悛传》
	孔稚珪#	会稽山阴（今浙江绍兴）	山阴（今浙江绍兴）	《南齐书》卷48《孔稚珪传》
	张欣泰#	竟陵郡竟陵县（今湖北天门）	南冈（今江苏南京）	《南齐书》卷51《张欣泰传》
	吕文显#	临海（今浙江台州）	江南（具体位置待考证）	《南齐书》卷56《幸臣传》
	茹法亮#	吴兴武康（浙江湖州）	江南（具体位置待考证）	《南齐书》卷56《幸臣传》《南史》卷77《恩幸传》
	吕文度#	会稽（今浙江绍兴）	江南（具体位置待考证）	《南齐书》卷56《幸臣传》《南史》卷77《恩幸传》
	萧子良	南齐宗室	鸡笼山（今安徽马鞍山）	《南齐书》卷40《武十七王传》
	谢朓★	陈郡阳夏（今河南太康）	宣城（今安徽宣城）	《南齐书》卷47《谢朓传》谢朓《思归赋》《治宅诗》章立群《谢朓诗歌研究》（2005）[56]
	王俭	琅琊临沂（今山东临沂）	建康（今江苏南京）	《南齐书》卷23《王俭传》王俭《春日家园诗》

(续)

朝代	园主	园主籍	园林位置	引证资料
梁	王骞	琅琊临沂（今山东临沂）	钟山（今江苏南京）	《梁书》卷7《太宗王皇后传》
	萧统	南梁宗室	建康（今江苏南京）	《梁书》卷8《昭明太子传》
	萧绎	南梁宗室	江陵（今湖北荆州）	《太平御览》卷196《苑囿》
	萧伟	南梁宗室	青溪（今江苏南京）	《南史》卷52《梁宗室下》
	张充#	吴郡吴县（今江苏苏州）	吴郡（今江苏苏州）	《梁书》卷21《张充传》
	萧恭	兰陵县（今山东兰陵）	湘州（今湖北红安县至河南新县一带）	《梁书》卷22《太祖五王传》
	沈约#	吴兴郡武康县（今浙江湖州）	东田（今江苏南京）	《梁书》卷13《沈约传》
	徐勉	东海郡郯县（今山东郯城）	东田（今江苏南京）	《梁书》卷25《徐勉传》
	朱异#	吴郡钱唐（今浙江杭州）	自潮沟至青溪（今江苏南京）	《梁书》卷38《朱异传》
	到溉	彭城（今江苏徐州）	淮水边	《南史》卷25《到彦之传》
	刘峻★	平原（今山东德州）	东阳（今浙江金华）	《梁书》卷50《文学传下》
	何点#	庐江潜人（今安徽合肥）	东篱门（今江苏南京）	《梁书》卷51《处士传》
	何胤#	庐江灊（今安徽潜山）	秦望山（今浙江绍兴）	《梁书》卷51《处士传》
	阮孝绪★	陈留尉氏（今河南开封）	建康（今江苏南京）	《梁书》卷51《处士传》
	陶弘景#	丹阳秣陵（今江苏南京）	茅山（今江苏镇江）	《梁书》卷51《处士传》
	刘慧斐	彭城（今江苏徐州）	匡山（今湖北）	《梁书》卷51《处士传》
	庾诜★	新野（今河南南阳）	新野（今湖北）	《梁书》卷51《处士传》
	萧视素	兰陵（今山东兰陵）	京口（今江苏镇江）	《梁书》卷52《止足传》
	萧子范	南齐宗室	建康（今江苏南京）	《全梁文》卷23《家园三月三日赋》王晓卫《南齐宗室成员的诗赋作品及创作心态》（2009）[57]
	陆倕#	吴郡吴县（今江苏苏州）	江南（具体位置待考证）	《梁书》卷27《陆倕传》 陆倕《思田赋》
	张缵★	范阳方城（今河北固安）	钟山（今江苏南京）	张缵《谢东宫赉园启》
	庾肩吾★	南阳新野（今河南南阳）	建康（今江苏南京）	庾肩吾《谢东宫赐宅启》 王盼盼《庾肩吾研究》（2009）[58]
陈	韦载★	京兆杜陵（今陕西西安）	江乘县（今江苏南京）	《陈书》卷12《韦载传》
	裴之平★	河东闻喜（今山西闻喜）	晋陵（今江苏常州）	《陈书》卷19《裴忌传》

（续）

朝代	园主	园主籍	园林位置	引证资料
陈	张讥*	清河武城（今河北故城）	建康（今江苏南京）	《南史》卷71《儒林传》
	江总	济阳郡考城县（今河南商丘）	青溪（今江苏南京）	《陈书》卷21《江总传》《六朝事迹编类》卷7《宅舍门》
	孙瑒#	吴郡（今浙江）	青溪东（今江苏南京）	《陈书》卷19《孙瑒传》
	陆琼#	吴郡吴县（今江苏苏州）	建康（今江苏南京）	《陈书》卷24《陆琼传》
	徐陵	东海郡郯县（今山东郯城）	建康（今江苏南京）	《陈书》卷20《徐陵传》徐陵《内园逐凉》刘宝春《南朝东海徐氏家族文化与文学研究》（2010）[59]
	沈炯#	武康（今浙江德清）	江南（具体位置待考证）	《陈书》卷13《沈炯传》沈炯《幽庭赋》杨满仁《沈炯诗文研究》（2008）[60]

注：园主人名后未加标注的为南迁徐人，加#表示的为江南原住民，加*表示的为其他地区南迁者。

上述民间园林中，南迁徐人所建园林，东晋时期有6园：

司马道子园：《晋书·卷64·简文三王传》载：司马道子用嬖人赵牙为其"开东第，筑山穿池，列树竹木，功用钜万。道子使宫人为酒肆，沽卖于水侧，与亲昵乘船就之饮宴，以为笑乐。帝尝幸其宅，谓道子曰：'府内有山，因得游瞩，甚善也。然修饰太过，非示天下以俭。'道子无以对，唯唯而已，左右侍臣莫敢有言。帝还宫，道子谓牙曰：'上若知山是板筑所作，尔必死矣。'牙曰：'公在，牙何敢死。'营造弥甚。"

王羲之园：《晋书·卷80·王羲之传》载："羲之雅好服食养性，不乐在京师，初渡浙江，便有终焉之志。会稽有佳山水，名士多居之，谢安未仕时亦居焉。孙绰、李充等皆以文义冠世，并筑室东土与羲之同好。尝与同志宴集于会稽山阴之兰亭，羲之自为序以申其志。……顷东游还，修植桑果，今盛敷荣，率诸子，抱弱孙，游观其间，有一味之甘，割而分之，以娱目前。"

戴逵园：《晋书·卷64·戴逵传》："戴逵，字安道，谯国人也。少博学，好谈论，善属文，能鼓琴，工书画，其余巧艺靡不毕综。……逵后徙居会稽之剡县。性高洁，常以礼度自处，深以放达为非道。"《全晋文·（国学版）卷137》中戴逵的《栖林赋》："浪迹颍湄，栖景箕岑。（《文选·江淹杂体诗注》）幽关忽其离榼，玄风暖以云颓（《文选·头陀寺碑文注》）"

王导西园：《晋书·卷94·隐逸传》载："王导闻其名，遣人迎之，文不肯就船车，荷担徒行。既至，导置之西园，园中果木成林，又有鸟兽麋鹿，因以居文焉。"

郗僧施园：《建康实录·卷2》引陶季直的《京都记》云："典午时，京师鼎族多在青溪左及潮沟北。俗说郗僧施泛舟青溪，每一曲作诗一首。谢益寿闻之曰：'青溪中曲，复何穷尽也。'"

桓玄园：《晋书·卷99·桓玄传》："桓玄，字敬道，一名灵宝，大司马温之孽子也。……玄将出居姑孰，……遂大筑城府，台馆山池莫不壮丽，乃出镇焉。"

刘宋时期有9园：

王敬弘园：《宋书·卷66·王敬弘传》："王敬弘，琅琊临沂人也。……所居舍亭山，林涧环周，备登临之美，时人谓之王东山。太祖尝问为政得失，敬弘对曰：'天下有道，庶人不议'。"

徐湛之园：《宋书·卷71·徐湛之传》"徐湛之，字孝源，东海郯人。……贵戚豪家，产业甚厚。室宇园池，贵游莫及。伎乐之妙，冠绝一时。门生千余人，皆三吴富人之子，姿质端妍，衣服鲜丽。每出入行游，途巷盈满，泥雨日，悉以后车载之。……广陵城旧有高楼，湛之更加修整，南望钟山。城北有陂泽，水物丰盛。湛之更起风亭、月观，吹台、琴室，果竹繁茂，花药成行，招集文士，尽游玩之适，一时之盛也。"

刘宏园：《宋书·卷72·文九王传》："少而闲素，笃好文籍。太祖宠爱殊常，为立第于鸡笼山，尽山水之美。"

颜师伯：《宋书·卷77·颜师伯传》："颜师伯，字长渊，琅琊临沂人……多纳货贿，家产丰积，伎妾声乐，尽天下之选，园池第宅，冠绝当时，骄奢淫恣，为衣冠所嫉。"

刘诞园：《宋书·卷72·文九王传》："而诞造立第舍，穷极工巧，园池之美，冠于一时。"

刘勔园：《宋书·卷86·刘勔传》："刘勔，字伯猷，彭城人也。……勔经始钟岭之南，以为栖息，聚石蓄水，仿佛丘中，朝士爱素者，多往游之。"

戴颙竹林精舍：《宋书·卷93·隐逸传》，《南史·卷75·隐逸传上》："戴颙，字仲若，谯郡铚人也。……吴下士人共为筑室，聚石引水，植林开涧，少时繁密，有若自然。……衡阳王义季镇京口，长史张邵与颙姻通，迎来止黄鹄山。山北有竹林精舍，林涧甚美。颙憩于此涧，义季亟从之游，颙服其野服，不改常度。"

孔淳之园：《南史·卷75·隐逸传上》："孔淳之，字彦深，鲁人也。……居会稽剡县。性好山水，每有所游，必穷其幽峻，或旬日忘归。……会稽太守谢方明苦要之不能致，使谓曰：'苟不入吾郡，何为入吾郭？'淳之笑曰：'潜游者不识其水，巢栖者非辩其林，飞沈所至，何问其主。'终不肯往。茅室蓬户，庭草芜径，唯床上有数帙书。元嘉初，复征为散骑侍郎，乃逃于上虞县界，家人莫知所在。"

江淹园：《全梁文·卷38·草木颂十五首序》："所爱两株树十茎草之间耳。今所凿处，前峻山以蔽日，后幽晦以冬阻，饥猱搜索，石濑戈戈，庭中有故池，水常决，虽无鱼梁钓台，处处可坐，而叶饶冬荣，花有夏色，兹赤县之东南乎？何其奇异也。结茎吐秀，数千余类，心所怜者，十有五族焉，各为一颂，以写劳魂。"

萧齐时期有6园：

萧长懋玄圃园：《南史·卷44·齐武帝诸子传》："太子与竟陵王子良俱好释氏，立六疾馆以养穷民。风韵甚和而性颇奢丽，宫内殿堂，皆雕饰精绮，过于上宫。开拓玄圃园，与台城北堑等，其中楼观塔宇，多聚奇石，妙极山水。虑上宫望见，乃傍门列修竹，内施高鄣，造游墙数百间，施诸机巧：宜须鄣蔽，须臾成立；若应毁撤，应手迁徙。善制珍玩之物，织孔雀毛为裘，光彩金翠，过于雉头矣。以晋明帝为太子时立西池，乃启世祖引前例，求东田起小苑，上许之。永明中，二宫兵力全实，太子使宫中将吏更番役筑，宫城苑巷，制度之盛，观者倾京师。"

萧嶷园：《南史·卷42·齐高帝诸子传上》："自以地为隆重，深怀退素，北宅旧有园田之美，乃盛修理之。"

到捴园：《南齐书·卷37·到捴传》："到捴，字茂谦，彭城武原人也。……捴资籍豪富，厚自奉养，宅宇山池京师第一，妓妾姿艺，皆穷上品。才调流赡，善纳交游，庖厨丰腆，多致宾客。"

刘悛园：《南齐书·卷37·刘悛传》："刘悛，字士操，彭城安上里人也。……宅盛治山池，造瓮牖。世祖著鹿皮冠，被悛菟皮衾，于牖中宴乐，以冠赐悛，至夜乃去。"

萧子良鸡笼山邸：《南齐书·卷40·武十七王传》："（萧子良）移居鸡笼山邸，集学士抄《五经》、百家，依《皇览》例为《四部要略》千卷……又与文惠太子同好释氏，甚相友悌。子良敬信尤笃，数于邸园营斋戒，大集朝臣众僧，……其劝人为善，未尝厌倦，以此终致盛名。"《全齐文·卷7》萧子良的《行宅诗序》："山原石道，步步新情，回池绝涧，往往旧识，以吟以咏，聊用述心。"

王俭园：《南齐书·卷23·王俭传》："王俭，字仲宝，琅琊临沂人也。"《齐诗·卷一》载王俭的《春日家园诗》："徙倚未云暮，阳光忽已收。羲和远停晷，壮士岂淹留。冉冉老将至，功名竟不修。稷契匡虞夏，伊吕翼商周。抚躬谢先哲，解绂归山丘。"

南梁时期有10园：

王骞园：《梁书·卷7·太宗王皇后传》："时高祖于钟山造大爱敬寺，骞旧墅在寺侧，有良田八十余顷，即晋丞相王导赐田也。高祖遣主书宣旨就骞求市，欲以施寺。骞答旨云：'此田不卖；若是敕取，所不敢言。'酬对又脱略。高祖怒，遂付市评田价，以直逼还之。"

萧统玄圃园：《梁书·卷8·昭明太子传》："性爱山水，于玄圃穿筑，更立亭馆，与朝士名素者游其中。尝泛舟后池，番禺侯轨盛称：'此中宜奏女乐。'太子不答，咏左思《招隐诗》曰：'何必丝与竹，山水有清音。'侯惭而止。"

萧绎湘东苑：《太平御览·卷196·苑囿》："湘东王于子城中造湘东苑，穿池构山，长数百丈，植莲蒲，缘岸杂以奇木。其上有通波阁，跨水为之。南有芙蓉堂，东有禊饮堂，堂后有隐士亭，北有正武堂，堂前有射埒、马埒。其西有乡射堂，堂安行棚，可得移动。东南有连理。太清初生此连理，当时以为湘东践祚之瑞。北有映月亭、修竹堂、临水斋。前有高山，山有石洞，潜行宛委二百余步，山有阳云楼，极高峻，远近皆见。北有临风亭、明月楼。"

萧伟园：《南史·卷52·梁宗室下》："齐世青溪宫改为芳林苑，天监初，赐伟为第。又加穿筑，果木珍奇，穷极雕靡，有侔造化。立游客省，寒暑得宜，冬有笼炉，夏设饮扇，每与宾客游其中，命从事中郎为之记。梁藩邸之盛无过焉。"

萧恭园：《梁书·卷22·太祖五王传》"（萧）恭善解吏事，所在见称。而性尚华侈，广营第宅，重斋步檐，模写宫殿。尤好宾友，酣宴终辰，座客满筵，言谈不倦。"

徐勉园：《梁书·卷25·徐勉传》："徐勉，字修仁，东海郯人也。……中年聊于东田间营小园者，非在播艺，以要利入，正欲穿池种树，少寄情赏。……由吾经始历年，粗已成立，桃李茂密，桐竹成阴，塍陌交通，渠畎相属。华楼迥榭，颇有临眺之美，孤峰丛薄，不无纠纷之兴。渎中并饶苻役，湖里殊富芰莲。虽云人外，城阙密迩，韦生欲之，亦雅有情趣。……或复冬日之阳，夏日之阴，良辰美景，文案间隙，负杖蹑履，逍遥陋馆，临池观鱼，披林听鸟，浊酒一杯，弹琴一曲，求数刻之暂乐。"

到溉园：《南史·卷25·到溉传》："溉第居近淮水，斋前山池有奇礓石，长一丈六尺，帝戏与赌之，并《礼记》一部，溉并输焉。未进，帝谓朱异曰：'卿谓到溉所输可以送未？'敛板对曰：'臣既事君，安敢失礼。'帝大笑，其见亲爱如此。石即迎置华林园宴殿前。移石之日，都下倾城纵观，所谓到公石也。"

刘慧斐离垢园：《梁书·卷51·处士传》："刘慧斐，字文宣，彭城人也。少博学，能属文，起家安成王法曹行参军。尝还都，途经寻阳，游于匡山，过处士张孝秀，相得甚欢，遂有终焉之志。因不仕，居于东林寺。又于山北构园一所，号曰离垢园，时人乃谓为离垢先生。"

萧视素园：《梁书·卷52·止足传》："萧视素，兰陵人也。……及在京口，便有终焉之志，乃于摄山筑室。会征为中书侍郎，遂辞不就，因还山宅，独居屏事，非亲戚不得至其篱门。"

萧子范园：《全梁文·卷23》载萧子范《家园三月三日赋》："右瞻则青溪千仞，北睹则龙盘秀出。与岁月而荒茫，同林薮之芜密。欢兹嘉月，悦此时良。庭散花蕊，傍插筠篁。洒玄醪于沼沚，浮绛枣于洧洪。观翠纶之出没，戏青舸之低昂。"

南陈时期有2园：

江总园：《陈书·卷21·江总传》："江总，字总持，济阳考城人也。"《六朝事迹编类·卷7·宅舍门》："南朝鼎族多夹青溪，江令宅尤占胜地，后主尝幸其宅，呼为狎客。"刘禹锡诗云："南朝词臣北朝客，归来唯见秦淮碧。池台竹树三亩余，至今人道江家宅。"

徐陵园：《陈书·卷20·徐陵传》："徐陵，字孝穆，东海郯人也。"《陈诗·卷5》载徐陵《内园逐凉》："昔有北山北，今余东海东。纳凉高树下，直坐落花中。狭径长无迹，茅斋本自空。提琴就竹筱，酌酒劝梧桐。"《山斋诗》："桃源惊往客，鹤峤断来宾。复有风云处，萧条无俗人。山寒微有雪，石路本无尘。竹径蒙笼巧，茅斋结构新。"

（三）徐人南迁对六朝江南园林的意义

1. 造就了江南王（皇）家园林的第二个高峰

中国园林之雏形出自先秦，先秦的"园""圃""囿""苑"等概念含义虽不同于后代的园林，但它为园林的最终确定提供了最初的范畴。秦汉时期皇家所建苑囿沉雄博大、宏伟壮丽、形态自然，巡狩旅游、祭祀、生产是当时苑囿的三大功能[61]。

江南（江东）园林亦起自先秦。春秋时期吴越两国的诸侯王建造的一批王家宫台苑囿，成为江南（江东）园林的早期雏形，也是江南王（皇）家园林的第一个高峰。与中原王（皇）家园林类似，此时期的江南王（皇）家园林追求的亦是规模宏大、建筑壮观、装饰华丽，正如吴功正先生在《六朝园林文化研究》一文中指出的：这时期人虽拥有园林，却非园林之精神主体。但是，在其后的整个秦汉时期，江南地区因失去了政权中心地位，王（皇）家园林活动基本只停留在对吴越遗存宫苑的改造修葺[62-63]。

到了三国两晋南北朝时期，江南地区再次成为重要的一方政治中心，这一时期江南皇家园林不仅数量大量增加，而且"扬弃了秦汉宫苑以宫、殿、楼阁建筑为主，充以禽兽的形式。"[64]而"充以禽兽"恰恰是汉代徐派园林的重要内容[65-66]。图3.3.1是一组徐州出土的汉画像石，可见其从"亭"（上层图）到"院"（中层图）再到"园"（下层图）这一汉代徐派民间园林生成发展过程中，"禽兽"始终是"主角"之一。

凤侣图（江苏徐州）

骑士图（徐州铜山区）

思哺图（徐州铜山区）

观鸟图（江苏徐州）

武士家园图（徐州睢宁县）

宴饮图（江苏徐州）

叉鱼图（江苏徐州）

图3.3.1　汉代徐州园林画像

2. 共创了江南民间园林的基础

直到秦汉时期，江南地区因为大多为丘陵山区，平原则地势低洼，所以，总体上大多数地区地广人稀，土地开发还局限在最宜开展农业活动的少数区域，无论周维权先生的《中国古典园林史》[7]、汪菊渊先生的《中国古代园林史》[8]，还是从《中国知网》以"江南（江东）园林"&"汉"作主题检索，基本没有江南民间园林的记录。自汉末开启并贯穿整个六朝时期的大规模徐人南迁，为江南地区带来了大批劳动力和先进的生产技术，有力推动了江南庄园经济的发展[67]，也给江南大批民间园林的出现奠定了基础条件。前面统计到的六朝时期江南地区民间园林中，南迁徐人占41.25%、其他南迁者占25%、江南原住民占33.75%的结果，可见南迁徐人在构筑江南民间园林基础中占有首要位置。

3. 奠定了江南园林的文化和基本形态发展基调

徐人南渡多采取举宗避难的方式，为了避开与占据开发程度较高的膏壤沃野的江东世族进行土地争夺，多向人烟稀少的丘陵山区"求田问舍"，"封山固泽"让南迁士人深入风景佳胜之地，与自然山水的直接交流，让他们更多地感触到与徐地迥然不同的江南山水自然美态，在设计建造庄园的过程中，徐文化崇精尚丽（详见第2章第4节）和掩藏在深沉雄大、古拙质朴外表下飘逸洒脱（图3.3.2）的深层基因，与江南山川林泽独特的峰、林、泉、石所引发出的新的对美的感知相互碰撞和融合，使处发轫期的江南民间园林，从开始就摆脱了纯粹的物质性和功利性，形成了以山水审美为主体、以宣和情志为目的、注重自然审美意象的独特美学气质和艺术面貌，奠定了江南（江东）园林的"天人合一""高雅脱俗""精致秀丽"[68-69]文化意识、基本形态以及江南（江东）园林整体的发展基调。

亲鸟图

赏景图

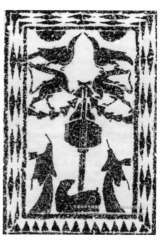
建鼓舞图

图3.3.2　汉画像（江苏徐州）展现的审美文化

三、徐派园林意境理论的产生

意境是中国千余年来园林设计的名师巨匠所追求的核心，也是使中国园林具有世界影响力的内在魅力，亦是中国园林艺术的最高境界[70-71]。正是南迁徐人园林意境理论的形成与实践，促进了六朝园林观的嬗变，奠定了后世中国园林文化、审美的意识形态走势，成为中国园林意境理论之发端。

（一）园林"师造化""意境念"的提出

意境产生于主观的生命情调与客观的自然景象交融互渗，即创作者把自己的感情、理念熔铸于生活、景物之中，从而引发鉴赏者之类似的情感激动和理念联想，具有情景交融、虚实相生、言有尽而意无穷等特征[7, 72-73]。园林"师造化""意境念"的明确提出，有一个从"第一自然"（山水）到"第二自然"（园林）的演变过程。

西晋临淄（今山东临淄）人左思（约250—305年）在《招隐》中发出的"杖策招隐士，荒涂横古今。岩穴无结构，丘中有鸣琴。白云停阴冈，丹葩曜阳林。石泉漱琼瑶，纤鳞或浮沉。非必丝与竹，山水有清音。何事待啸歌，灌木自悲吟。秋菊兼糇粮，幽兰间重襟。踌躇足力烦，聊欲投吾簪"之感，为迄今最早的"山水意境"之书证，清晰地反映了人的情感与自然山水在沟通、交流中产生了思想共鸣，达到了"天人合一"的境界，此时的人即是山水、灌木、秋菊、幽兰，而山水、灌木、秋菊、幽兰又超乎其本身，形成一种附加人的感情的"情景交融"的新境界。这之后，《世说新语·言语》载东晋琅琊临沂（今山东临沂）人王胡之（？—348年）："王司州至吴兴印渚中看。叹曰：'非唯使人情开涤，亦觉日月清朗'。"正是虚灵的胸襟和光亮的意象相互交融，才营造出了一个晶莹的美的山水意境。《世说新语·言语》又载琅玡临沂的王献之（344—386年）言："从山阴道上行，山川自相映发，使人应接不暇。若秋冬之际，尤难为怀。"山水由实入虚，即实即虚，虚实相生，意境顿生。

世袭琅琊王①的东晋简文帝司马昱（320—372年）则是迄今有书证的将自然山水意境带入"为精神创造的第二自然"——园林，转变为园林意境的第一人。《世说新语·言语》载："简文入华林园，顾谓左右曰：'会心处不必在远，翳然林水，便自有濠、濮间想也，觉鸟兽禽鱼自来亲人。'"司马昱以亲近自然、融入自然的生命状态，在"小园林"中感受到与大自然会心的大快乐、大境界。园林之"林水"足能"以小见大"，管窥自然山水，体验与自然心灵融通的精神感受。

《梁书》载兰陵（东海兰陵，今临沂兰陵，下同）萧氏南朝梁武帝萧衍长子萧统（501—531年）："性爱山水，于玄圃穿筑，更立亭馆，与朝士名素者游其中。尝泛舟后池，番禺侯轨盛称此中宜奏女乐。太子不答，咏左思《招隐》诗云：'何必丝与竹，山水有清音。'侯惭而

---

① 《晋书·地理志》载，西晋徐州辖东海郡、东莞郡、广陵郡、临淮郡、彭城国、下邳国、琅琊国4郡3国。又《晋书·卷三十八·列传第八》载，泰始五年（269年），司马昱的曾祖河内温县（今河南省温县）人司马伷出任镇东大将军、假节、都督徐州诸军事，接替卫瓘镇守下邳；咸宁三年（277年），因司马伷镇守徐州，晋武帝徙封司马伷为琅琊王，并将东莞郡加封给琅琊国。自司马伷始，历其子司马觐，司马觐之子司马睿，司马睿之子司马裒，司马裒之子司马安国，已累5世袭封琅琊王，至永昌元年（322年）晋元帝下诏封司马昱为琅玡王，咸和三年（328年）晋成帝徙封司马昱为会稽王，故，此支司马氏已成为徐地世族，司马昱即为徐人。

止。"萧统咏吟左思《招隐》,更是将"山水意境"转变为"园林意境"的有力佐证,而"师法自然"(师造化)以达到"有若自然""在有限的空间(园林)追求无限的意境(山水)"的状态,也成为了园林造园的新境界。

(二)园林"师造化""意境念"的实践

三国魏晋南北朝时期,江南造园活动的重要主力军——原籍均为古徐州的"能主之人",不但创造出弥足珍贵的思想财富——园林"师造化""意境念",而且他们对"意境念"论的不断实践,

还创造了实实在在的物质财富,带来了六朝园林的勃兴。综合这一时期古徐人的造园实践,其大致可以概括为从清远淡泊、天然画图、真淳质朴、超凡脱俗等4个方面,塑造"有若自然"的园林景观。

1. 林泉丘壑:清远淡泊之意

《晋书·隐逸传·郭文》载琅琊临沂(今山东临沂)人王导西园:"园中果木成林,又有鸟兽麋鹿";《全梁文·草木颂十五首序》载济阳考城(今河南商丘)人江淹园:"所爱两株树十茎草之间耳。今所凿处,前峻山以蔽日,后幽晦以多阻,饥猨搜索,石濑戈戈,庭中有故池,水常决,虽无鱼梁钓台,处处可坐,而叶饶冬荣,花有夏色,兹赤县之东南乎?何其奇异也。结茎吐秀,数千余类,心所怜者,十有五族焉,各为一颂,以写劳魂",以动、植物为主要要素,构树林荫翳、鸟语花香之景。《宋书·刘勔传》载彭城(今江苏徐州)人刘勔园:"勔经始钟岭之南,以为栖息,聚石蓄水,仿佛丘中";《南史·隐逸传》载谯郡铚县(今安徽濉溪)人戴颙园:"吴下士人共为筑室,聚石引水,植林开涧,少时繁密,有若自然",是以水、石为主要要素,建飞瀑流泉,成泉石之乐。无论是运用何种园林要素,此类园林以隐逸思想为主导,所营林泉丘壑"有若自然",表达出园主与其园林"天人合一"的清远淡泊的意境。

2. 池馆宅第:天然画图之意

《南史·王裕之传》载琅琊临沂(今山东临沂)人王裕之园:"所居舍亭山,林涧环周,备登临之美,时人谓之王东山";《南史·徐湛之传》载东海郯县(今山东郯城)人徐湛之园:"贵戚豪家,产业甚厚。室宇园池,贵游莫及。伎乐之妙,冠绝一时。……广陵城旧有高楼,湛之更加修整,南望钟山。城北有陂泽,水物丰盛。湛之更起风亭、月观,吹台、琴室,果竹繁茂,花药成行,招集文士,尽游玩之适,一时之盛也";《宋书·文九王传》载彭城绥舆里(在今铜山区,一说萧县)人刘宋文帝刘义隆第6子刘诞园:"而诞造立第舍,穷极工巧,园池之美,冠于一时"及其第7子刘宏园:"少而闲素,笃好文籍。太祖宠爱殊常,为立第于鸡笼山,尽山水之美";《宋书·颜师伯传》载琅琊临沂(今山东临沂)人颜师伯园:"多纳货贿,家产丰积,伎妾声乐,尽天下之选,园池第宅,冠绝当时";《南齐书·文惠太子传》载兰陵萧氏萧长懋玄圃园:"其中楼观塔宇,多聚奇石,妙极山水";《太平御览》载兰陵萧氏萧绎的湘东苑:"湘东王于子城中造湘东苑,穿地构山,长数百丈,植莲蒲,缘岸杂以奇木。其上有通波阁跨水为之。"此类园林或于山水佳处,建立园池宅第,或以颇具规模的人工山

水、植物与建筑巧妙融合，营造出"人在画图中"的意境。

3. 桑榆田园：真淳质朴之意

《晋书·王羲之传》载王羲之园："修植桑果，今盛敷荣，率诸子，抱弱孙，游观期间"；《南史·齐高帝诸子传上》载兰陵萧氏萧巎园："自以地位隆重，深怀退素，北宅旧有园田之美，乃盛修理之"；《梁书·徐勉传》载东海郯县（今山东郯城）人徐勉的郊园："桃李茂密，桐竹成阴，塍陌交通，渠畎相属，华楼迴榭，颇有临眺之美；孤峰丛薄，不无纠纷之兴。渎中并饶菰蒋，湖里殊富芰莲"，即为园主为规避政坛，远离是非，而又留恋田园农事和天伦之乐，塑造出桑榆田园之景，流露出农人、农事的质朴与纯真。

4. 梵刹塔宇：超尘脱俗之意

《南史·虞愿传》载彭城绥舆里（在今铜山区，一说萧县）人刘宋明帝刘彧所建湘宫寺："帝以故宅起湘宫寺，费极奢侈，以孝武庄严刹七层，帝欲起十层，不可立，分为两刹，各五层"；《建康实录》载兰陵萧氏梁武帝萧衍创立的同泰寺："兼开左右宫，置四周池堑，浮图九层，大殿六所，小殿及堂十余所，宫各像日月之形，禅窟禅房，山林之内，东西般若，台各三层，筑山构陇，亘在西北，柏殿在其中。东西有璇玑殿，殿外积石种树为山，有盖天仪，激水随滴而转"；《梁书·武帝本纪》又载萧衍造大爱敬寺、智度寺："即于钟山造大爱敬寺，清溪边造智度寺……"，或以刹、塔、佛殿等宗教建筑与"积石种树为山""激水随滴而转"的山水及植物相结合，或将寺庙置于深山幽谷，形成静穆安谧的出世解脱的精神氛围。此外，《南史·隐逸传下》载彭城（今江苏徐州）人刘慧斐离垢园："因不仕，居于东林寺。又于山北构园一所，号曰离垢园，时人乃谓为离垢先生"，虽非寺庙园林，却以佛教语"离垢"之题名，点睛园主之情思，仍彰显出超尘脱俗之意蕴。

（三）"象外之象"——"意境"产生的根本标志

意境理论在其孕育、形成、发展的历史进程中，其内涵逐渐丰富，外延逐渐拓展，概念也渐趋明确。很多学者把意象视为意境形成、延展以及繁衍的运动过程的基原性要素[74-75]。《周易》中"立象以尽意"，经老庄发展成为"言者所以在意，得意而忘言"，至汉代王充归结出了"立意于象"的原则，到魏晋王弼引申为"故言者所以明象，得象而忘言；象者所以存言，得意而忘象"。这些对"意象"的论述表明，"意象"的形成本身也是"神与物游"、心物契合的结果，是一种有'意'之'象'，是诗人的情感、感知、理解、联想、想象等一系列心理功能和谐活动的成果[76-77]。而从意境理论在各艺术领域中趋于成熟的唐代来看，王昌龄《诗格》曰："诗有三境。一曰物境。二曰情境。三曰意境。物境一。欲为山水诗，则张泉石云峰之境，极丽绝秀者，神之于心。处身于境，视境于心，莹然掌中，然后用思，了解境象，故得形似。情境二。娱乐愁怨，皆张于意而处于身，然后驰思，深得其情。意境三。亦张之意，而思之于心，则得其真矣。"其中，物境应为我们现在所说的意象，情境和意境才是我们现在所说的意境，即符合刘禹锡对"境"的规定"境生于象外"和皎然对"境"的理解"采奇于象外"，或者说是否产生了"象外之象"是从"意象"进入"意境"的根本标志[76,78]。

蒲震元在《中国艺术意境论》说:"意境就是特定的艺术形象(符号)和它所表现的艺术情趣、艺术气氛以及它们可能触发的丰富的艺术联想与幻想的总和[79]"。六朝之前,人们从对山水的原始敬畏、膜拜和神化,到《诗经》"先言他物以引起所咏之辞"的起兴运用,到"知者乐水,仁者乐山""善鸟香草以配忠贞,恶禽臭物以比谗佞,灵修美人以媲于君,宓妃佚女以譬贤臣,虬龙鸾凤以托君子,飘风云霓以为小人"的山水比德,到"山林与,皋壤与,使我欣欣然而乐与"的哲思悟道,再到汉大赋中的罗列铺陈以喻国威,自然山水始终没有成为独立的审美对象[37],而且这其中虽然也有一定的联想和幻想,但只是用以象征作用的表达,并未产生"象外之象",属于"物境"的范畴,即"意象"阶段,并未上升到"意境"的层面。先秦和秦汉园林,无论是占有丰富的自然资源、承担着祭祀天地祖先的高级礼仪功能、从事农业生产和观赏动物养殖或种植的帝王(诸侯)台苑、苑囿,还是《诗经》中的平民园圃、汉画像中的民间庭园,主要满足人们对生产、生活、游赏、居住等功能的需要,均未确立山水审美在园林中的主体地位和园林的精神栖居本质,也就是说未呈现、表达出"象外之象"。而两晋六朝时期,"非必丝与竹,山水有清音。何事待啸歌,灌木自悲吟"的"张于意而处于身,然后驰思,深得其情"的"情境",以及"翳然林水,便自有濠、濮间想也,觉鸟兽禽鱼自来亲人"的"张之于意,而思之于心,则得其真矣"的"意境",已在造园实践中普遍运用。发展至唐宋,"能主之人"凭借着深厚的文化修养,将对人生、历史、宇宙的深刻体悟融入园林,使园林成为人们精神的寄托和心灵的慰藉的同时,山水画、山水诗文和山水园林互相渗透,园林还具有浓浓的"诗情画意",保持着一种"景外之境"的意境美[7, 80]。

(四)徐人园林意境理论产生的背景

王少华在《吴越文化论——东夷文化之光》中明确指出"师造化""意境"等论的提出始于六朝时期的园林艺术论中。其主要的依据是陆机、郭璞、葛洪、顾恺之、宗炳、王微、萧绎等人的"仪""游""有若自然""有侔造化"等"园林"论述[81]。但是,其所述一是将论自然山水、论文、论画的论述共同举证,没有区分自然山水审美与园林审美的不同,难免使人误认为园林"意境"论就是文学或绘画艺术论的简单延伸。实际上艺术界认定的文学或绘画"意境"论的明确提出,始于唐代的王昌龄、皎然、刘禹锡、司空图等人的论述,要比园林晚。二是没有具体分析园林意境理论产生的根源,没有明确园林"师造化""意境"等论创造者的文化背景,从而没能得出意境理论从"第一自然"到"第二自然"转变的文化和历史必然性。

如前所述,园林"师造化""意境"等论创造与实践者主体为六朝时期的"南渡徐人"。在这个时期、由这样的一批人率先提出园林"师造化""意境念"并实践之,探寻其背后的社会文化、自然地理等原因,是解开中国园林意境思想密码的一把重要的钥匙。

1. 古徐州地域文化基因为园林"师造化""意境念"论的形成提供了厚实的文化基础

宗白华在《中国艺术意境之诞生》中指出:"艺术意境的创成,既须得屈原的缠绵悱恻,又须得庄子的超旷空灵。缠绵悱恻,才能一往情深,深入万物的核心,所谓'得其环中'"。"超旷空灵,才能如镜中花,水中月,羚羊挂角,无际无寻,所谓'超以象外'"[72]。也有研究指出，艺术意境的创成，一是基于对中国美学思想渊源的整体考察，认为意境的思想根源是老庄哲学；二是通过词源学的考察，认为意境之"境"主要源于佛学中对"境界"的论述；三是认为意境是在儒家诗学言情言志的基础上，融入道家的神与物游、超然物外的境界，并受佛教的静穆地体悟观照生命的方式的影响，三者合一而成[76,82-85]。

追根溯源，中国儒、道两家创始之祖的生养之地均属古徐州地域。徐偃王倡行仁义文化，做人"效天法地"的思想催生了孔子（鲁国，徐州之一部）儒学的创立[86-87]。《庄子·天运》记载："孔子行年五十有一而不闻道，乃南之沛见老聃。"道家始祖老子（约公元前571—约前471年），《史记·七十列传·老子韩非列传》载："楚苦县厉乡曲仁里人也。"苦县，在今河南东部鹿邑县，淮水流域中部，原属春秋时期的陈国，司马迁之称苦县，实是从战国时代政治版图来追述的。陈地在空间上居于黄河中游的中原文化、长江中游的荆楚文化与海岱淮泗的东夷（徐）文化的交汇区。老子道家思想的孕育形成过程中，首先是著书创说、治学授徒于徐沛之地[88]，其次，其诞生地的今安徽谯城、涡阳之说[89]，也均属西汉沛郡所辖[90]；第三，道家学派另一代表人物庄子（约前369—约前286年）出生地今安徽蒙城，也在此范围内[91]。到东汉时，沛郡丰（秦泗水郡，今江苏丰县）人张道陵（公元34年2月22日—156年）则成功地完成了对道家思想的神学化改造，首创道教教团组织——天师道。可见，徐人自得"超旷空灵"文化基因。

到东汉时，徐地还出了一位是史载最早信奉佛教的东汉皇室贵族——楚王刘英，不但"晚节喜黄老"，并建立了中国境内第一座佛寺——浮屠仁祠，在特殊的时代、地区和历史背景下，完成了中国佛教发轫的伟业①。[92-93]

儒、道、释不仅从古徐大地上发芽，也在汉代徐人的推动下逐渐流行开来。及至六朝，琅琊王氏、兰陵萧氏、彭城刘氏、东海徐氏等徐地世家大族都呈现出儒、道、佛、玄兼修的文化倾向[94-97]。"知者乐水，仁者乐山"的儒家思想利用山水比拟人的德行操守，通过相互比拟使二者互融，借寄情山水来抒发情感，在自然环境中获得精神升华，达到"天人合一"境界。六朝山水审美及山水诗的勃兴，是道、佛思想，特别是儒家"山水比德"观念、诗骚精神和兴寄传统长期浸润的结果[98]。同时，儒家尚"雅"，"雅正"为儒家核心的文学观，东汉末年"雅"已逐渐显示文雅优美之意，"雅"所包含的历史传统和道德典正的意味越来越稀薄，向审美情趣上演变的迹象明显化；六朝时期，"雅"被不断赋予新的美学内涵，如清高弘远、通达博畅的脱俗之"雅"，"雅"成为一种在历史的传承中不断发展的美学观念[99]。古徐地这些思想的产生和发展，成为孕育"师造化""意境念"的沃土。

2. 江东山水为南渡徐人提供了恰逢其时的身心居栖

大量南渡徐人多避开吴郡、义兴、吴兴等江东本土势力强盛之地，进至宁镇、浙东地区"求田问舍"建立庄园。一方面，这些江南丘陵山区"峰岭隆峻，吐纳云雾"（《世说新语·言语》注引《会稽郡记》）"峰岭相连"（《水经注·浙水》）的自然环境，相比于"其气宽舒"的广袤徐地，更符合南渡徐人隐居避世、吟啸山林、寻求个性解放的生命状态，也促使徐人倘

---

① 尽管洛阳在佛教传入时间上早于彭城，但因汉明帝之尊佛举动晚于刘英，所以洛阳之佛教盛况的出现也晚于彭城[93]。

徉其间、流连忘返。另一方面，虽然有一些南渡徐人因故地沦丧、迁居他乡而徒生伤感，如《世说新语·言语》载："元帝（琅琊恭王司马觐之子司马睿）始过江，谓顾骠骑曰：'寄人国土，心常怀惭。'""过江诸人，每至美日，辄相邀新亭，藉卉饮宴。周侯中坐而叹曰：'风景不殊，正自有山河之异！'皆相视流泪。""温新至，深有诸虑。既诣王丞相（琅琊王氏王导），陈主上幽越、社稷焚灭、山陵夷毁之酷，有《黍离》之痛。温忠慨深烈，言与泗俱，丞相亦与之对泣。"但是，这种情感并未成为大量南渡士人面对"山水"的主流，而是转而"散怀山水，萧然忘羁"（王徽之《兰亭诗》）；"嘉会欣时游，豁尔畅心神"（王肃之《兰亭诗》），即投身江东山水这一恰逢其时的身心居栖，以畅神骋怀，原本怀念故土的哀愁，也逐渐转变为山水游乐后的"修短随化，终期于尽"（兰亭集序）的生命感怀，即从山水审美过程中的去情忘我，回归到审美高峰体验过后"人生苦短"的感伤兴怀[100]。正因为社会大动荡时期的人们更强烈地感觉到生命的短暂，所以更需要"以小观大""于有限之中追求无限"，这种伤感基调的生命态度对后世也产生了重大影响，以至其后的唐宋园林更加努力地追求"须臾芥子""壶中天地"的审美意蕴。

3. 南渡徐人的审美实践不断拓展"山水"的情思内涵

欲"以小见大"必先"以大观小"，即"以小见大""虚实相生"的园林创作离不开对自然山水的细致观察。《世说新语·言语》载："过江诸人，每至美日，辄相邀新亭，藉卉饮宴。"仅以著名的东晋永和九年（公元353年）农历三月初三兰亭雅集为例，42位名士中，北方南渡士人有37人，其中23位为徐地士人（表3.3.3）。除王羲之的千古名篇《兰亭集序》外，与会中26人作"山水诗"37首，其中24位南渡士人共成诗34首；南渡士人中15位徐人成诗21首；而江东士人仅2人成诗2首[101-103]。由此可以管窥，徐地南渡士族的山水游乐参与度和山水审美兴致之大、水平之高。山水审美使得自然山水成为"以小见大""虚实相生"的早期对象。大量山水实践与较高的文化素养，使之积累了丰富的山水审美经验，极大地提高了山水审美能

表3.3.3　东晋永和九年（公元353年）农历三月初三兰亭雅集名士表[101-105]

序号	姓名	籍贯	出身	序号	姓名	籍贯	出身
01	王羲之	琅琊临沂		22	华茂	广陵江都	
02	王彬之	琅琊临沂		23	华耆	广陵江都	广陵华氏
03	王凝之	琅琊临沂		24	谢安	陈郡阳夏	
04	王肃之	琅琊临沂		25	谢万	陈郡阳夏	
05	王徽之	琅琊临沂	琅琊王氏	26	谢滕	陈郡阳夏	陈郡谢氏
06	王玄之	琅琊临沂		27	谢瑰	陈郡阳夏	
07	王蕴之	琅琊临沂		28	谢绎	陈郡阳夏	
08	王涣之	琅琊临沂		29	袁峤之	陈郡阳夏	陈郡袁氏
09	王丰之	琅琊临沂		30	庾友	颍川鄢陵	
10	王献之	琅琊临沂		31	庾蕴	颍川鄢陵	颍川庾氏
11	曹茂之	彭城		32	卞迪	济阴冤句	济阴卞氏
12	曹礼	彭城	彭城曹氏	33	劳夷	渤海南皮	渤海劳氏
13	曹华（平）	彭城		34	任儗	乐安博昌	乐安任氏

(续)

序号	姓名	籍贯	出身	序号	姓名	籍贯	出身
14	徐丰之	东海郯县	东海徐氏	35	孙绰	太原中都	
15	后绵/泽	东海郯县	东海后氏	36	孙统	太原中都	太原孙氏
16	刘密	沛国相县	沛国刘氏	37	孙嗣	太原中都	
17	郗昙	高平金乡	高平郗氏	38	丘髦	吴兴乌程	吴兴丘氏
18	桓伟	谯国龙亢	谯国桓氏	39	虞说	会稽余姚	会稽虞氏
19	吕系	任城	任城吕氏	40	虞谷	会稽余姚	
20	吕本	任城		41	魏滂	会稽上虞	会稽魏氏
21	羊膜	泰山南城	泰山羊氏	42	孔炽	会稽山阴	会稽孔氏

表中：序号1-23为徐地士族；24-37为非徐地的北方南渡士族；38-42为江东士族——江东士族在此并非仅指江东原著民。如，会稽虞氏、魏氏和孔氏均于东汉定居会稽。比之东晋以后南徙之北方大族，由于这些家族大多在东汉中期以前皆已著籍江东，故被称之为江东士族，以区别于永嘉之乱后南迁的士族[44]。

力。正是对自然山水丰富的游观经验和较高的审美能力，才能充分了解大自然变幻莫测的状态和无穷无尽的趣味，也才能使司马昱于"翳然林水"之"小""实"，体味"濠、濮间想"之"大""虚"。

在徐人提升自然审美的同时，向内也发现了自己的真性情和人格美。魏晋人物品藻尤为盛行。《世说新语》记载，晋明帝司马绍、简文帝司马昱，谯国桓氏桓温、桓玄、桓嗣，琅琊王氏王戎、王衍、王澄、王导、王敦、王羲之、王胡之，高平金乡（今山东金乡）人郗鉴，山阳高平（今山东邹城）人刘绥，沛国相县（今安徽宿州）人刘惔等大批南渡徐人沉浸其中。先秦两汉以来，被赋予特定品性的山、水、植物等的景象更为丰富，且此时它们不拘泥于道德层面，而是以其外在体态和内在品质，普遍用以反映人的形神之美、性情之美和智慧之美。在喻体自然和本体人频繁而深入地互动中，二者不但都成为审美对象，它们之间也有了深层次——情思——的沟通。情感和思想的注入给自然山水和山、水、植物等这些园林要素及其造景赋予了"灵魂"，达到"情景交融"的生命状态，即王导评论王衍"岩岩清峙，壁立千仞"（《世说新语·赏誉》）之谓，也是左思"灌木自悲吟"之谓。

山水审美之中包含了人物的情感和思想，人物品藻之中亦保有对"山水"的审美。山水审美与人物品藻互相促进、相辅相成，共同连通了人格美与自然美，使人的思想、情感与山水、园林紧密相通，亦使景观的外延与内涵，均达到"言有尽而意无穷"的境地，即萧统于玄圃答曰"何必丝与竹，山水有清音"的境界。由此，园林"意境念"论即成。

第四节　徐派园林的成熟

从公元589年隋灭陈统一华夏，结束了自汉末以来的中古时期大分裂，到20世纪初清朝历史上最后一位皇帝退位的1300多年中，中国社会总体处于小动乱、大稳定之中。虽然隋唐保持了从后汉时起出现的不仅世袭财产，而且世袭官职的贵族阶层，文化也被这一贵族阶级垄断，文学、书法、建筑等各个方面都流行着封闭的沙龙艺术。但是，唐以后，从五代初契丹（辽）在北方崛起到以后金、元相继，北方民族的势力迎来了全盛时代，包括宋、明、清王朝的建立，在社会、政治上，传统的贵族没落，庶民势力兴起，在文化上，历来的贵族文化衰落，新兴庶民阶级为背景的新文化诞生。随着整个文化主体的转换，特别是古徐地在全国政治、经济地位的变化，徐派园林也从王（皇）家园林为主体，走向民间园林为主体，从中古时期的"崇丽"回归到"拙朴""秀美"，从贵族化走向平民化。

一、隋唐时期园林

隋唐两朝从公元581年到公元907年，这一时期徐地有据可考、有史可依的新建园林并不多见，总体特点是王家园林大幅萎靡，数量可观、宗教世俗化的寺观园林成为人们交往的中心，具备了公共园林的功能。

（一）王家园林

这一时期的王家园林，最重要的当为隋炀帝开运河沿途所建离宫。据《资治通鉴·卷一八〇》记载：隋炀帝开通济渠，"自西苑引谷、洛水达于河；复自板渚引河历荥泽入汴；又自大梁之东引汴水入泗，达于淮；又发淮南民十余万开邗沟，自山阳至杨子入江。渠旁皆筑御道，树以柳，自长安至江都，置离宫四十余所。"但是，这些离宫在当时的史料中难见详细记录，仅在少量后世文人撰著和诗词作品中有所描绘，如《太平寰宇记·泗州·临淮县》中记载："都梁宫，周回二里，在县（临淮县，旧徐城县即古徐国也）西南十六里。大业元年炀帝立名，宫在都梁，东据林麓，西枕长淮，南望岩峰，北瞰城郭。其中宫殿三重，长廊周回。院之西又有七眼泉，涌合为一，流于东泉上，作流杯殿。又于宫西南造钓鱼台，临淮，高峰别造四望殿，其侧有曲河，以安龙舟大舸，枕向淮湄。紫带宫殿。至十年，为孟让贼于此置营，遂废。"又《太平御览·居处部·卷一》转载《寿春图经》曰："十宫，在县北五里长阜苑内，依林傍涧，疏迥跨屺，随地形置焉。并隋炀帝立也，曰归雁宫、回流宫、九里宫、松林宫、枫林宫、大雷宫、小雷宫、春草宫、九华宫、光汾宫，是曰十宫。"运河的修建，形成了俗称"隋堤"的独特园林景观。唐代诗人白居易《隋堤柳·悯亡国也》将隋炀帝开河植柳建宫的宏大景象与皇朝兴亡，用艺术的语言作了深刻的解析：

隋堤柳·悯亡国也

（新乐府）

唐·白居易

隋堤柳，岁久年深尽衰朽。风飘飘兮雨萧萧，三株两株汴河口。
老枝病叶愁杀人，曾经大业年中春。大业年中炀天子，种柳成行夹流水。
西自黄河东至淮，绿阴一千三百里。大业末年春暮月，柳色如烟絮如雪。
南幸江都恣佚游，应将此柳系龙舟。紫髯郎将护锦缆，青娥御史直迷楼。
海内财力此时竭，舟中歌笑何日休。上荒下困势不久，宗社之危如缀旒。
炀天子，自言福祚长无穷，岂知皇子封郐公。龙舟未过彭城阁，义旗已入长安宫。
萧墙祸生人事变，晏驾不得归秦中。土坟数尺何处葬，吴公台下多悲风。
二百年来汴河路，沙草和烟朝复暮。后王何以鉴前王，请看隋堤亡国树。

隋去唐来，太宗"封皇弟元婴为滕王"。李元婴于食邑今山东滕州大兴土木，筑"滕王阁"等宏大建筑（已被毁），因"骄纵逸游，动作失度"，被"迁苏州刺史""寻转洪州都督"，最后"从幸蜀"，其在滕州期间苦心孤诣营造的那些王宫华筑丽苑则因其名声不佳而销声匿迹[106]。这一时期的王家园林还有舞鹤台、明皇台等，《新唐书·卷十四·志第四·礼乐四》记载：唐高宗（李治）乾封元年（666年）封泰山，"乃诏立登封、降禅、朝觐之碑，名封祀坛曰舞鹤台，登封坛曰万岁台，降禅坛曰景云台，以纪瑞焉"。"明皇台，城东南三十里，上有寺，相传唐玄宗驻军处。"（《柘城县志》）。

（二）民间园林

隋唐时期徐地民间园林，一方面在六朝时期转向"崇丽""师造化""意境念"的基础上进一步脱去秦汉时期"壮观""粗犷"风格，走向"精致""秀美"，"天人合一"的精神享受成为园林的重要功能，普遍流行于文人士大夫圈子。如唐天宝十二年（公元754年）七月，东平〔唐（尧）虞（舜）夏商时期属徐州〕太守苏源明建"洄源亭"于"小洞庭"湖（现东平湖中聚义岛）上：

小洞庭洄源亭宴四郡太守诗

唐·苏源明

小洞庭兮牵方舟，风袅袅兮离平流。牵方舟兮小洞庭，云微微兮连绝陉。
层澜壮兮缅以没，重岩转兮超以忽。冯夷逝兮护轻桡，蛟龙行兮落增潮。
泊中湖兮澹而闲，并曲淑兮怅而还。适予手兮非予期，将解袂兮丛予思。
尚君子兮寿厥身，承明主兮忧斯人。

秋夜小洞庭离宴诗
唐·苏源明

浮涨湖兮莽迢遥，川后礼兮扈予樤。横增沃兮蓬仙延，川后福兮易予舷。

月澄凝兮明空波，星磊落兮耿秋河。夜既良兮酒且多，乐方作兮奈别何。

可见，兴会作诗，居亭叙旧，赏泊中美景，品东原佳肴，扬波抒怀，觞酒作歌成为士族园林的重要功能。

唐贞元（785—805年）年间徐泗濠节度使张建封宠姬"盼盼既死，燕子楼遂为官司所占，改作花园，为郡将游赏之地"《警世通·卷十·钱舍人提诗燕子楼言》，一百多年后的北宋苏轼《永遇乐·彭城夜宿燕子楼》写道："明月如霜，好风如水，清景无限。曲港跳鱼，圆荷泻露，寂寞无人见。紞如三鼓，铿然一叶，黯黯梦云惊断。夜茫茫，重寻无处，觉来小园行遍。"情因景而生，景与情交融，达到极高的水平。

另一方面，在历经三国魏晋南北朝的长期激烈动乱后，经隋到唐天下再次一统，使佛教和道教在唐代中期发展繁荣，具有更强的公共属性的寺观园林遍布古徐大地，今徐州市境内的延福寺、龙泉寺、玉皇庙、开元寺，枣庄市境内的青檀寺、龙泉塔，曲阜（市境内的）仲子庙（卫圣庙）、永胜寺、九龙山摩崖造像石刻，济宁市境内的莲台寺、北田寺、栖霞寺、超化寺、三皇庙、东岳庙、古南池、普照寺，泰安市境内的空杏寺，商丘市境内的灵台寺、木兰祠、微子祠、无忧寺、开元寺与《宋州八关斋会报德记》石幢、乾明寺、心闷寺、青铜寺、颜鲁公祠、孔子还乡祠、月老祠等寺观园林多始建于此时[107-109]。

灵台寺位于今商丘市梁园区周集乡，清·阙名撰、嘉庆重修的清史馆进呈抄本《大清一统志·归德府二·古迹·寺观》载："灵台寺，在商丘县城东灵台上，隋开皇二年（582年）建。"《商丘县志》记载："灵台寺在城东灵台之上，隋开皇二年（582年）建，唐长安二年（702年），女皇武则天拨银万两，扩建后的寺院占地285.5亩，殿堂楼阁金碧辉煌，蔚为壮观。至宋朝年间开始衰败，毁于元朝年间，明清时期均重修过。"而有关灵台的文字记载，最早见于《西京杂记·卷二·五九梁孝王宫囿》："梁孝王好营宫室苑囿之乐，作曜华宫，筑兔园。园上有百灵山，山有肤寸石、落猿岩、栖龙岫。又有雁池，池间有鹤洲凫渚。其诸宫观相连，延亘数十里，奇果异树，瑰禽怪兽毕备。王日与宫人宾客，弋钓其中。"《史记·三十世家·梁孝王世家》载："孝王，窦太后少子也，爱之，赏赐不可胜道。于是孝王筑东苑，方三百余里。广睢阳城七十里。大治宫室，为复道，自宫连属于平台三十余里。"

延福寺位于今徐州市区，唐·储嗣宗作有《晚眺徐州延福寺》诗，描写了延福寺的景色：

晚眺徐州延福寺
唐·储嗣宗

杉风振旅尘，晚景藉芳茵。片水明在野，万花深见人。

静依归鹤思，远惜旧山春。今日谁携手，寄坏吟白蘋。

龙泉寺、玉皇庙位于今新沂市堰头镇，清·李德溥修，方骏谟纂，清同治十三年刊本《宿迁县志卷第十五·古迹志》：龙泉寺，在堰头镇，唐时建；玉皇庙，在堰头镇，唐时建。清·吴锡麟《夜宿龙泉寺》：

夜宿龙泉寺
清·吴锡麟

新月一眉生，秋树万花眩；清艳不可名，薄暝弄奇变；仰眺翠微顶，云气出如练；
其下响流泉，溅沫急飞箭；清寒扑衣冷，抖擞入西殿；龛灯耿余明，照见古佛面；
幽梦落绳床，来途历重遍；习此岩壑佳，弥勒禽向美；坐欲松根依，宿比桑下恋。

木兰祠位于今商丘虞城木兰镇，明·黄钧纂修，明嘉靖二十三年刻本《归德志·建置志》载：孝烈将军庙营郭镇北，一名"木兰祠"，俗称小娘子庙。明知府石麟《重修汉孝烈将军庙碑记》：汉孝烈将军，唐时追封也。文帝时，建首功，载书史。且复见于汉之词，唐之歌，元之记焉。夫神之功，之孝，前既有作矣尚复何言？司马修史，既去其迹，班孟坚修书仍亦不传。所幸辞、歌、记俱存，类能道神耳目及见之迹；至其设心用意，忧深虑远，固皆未之言也。夫神之功可传也，史书固不传，神之心可明也，词歌既弗能明，千载之下不能使人无遗憾焉！

无忧寺塔位于今商丘市睢县，《睢州志》载："无忧寺在州南四十许，中有巨塔，相传为唐人所造。"始建于唐，宋复建，原为八角五级楼阁式砖塔，民国时被扒去两层，现存三级：第一级有拱券门，门上有小假窗，无门面饰有假窗；第二、三级有假窗，东面为假门；转角处为圆形擎檐柱；檐下有斗拱，用迭涩砖垒砌。檐上为反迭涩砖垒砌，翼角翘起，塔内梯形空心室，可盘旋布上，登高远眺。

开元寺与《宋州八关斋会报德记》石幢位于今商丘睢阳区，清·叶澐主编的清康熙四十四年刊本《商丘县志》载：开元寺在城南一里，唐名开元，宋名宝融，又名隆兴寺。唐天宝十四年（755年）发生"安史之乱"，乾元二年（759年）判将田神功率众将士归顺大唐，解除了睢阳之围，后被封为鸿胪寺卿，迁任徐州刺史，淄青节度使。宝

图3.4.1　无忧寺塔

图3.4.2　八关斋石幢

应元年（762年）九月，田神功再解睢阳之围。唐大历七年（772年），田神功"忽婴热疾，沈顿累旬"，睢阳州县官吏百姓为田神功举办"八关斋会"，为之祈福，时年六十四岁的颜真卿应邀而来，亲笔书丹《宋州八关斋会报德记》，之后，记文刻于八棱石幢，立置于寺中[110]。石幢高2.9m，八面，每面宽0.5m，"立石衮丈，而围几再寻。程材巨舁，八觚如砥，伟词逸翰，龙跃鸾翔"[111]。

仲子庙（卫圣庙）位于今微山湖北部东岸，始建于唐开元七年（719年）。仲子，名由，字子路（公元前542—480年），春秋末鲁国卞（今泗水县泉林）人。据《仲里志》记载：贺知章为任城（今山东济宁市中区）令时，见仲子第三十六代邕孙仲文流落乡野，深表慨叹，于是拨给一定数量的祭田，为之建庙，令仲文主祀事，此即为微山仲庙之始。后累经建筑，全胜是有牌坊、大门、御碑亭、泗渊井、中兴祠、闻喜堂、神厨、斋宿房、穿堂、两庑、卫圣殿、寝殿等建筑，主体建筑以卫圣殿为中心，分布于东西中轴线上，左右建筑作对称式配列，康熙、乾隆沿运河南巡，均登岸拜谒仲庙。清·曹一士作有《谒仲子庙》：

谒仲子庙
清·曹一士

仲氏遗村古，祠堂济水阴。结缨千载志，负米一生心。
斜日聊扪碣，清飙乍拂镡。车裘非我有，此义到于今。

栖霞寺位于今微山湖西岸鱼台县，依据是《大唐方舆县故栖霞寺讲堂佛钟经碑》（现存徐州博物馆），碑文记载："以仪凤四年岁次己卯四月庚戌朔八日丁巳毕功"，文中还提到了"天皇天后皇太子"，"天皇"是李治在位时的自称，"天后"是指武后。仪凤是唐高宗李治的年号，所以，仪凤四年（679年）可视为立碑的时间。方舆县即今山东鱼台县，是唐肃宗宝应初年之前的旧称。栖霞返照为古鱼台十景之一。清代鱼台县令马得祯《栖霞返照》：

栖霞返照
清·马得祯

吴越多名胜，幽栖亦鲁存。
鸣禽翻叶底，落日度云根。
积翠环僧舍，残红到寺门。
余晖泉石外，明灭变前村。

图3.4.3　九龙山摩崖石刻像

南池即王母阁，位于今济宁市城南，始建于唐代开元、天宝年间（713—756年），据《济宁直隶州志》记载："王母阁在南关外，周围皆水，一阜屹然中立……，取西望瑶池，东降王母之意，遂以名阁。"《济宁县志》记载："古南池在城南三里许小南门外，小南门即故城也。地周二三里许，内有王母阁，阁西南水中有晚凉亭，夏日荷花盛开时，清香袭人，而白莲尤胜，每有游人宴宴于是。旧有杜文公祠，祀李白、杜甫、贺知章三人。后从州人李毓恒议，并祀许主簿。"杜甫开元二十五年（737年）作有《与任城许主簿游南池》诗，可见盛唐时期，这里已是一方游观胜地。

与任城许主簿游南池
唐·杜甫

秋水通沟洫，城隅进小船。

晚凉看洗马，森木乱鸣蝉。

菱熟经时雨，蒲荒八月天。

晨朝降白露，遥忆旧青毡。

九龙山摩崖造像石刻位于今曲阜小雪办武家村九龙山中部山体的西南山坡上。石刻刻于盛唐，造像共有大小石佛洞龛6处。自南往北第一龛为卢舍那佛像，刻于唐天宝十五年（756年），第二龛雕菩萨立像一尊，第三龛雕菩萨一尊，第四龛雕文殊菩萨乘坐狮子之上，第五龛刻普贤菩萨乘坐白象之上，第六龛刻立佛一尊。九龙山摩崖造像石刻的凿刻方式，反映了中原北方地区佛教造像窟龛的发展演变过程。

普照寺位于今枣庄市峄城区，正史《宋史·本纪·卷二十四》记有"（建炎元年，1127年）冬十月……，庚午，次泗州，幸普照寺。"可见北宋时普照寺即已存在。明万历十一年（1583年）贾三近由南京光禄寺卿任上解职，在家闲居5年期间考察撰写《峄县志》，确定普照寺建于隋代，金大定年间扩建重修，至明万历年间达到最大规模，并在寺内留下题刻见图3.4.4。普照寺坐北朝南，寺门建在南边近河沿处，龙河绕寺而过，河水潺潺，水波清涟，芳草

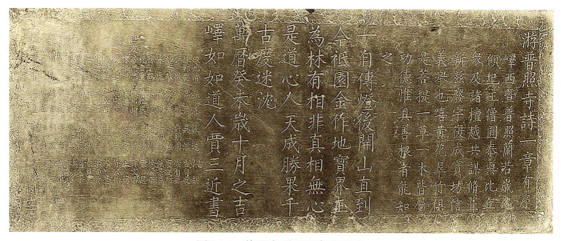

图3.4.4　普照寺贾三近真迹石碑

披岸，烟柳拂堤，风景颇美。檐门三间，四大天王守护两侧，院内五间大殿雄浑壮观，檐廊下四根雕刻着盘龙的石柱非常精美。殿内观世音佛像泰然安坐，十八罗汉姿态各异。大殿东侧为沧浪殿，供奉水神，西厢房三间，祭祀关公。院内外种植嘉木，森森古木掩映着殿宇庙堂。古槐枝杈遒劲，似乌龙探爪，松柏苍枝傲穹，尽显古刹雄风。

二、宋元时期园林

宋元时期，前后约四百年，是一个汉族统治与北方少数民族统治相互对峙、交替的时期，也是中国社会自秦汉经魏晋，再由唐及宋的"国家—门阀（贵族）—士庶（全社会）"的演变进程中，城市性质、结构由"筑城以卫君，造廓以守民"的行政型，向经济活动为城市化主要动力的"商贸娱乐型"的转向完成期。随着城市经济的进一步发展，市民阶层的不断壮大，在思想领域，这个时期的儒释道，在经历了两晋南北朝时期以及隋唐五代时期的两次大融合的基础上，完成了从外部形态到精神实质的相融相摄[112]。在文学上，完成了从唐诗的严谨、到宋词的自由浪漫、再到元曲的世俗的转换。在生活起居方式上，完成了由席地坐到垂足坐的转变，高型家具已广泛应用于社会的各个方面，并体现出更人文、更工艺、更科学的构创思想[113]。这个时期出现了一批与建筑和园林相关的著作，如李诫的《营造法式》，使建筑技术有了很大的提高，建筑造型精美且富于艺术变化，成为今天园林建筑技术上的典型[114]，作为南方与北方、汉族与少数民族剧烈碰撞、整合的古徐之地，这一时期虽然域内王（皇）家造园活动很少，但是民间士绅私自园、官署园林和宗教园林等走向成熟。

（一）绅贾、官署园林

古徐地宋元时期营造的民间绅士贾私园和官署园林，较著名的宋代有云龙山西麓张山人园、丰县东池凫鹥亭、曲阜义门东氏宅、萧县旧治东清心亭、金乡县城东张氏园亭、商丘古城南妙峰亭、商丘旧城内观光亭和望云亭、济宁嘉祥县清风亭，元代有曲阜城外聚芳园、砀山县城东心远亭、沛县飞云桥东南静安亭、邹县城西南静乐园、嘉祥县一寄亭、曲阜终吉园等。这个时期古徐地因为地处南北对峙地带，政区与治所变动频繁，衙署园林史料较少，主要集中在北宋时期。其中，建于元祐年间的有秀楚堂、明善堂，元丰年间的逍遥堂、照碧堂等。

1. 张山人园

张山人园因建园者"张山人"而得名。《徐州府志》记载[115]：张山人名天骥，字圣涂，1040年生。原居住云龙山下，后迁居云龙山北起第一节山岗西麓，建一小型山居，园中有花圃田宅，有井有亭，并驯养仙鹤二只，张山人爱好诗书，善于弹琴，"躬耕"垄亩，闲时则入山采药，秉性疏野恬淡，为时任知州苏东坡所赏识，并过从甚密，常去游园会友，元丰元年（1078年）十一月八日，苏东坡"时从宾佐僚吏往见山人""饮酒于斯亭而乐之"，并作《放鹤亭记》，对张山人园及所处的位置与景观描写如次：

放鹤亭记
宋·苏轼

熙宁十年秋，彭城大水。云龙山人张君之草堂，水及其半扉。明年春，水落，迁于故居之东，东山之麓。升高而望，得异境焉，作亭于其上。彭城之山，冈岭四合，隐然如大环，独缺其西一面，而山人之亭，适当其缺。春夏之交，草木际天；秋冬雪月，千里一色；风雨晦明之间，俯仰百变。

山人有二鹤，甚驯而善飞，旦则望西山之缺而放焉，纵其所如，或立于陂田，或翔于云表；暮则傃东山而归。故名之曰"放鹤亭"。

……

鹤飞去兮西山之缺，高翔而下览兮择所适。翻然敛翼，宛将集兮，忽何所见，矫然而复击。独终日于涧谷之间兮，啄苍苔而履白石。

……

之后，又多次游园访友：

游张山人园
宋·苏轼

壁间一轴烟萝子，盆里千枝锦被堆。惯与先生为酒伴，不嫌刺史亦颜开。
纤纤入麦黄花乱，飒飒催诗白雨来。闻道君家好井水，归轩乞得满瓶回。

访张山人得山中字二首
宋·苏轼

鱼龙随水落，猿鹤喜君还。旧隐丘墟外，新堂紫翠间。
野麋驯杖履，幽桂出榛菅。洒扫门前路，山公亦爱山。
（张故居为大水所坏，新卜此室故居之东。）
万木锁云龙，天留与戴公。路迷山向背，人在瀼西东。
荞麦余春雪，樱桃落晚风。入城都不记，归路醉眠中。

转任杭州后，两人仍有交往，字里行间，可见充溢着对张山人及张山人园极为亲密的感情：

次韵送张山人归彭城
宋·苏轼

羡君飘荡一虚舟，来作钱塘十日游。水洗禅心都眼净，山供诗笔总眉愁。
雪中乘兴真聊尔，春尽思归却罢休。何日五湖从范蠡，种鱼万尾橘千头。

2. 张氏园亭

金乡张氏园亭位于今金乡县城东春城埛堆北，北宋名园之一，张肃父子所造。张肃字穆之，太平兴国三年（978年）进士，"淳化中为监察御史，敢言事，以亮直闻，未四十而谢事家居，士论称其高"；肃子张畋"隐德不仕，喜饮酒，尤工为诗"；孙辈多"质直""慷慨气决，轻施重义。"往来园亭"多显人"，北宋"文学三豪①"之一的石延年（字石延年）为之作有《题张氏园亭诗》，《钦定四库全书·六艺之一录卷三百三十七》石延年诗帖条记云："如题张氏园亭，……，其地在邑东郭近秦城古寺，盖太宗时御史张公穆之别业园，诸子之所营也。"苏门四学士②之一的晁补之亦作有《金乡张氏重修园亭记》《跋石延年诗刻》。园亭所在地原为张氏良田，张氏"坏田而作此园，佳木异卉错置，竹万杆"；园内"亭馆连城敌谢家，四时园色斗明霞"；园外"蓊然秀色横野，其阳金梭岭，阴壑沟起伏异状，其外，莽苍无际，目极可喜"，直呼园主"得此而忘仕宦"。参政知事张方平更是发出了"自是主人能好客，不妨日日杖藜游"的感叹。

金乡张氏园亭
宋·石延年

亭馆连城敌谢家，四时园色斗明霞。窗迎西渭封侯竹，地接东陵隐士瓜。

乐意相关禽对语，生香不断树交花。纵游会约无留事，醉待参横月落斜。

可见张氏园中亭馆与城相连，几乎与东晋谢安家别墅相匹敌。"连城"二字为实写，可见张氏园林占地之广，馆亭之雄伟壮观。第二句则转笔写园中景色，余下则是具体写张园。石延年以小窗所见，借用"渭川千亩竹，此其人与千户侯等"之典，"东陵侯召平种瓜"之事，在写张园大的同时，含而不露地暗示园主人的富有和清高。"乐意相关禽对语，生香不断树交花"两句是宋人传颂的名句，向为后人所激赏。大观二年（1108年），张肃之曾孙张大方在重修张园时，除了重建先春亭外，又特地崎立"乐意"和"生香"两亭，并将石诗铭于石上，以纪念石延年尝醉于张园。

数百年后，清人张柏恒途经张氏园亭，作《过张氏园亭》，在标题下特地加注"石曼卿题诗"。诗曰：

过张氏园亭
清·张柏恒

亭榭依依架短垣，名园景色淡烟痕。已无修竹横拦径，犹爱垂柳深掩门。

好友遗文传旧迹，歆宾地主尚仍孙。典型不逐沧桑变，七百余年有旧村。

在张柏恒看来，此时的张氏园亭，在历尽沧桑后，虽"已无修竹横拦径"，但因有石延年等人的"遗文"在传诵，张氏"旧迹"在士人的心中便不会消失。

3. 妙峰亭与幸山

妙峰亭位于今商丘古城南三里，宋留守王胜之建。元丰八年（1085年）二月，苏轼游览南

---

① 北宋文学家石介以石延年之诗、欧阳修之文、杜默之歌称为"三豪"。
② 北宋时期，出自大文学家苏轼之门的诗人黄庭坚、秦观、张耒、晁补之，被称为苏门四学士。

都名胜，泛舟南湖，登幸山览妙峰亭为之题榜，并作《南都妙峰亭》《和胜之二首》《渔父四首》，与应天府知府兼南京留守王胜之唱和。

南都妙峰亭
宋·苏轼

千寻挂云阙，十顷含风湾。开门弄清泚，照见双铜钚。
池台半禾黍，桃李余榛菅。无人肯回首，日暮车班班。
史君非世人，心与古佛闲。时邀声利客，来洗尘埃颜。
新亭在东阜，飞宇临通闤。古甃磨翠壁，霜林散烟鬟。
孤云抱商丘，芳草连杏山。俯仰尽法界，逍遥寄人寰。
亭亭妙高峰，了了蓬艾间。五老压彭蠡，三峰照潼关。
均为拳石小，配此一挑慳。烦公为标指，免使勤跻攀。

明嘉靖《归德志》云："吾宋为豫州之域，其在境内者，土壤平夷，无山可表，而冈阜之高起者则皆山之谓也。胡可遗也志之。"从诗句中可以看出，风景秀美的杏山，高高耸立在阏伯台附近，其上有妙峰亭，其下有"十顷含风湾"和新亭。诗人站在"古甃磨翠壁"的妙峰亭上，举目四望，美景尽收，心似闲云，流连忘返。

除苏轼外，苏辙、秦观等也都曾登山览胜、写景赋情：

题南都留守妙峰亭
宋·苏辙

我登妙峰亭，欲访德云师。春阳被原野，潍浍含流澌。
未复桃李色，稍增松桂姿。子子东来樯，舟舟将安之。
万物委天运，此身免奔驰。怅然怀旧游，一丘覆茅茨。
清泠久沮洳，文雅空颓隳。提携二三子，醉倒春风吹。
不见妙峰处，安知德云期。南迁久忘反，有获空白知。
归来览新构，恍然发深思。远行极南海，此地初不移。
酌我一斗酒，尽公终日嬉。德云非公欤，相对欲无词。

南京妙峰亭
宋·秦观

王公厌承明，出守南宫钥。结构得崇岳，岿然瞰清洛。
是时谪仙人，发轫自庐霍。郊原春鸟鸣，来此动豪酌。
报投一何富，玉桉金刀错。新牓揭中楹，千载见远托。
揭来访陈迹，物色属摇落。人烟隔凫雁，田畴带城郭。
红蕖陨风漪，砂砾卷飞铎。青青陵上姿，独汝森自若。

人生如博弈，得丧难前约。金锤初控颐，已复东方作。
大明升中天，龙鸾入阶阁。深惩渔夺弊，法令一刊削。
斯民如解悬，喜气郁磅礴。公乎数登览，行矣翔寥廓。

南都新亭行寄王子发
宋·秦观

洛水泛泛天上动，道人隋渠下梁宋。宋都堤上十二亭，一一飞惊若鸾凤。
光华远继周王雅，宴喜还归鲁侯颂。玉觞严令肃衣冠，金缕哀音绕梁栋。
娟娟残月照波翻，习习暖风吃鸟哢。何处高帆落文鹢，谁家骏马嘶征鞚。
柳枝芳草恨连天，暮雨朝云同昨梦。借问亭名制者谁，留守王公才望重。
胸中云梦吞八九，日解千牛节皆中。祥符相公实曾祖，庭列三槐多伯仲。
承明厌直出荆州，转守此都行大用。此都去天才尺五，交广荆扬归引控。
兔园事迹化黄埃，清泠文雅堪长恸。舳舻衔尾车挂轙，昨日出迎今日送。
送故迎新无已时，古往今来相戏弄。亭下欹崎淮海客，末路逢公诗酒共。
一樽明日难重持，岂恤官期后芒种。今年气候颇云早，夭矫梅花春欲纵。
行见亭中祖帐开，千乘送公归法从。

《宋史·本纪·卷二十四》记载：1127年，宋高宗赵构"（夏四月）癸未，至应天府。……权吏部尚书王时雍等奉乘舆服御至，群臣劝进者益众，命有司筑坛府门之左。""五月庚寅朔，登坛受命，……，遥谢二帝，即位于府治。改元建炎。"成为南宋第一位皇帝。"杏山"更名为"幸山"，一字之差，更彰显了一种文化。《归德志》载："幸山，南关外，旧传宋高宗即位之所，后人尊之以为山也……所谓山者，疑即坛也，基址犹存，今建观音堂于上。"又载："幸山，……俗讹为杏山，睢阳八景题曰'杏山春意'。"值得特别注意的是，在这里，"杏山"成了"俗讹为"。言外之意，只有"幸山"才是正名。

以现今的概念看，幸山及其周围是一亭台林立的风景名胜区，有亭台楼阁遍布上下。如前所述，赵构南京登基之前，幸山之上，就有妙峰亭，幸山之东有新亭。明嘉靖《归德志》载："新亭有十二，王胜之建，在城外堤上。"清康熙四十四年《商丘县志》卷三《古迹》说："妙峰亭：在旧城内，宋留守王胜之建，苏轼题榜。又有新亭十二，皆胜之建。又有观光亭、望云亭，亦俱在旧城内。" 站在这些亭榭之上，欣赏着东西二湖的水澄似镜、波泛如潮，心旷神怡，"陟高台而环望，悟神意之自如；临绿水而暂止，疑放旷于江湖"。当年赵构在幸山筑坛登基即皇帝位，也许就是看中了这一胜景之地。到了明嘉靖年间，在赵构登基所筑之坛上，又建了观音堂。回望历史，幸山，确是商丘古城周围的一处极为壮观的园林[116]。

4. 逍遥堂

逍遥堂位于徐州府治后。《徐州府志》记载：在府治后。苏轼与弟辙尝宿此，各有诗。苏轼建逍遥堂作为住所，与弟苏辙同宿，以诗文唱和，留下千古佳话。到清道光时，《道光旧志》：宋苏轼建，在府治内，久圮。苏公自书额，无存。后清知州孔毓珣重建，亦圮。至康熙52年知州姜焯把逍遥堂原址改为"来鹤轩"草堂；乾隆年间知府邵大业复建了逍遥堂，知府、知州皆居逍遥堂。光绪十八年圮，知府桂中行再次重建。逍遥堂后旁是花木扶苏的花园，从现存资料看，花园北部有大厅和草亭各一座，园内假山环绕着有水池，水池岸边有乔木、藤木、花灌木若干。花园东一墙之隔有苏姑慕及小凉亭[117]。

5. 照碧堂

照碧堂原建于宋南京（商丘）城墙上。应天府知府兼南京留守曾肇（江西南丰人）于元祐六年（1091年）在南京城上复建一座城楼，名曰照碧堂，临南湖以观美色。清康熙《商丘县志·古迹》载："照碧堂：宋建于南都城上，以临南湖，晁无咎有记。"在照碧堂建成后的第四年即绍圣二年（1095年）"苏门四学士"之一的晁补之游览照碧堂并作记曰："城南有湖五里，前此作堂城上以临之，岁久且圮。而今龙图阁学士南丰曾公之以待制留守也，始新而大之。盖成于元祐六年九月癸卯。"并描绘了登临照碧堂极目览胜的情形："拊槛极目，天垂野尽，意若遐骛太空者。花明草薰，百物媚妩，湖光弥漫，飞射堂栋。长夏畏日，坐见风雨，自堤而来。水波纷纭，柳摇而荷靡。鸥鸟尽舞，客顾而嬉，翛然不能去。"抒发了"人之感于物者同，而所以感者异"的情怀，并赞颂了曾肇"乐与人同"的高尚品德。

6. 其他著名亭园

清心亭。嘉庆《萧县志》记载："在旧治东，宋嘉祐六年，县令梅建，曾巩为《记》。"曾巩，"唐宋八大家"之一，其《清心亭记》曰："嘉祐六年，尚书虞部员外郎梅君为徐之萧县。改作其治所之东亭。以为燕息之所，而名之曰清心之亭。……。今梅君之为是亭，曰不敢以为游观之美，盖所以推本为治之意，而且将清心于此，其所存者，亦可谓能知其要矣。乃为之记，而道予之所闻者焉。"作者借物言志，分析了如何做到虚心和斋心，然后分析了虚心、斋心的作用，由此得出其对修其身、治其国家天下的价值，步步推进，思路清晰。

凫鹥亭。《大明一统志·徐州直隶州》记载：凫鹥亭在丰县东池上，宋治平年间时任知县关景仁建[仁宗嘉祐四年（1059年）进士，英宗治平二年（1065年）知丰县]的一处游宴之所。关景仁作有《凫鹥亭》诗："古有凫鹥诗，喜物游太平。今见凫鹥亭。夜安洲渚栖，书无罗风惊。群嬉固俦匹，适意相飞鸣。春风藻荇稠，夜雨波澜清。特以王泽深，遂此微物生。飞甍枕榛台，缭绕寒芜城。府目瞰清泚，日羡凫鹥情。自惟县令暇，朝夕亲编氓。土瘠民半馁，役频民少宁。嗟尔多蹙迫，岂与凫鹥并。我心徒尔嗟，奈何存典刑。尔劳悯以恕，匀重移之轻。庶几皆有乐，共戴君聪明。民安令亦暇，临流解尘缨。座岁可归去，白发南山耕。"关景仁同科进士、神宗时累官同知谏院的胡宗愈（1029—1094年）亦为之作《凫鹥亭》，诗曰："君为凫鹥亭，更作凫鹥诗。凫鹥为鸟虽甚微，君心仁爱乃在兹。不忍壮者弋其母，儿童捕其儿，凫鹥母子何嬉嬉。城头草静烟云迷，城下水暖菰蒲低。凫鹥朝傍云烟飞，倦来暮入菰蒲栖。寄巢生子冬复夏，巢稳子大无人知。我思入境观君为，坐见三异于今时。知君官久行亦归，亭上引满伤别离。岂惟丰人惜君去，虽我亦为凫鹥悲。"

聚芳园。乾隆《曲阜县志》记载：聚芳园，在旧县治西北，筑于元孔克钦。楷柏参天，修竹数亩。在古鲁城南，大沂水之北有浮香亭。杨奂《东游阙里记》载："北涉云水，由竹径登浮香亭。亭以梅得名。少北，一石穴，茶泉也，亦竹溪。"《阙里新志》记载：该园"在旧县城内西北隅，元世袭县令孔元用所筑，在其第之西，传之数代。有古树老柏，修竹数顷，名花异卉，聚四方之珍，过鲁宾客，多馆其中。金大定十年进士、官至翰林学士承旨的党怀英《聚芳园记》中记曰："今虽亭树羌废，而刻碑犹可读也。""

心远亭。乾隆《砀山县志》记载：在城东里许，元邑人成简卿所筑，集贤学士虞集《赋砀山成简卿心远亭》曰："作亭临河河水浑，草树绕屋啼乌闻。梦回枕上彭城雨，目送檐间芒砀云。归来黄菊有佳色，坐老青山无垢氛。但愿樽中尝得酒，曲阿莫问旧参军。国朝郭浩诗：孤亭如笠倚晴曛，地僻唯应鸥鸟群。千载有心谁共远，风流长忆旧参军。"

（二）寺观宗祠园林

寺观园林包括佛寺园林和道观园林，以经营内部庭院的绿化以及与外围自然风景相结合而经营的园林化环境为主。宋（金）元时期，古徐地因南北政权的剧烈争夺，社会动荡，广大民众追求心灵的安抚与寄托，寺观园林得到空前发展，成为了数量最大的一个园林类型，详见表3.4.1。

表3.4.1 古徐地宋元时期兴建的寺观园林[115, 118-122]

序号	名称	位置	时间	记录文献
1	帝喾庙	商丘城南	宋·开宝六年	康熙《商丘县志》
2	崇胜寺	枣庄峄县城西门外	宋·开宝	光绪《峄县志》
3	兴国寺	睢县旧城内	宋·太平兴国	弘治《睢州志》
4	显庆寺	萧县里仁乡	宋·咸平元年	嘉庆《萧县志》
5	周公庙	曲阜城北门内东侧	宋·大中祥符六年	乾隆《曲阜县志》
6	孟庙	曲阜旧城南门外	宋·景祐四年	乾隆《曲阜县志》
7	金陵山庙	枣庄峄县南金陵山	宋·庆历四年	光绪《峄县志》
8	中山寺	蒙阴县东	宋·元丰	宣统《蒙阴县志》
9	福圣院	嘉祥县	宋·元祐四年	光绪《嘉祥县志》
10	洪福禅院	徐州城北	宋·崇宁初	《徐州府志》
11	石佛寺	萧县乐善乡	宋·开皇八年	嘉庆《萧县志》
12	兴国寺	鱼台县西	宋·靖康三年	民国《济宁直隶州续志》
13	忠烈庙	铜山县	宋·建炎中	《徐州府志》
14	龙兴禅院	徐州宝峰山	宋代	《徐州府志》
15	圣泉寺	安徽萧县	北宋	《徐州府志》
16	龙寿寺	萧县都仁乡	金·皇统元年1141	嘉庆《萧县志》
17	白土寺	萧县都仁乡	金·大定元年	嘉庆《萧县志》
18	崇福寺	丰县城西北	金·大定元年	《徐州府志》
19	英会寺	沛县留城	金·大定三年	民国《沛县志》
20	大云禅院	嘉祥县东门外萌山	金·大定三年	民国《济宁直隶州续志》
21	英会寺	沛县留城	金·大定三年	《徐州府志》
22	普照寺	萧县都仁乡	金·大定四年	嘉庆《萧县志》
23	开皇寺	萧县孝义乡	金·大定四年	嘉庆《萧县志》
24	新兴寺	萧县乐善乡	金·大定四年	嘉庆《萧县志》
25	灵光寺	萧县都仁乡	金·大定四年	嘉庆《萧县志》

(续)

序号	名称	位置	时间	记录文献
26	广福禅院	沛县东北高村	金·大定五年	民国《沛县志》
27	慈胜寺	夏邑县治南隅	金·大定六年	嘉靖《夏邑县志》
28	福寿寺	萧县乐善乡	金·大定七年	嘉庆《萧县志》
29	寿圣寺	萧县旧城	金·大定中	嘉庆《萧县志》
30	勘沟寺	萧县都仁乡	金·贞祐元年1224	嘉庆《萧县志》
31	神清观	嘉祥县南则山东麓	元·中统五年	民国《济宁直隶州续志》
32	神霄观	嘉祥县萧氏山前	元·中统四年	光绪《嘉祥县志》
33	龙泉观	蒙阴县西南	元·至元初	宣统《蒙阴县志》
34	文庙	州治东南	元·至元十一年	光绪《宿州志》
35	成阳寺	萧县都仁乡	元·至元二十三年	嘉庆《萧县志》
36	子思子庙	曲阜城内	元·元贞中	乾隆《曲阜县志》
37	大圣寺塔	商丘夏邑	元·大德元年	出土古塔，刻文
38	玉皇庙	鱼台县东北	元·大德中	民国《济宁直隶州续志》
39	寿圣寺	宿迁县旧治南	元·大德四年	《徐州府志》
40	阏伯庙	商丘之巅	元·大德	康熙《商丘县志》
41	长寿寺	鱼台县东凤凰山	元·皇庆中	民国《济宁直隶州续志》
42	关尉神庙	铜山县吕梁洪	元·皇庆	明正统《徐州志》《徐州府志》
43	曲福寺	蒙阴县东北	元·延祐五年	宣统《蒙阴县志》
44	龙泉庵	宿迁县三仙洞	元·延祐	《徐州府志》
45	福胜寺	丰县城西南	元·至正三年	《徐州府志》
46	三司庙	沛县	元·至正三年	民国《沛县志》
47	五眼泉寺	萧县都仁乡	元·至正四年	嘉庆《萧县志》
48	洞真观	丰县城堤外东北隅	元·至正六年	《徐州府志》
49	三洞寺	铜山六乡一图	元·至正六年	《徐州府志》
50	七佛寺	铜山五乡金陵集	元·至正初	《徐州府志》
51	天门寺	萧县东南山谷中	元·至正中	嘉庆《萧县志》
52	清凉寺	邳州宿羊山	元·至正中	《邳州志》
53	朝阳寺	萧县乐善乡	元·至正	嘉庆《萧县志》
54	洪神庙	铜山县百步洪	元代	《徐州府志》
55	伊尹庙	商丘虞城县西南	元代	康熙《商丘县志》
56	城隍庙	灵璧县治东北	元代	《灵璧县志》
57	通仙观	嘉祥县马氏村	元代	光绪《嘉祥县志》
58	三皇庙	枣庄峄县城东	元代	光绪《峄县志》

这个时期，随着《朱子家礼》的提出与传播，祭祀先祖的宗祠（家族祠堂）、祭祀英杰名人的"先贤祠""忠烈祠"以及祭祀神灵的"神祠"等祠堂体系的完善，宗祠园林（又称祠庙园林）也进入新发展阶段，详见表3.4.2。

表3.4.2 古徐地宋元时期兴建的祠庙园林

序号	名称	位置	时间	记录文献
1	帝喾庙	商丘城南四十五里	宋·开宝六年	康熙《商丘县志》
2	兴国寺	商丘旧城西门内	宋·太平兴国	《睢县志》
3	宝相寺	汶上县城西北隅	初建于南北朝，宋·咸平重建并改名	文物考古
4	景灵宫	曲阜寿丘	宋·大中祥符五年	《宋史·真宗本纪》

（续）

序号	名称	位置	时间	记录文献
5	鸿庆宫	商丘城西南隅	宋·大中祥符七年	康熙《商丘县志》
6	东坡祠	徐州城东门	宋·元丰元年	《徐州府志》
7	思圣堂	汶上县衙后堂之西	宋·元祐三年	明《汶上县志》
8	匡丞相祠	枣庄峄县	宋·宣和	光绪《峄县志》
9	圣女祠	铜山下洪一带	北宋	明正统《徐州志》
10	孟子祠	曲阜县城东北	北宋	乾隆《曲阜县志》
11	徐州文庙	徐州城东南隅	宋代	《徐州园林志》
12	圣泉寺	萧县泉山	金·明昌二年	《徐州府志》
13	大圣寺石塔	夏邑李集镇张庄村	元·大德元年	出土文物
14	亚圣祠	萧县西南	元·大德初	嘉庆《萧县志》
15	关尉神庙	吕梁洪	元·皇庆间建	《徐州府志》
16	岳鄂王祠	萧县东南	元·至正八年	嘉庆《萧县志》
17	归德府文庙	商丘古城内	元初	乾隆《归德府志》
18	徐州洪神庙	彭城百步洪	元·郡守重建	《徐州府志》

帝喾庙寺故址在商丘城南。康熙《商丘县志》记载：在城南四十五里，帝喾陵之杨。宋开宝六年建，元大历时修。明正统七年知州顾琳重修，庙前东廊下有井，土人遇旱取水祷雨多应称为灵井，相传井本有四，今存其一。

兴国寺故址在商丘旧城西门内。宋太平兴国年间建，三水怀抱，一经才通，古寺花木幽静，士人往往读书于此，也是睢州百姓的祈福宝地。知州胡范有咏兴国寺诗："旧城西去有禅宫，面面清流宛在中。正好睹棋还斗酒，何妨抹月更披风。苍藤盖瓦山烟碧，白鹭临波晓雾空。是处光景收画里，薄书可拨著诗翁。"

宝相寺位于汶上县城西北隅。原名昭空寺，从现存的北魏、东魏、北齐的石刻佛像推断，初建于南北朝时期，宋咸平五年（1002年）重建，改称宝相寺。寺中现仅存佛塔一座，俗称"黄金塔"，塔高41.5m，为8角13层楼阁式砖塔，底层东、西、南各一券门佛龛，原有佛像。北面券门洞通塔内，有螺旋式台阶达于塔顶。塔刹呈现葫芦状，上置三股钢叉，覆以黄色琉璃瓦，金光耀目，精工细作，古朴典雅，造型优美而雄伟。1994年4月24日（农历3月15日）维修佛塔时，与塔宫内发现佛牙、舍利等文物141件，并由石匣铭文得之太子灵踪塔。

景灵宫遗址位于曲阜市东少昊陵前。《宋史·真宗本纪》载：大中祥符五年闰十月（1012年），建景灵宫太极观于寿丘。《重修景灵宫碑》记载："鲁为禹贡兖州之境，有岗隆起于曲阜县城之东北曰寿丘者，相传为黄帝所生之地。"宋代开国后，认为轩辕黄帝为其始祖，于是宋真宗大中祥符五年（1012年）闰十月，"诏曲阜县更名为仙源县，徙县治于寿丘"，开始兴修著名的景灵宫，"祠轩辕黄帝，曰'圣祖'，又建太极宫，祠其配，曰'圣祖母'"，"越四年而宫成，总千三百二十楹"，并且"琢玉为像，龛于中殿，以表尊严"，"岁时朝献，如太庙仪"。后又多次重修，可惜此建筑毁于元代一场火灾。宋无《景灵宫》诗："孟月祠原庙，都人忆故宫。当年驾幸处，乔木鸟呼风。"

鸿庆宫位于商丘城北。康熙《商丘县志》记载：鸿庆宫旧在应天府城北，俗称北宫，宋之原庙也。真宗大中祥符七年（1014年），以应天府为南京，以圣祖殿为鸿庆宫。奉太祖太宗像侍于圣祖之侧，名神御殿又名三圣殿，故址在城西南隅。

思圣堂又名过化祠，在原汶上县衙后堂之西（今县城西北部）。明·栗可仕，王命新《汶上县志（万历复印本）》记载："宋元祐三年（1088年），邑宰周师中，构堂于公宇之西，而名之曰'思圣'，是能求孔子之意而行其政者。"元至元年间，汶上令尹王居敬"笃志兴举，既作思圣堂、杏坛厅于县治"。大德八年（1304年），知县孙善乡重修。元·杨奂《东游记》："自西而东行六十里，宿汶上县刘令之客厅。汶上，古之中都也。鲁定公九年，先圣宰此，今县署之思圣堂也。"[123]

圣泉寺又名龙泉禅院，位于萧县南泉山。《徐州府志》记载：在圣泉山阴，金明昌二年（1191年宋绍熙二年）建。寺有古槐。可溯源于北宋年间萧县富人窦明远（墩礼）所建"拱翠堂"。窦明远曾请晁补之作记《拱翠堂记》，又请陈师道赋诗《拱翠堂》。《拱翠堂记》云："萧之南稍东五里曰泉山，泉山之势，南峙而北屏。""始益筑圃疏沼，为亭为庵，而面势作堂，临泉之上，尽山之胜，以其四达而望皆山也，则以'拱翠'名之，曰：'虽然，不能尽也。'"[124]陈师道《拱翠亭》曰："千年茅竹蔽幽奇，一日堂成四海知。便有文公来作记，尚须吾辈与题诗。至人但有经行处，宝盖仍存朽老枝。能事向来非促迫，经年安得便嫌迟。"诗中所云"至人"据任渊注可能指苏轼。据说，苏轼到拱翠堂游玩，趁兴作画《枯木竹石图》。[125]金明昌二年（1191年）改为"龙泉禅院"，始为佛教寺院。明初改称圣泉寺。明·李三才有《题圣泉寺诗》："清泉折入梵王家，门外高低踏软沙。日暖风前闲补衲，不知身上落松花。"

徐州文庙见诸文献记载最早的为宋代建造，位于州城东南隅，北宋诗人陈师道曾为州学教授。《续资治通鉴·宋纪·宋纪八十》载："（元祐二年（辽大安三年）四月）乙巳，以布衣彭城陈师道为徐州教授。师道受业于曾巩，博学，善为文。熙宁中，王氏《经义》盛行，师道心非其说，绝意进取。至是以苏轼、傅尧俞、孙觉荐授是职，寻又用梁焘荐为太学博士。"元至正十二年（1352年）占据徐州，"（中书右丞相）脱脱请自行讨之，……大兵四集，亟攻之，贼不能支，城破，芝麻李遁去。遂屠其城。"（《元史·列传·卷二十五》），位于城南隅的文庙亦毁于战火。之后多次迁建，今戏马台存有明宣德八年（1433年）的"徐州重建儒学记"、云龙山送晖亭内有清代状元李蟠撰写的"徐州文庙碑记"、第二中学内的原文庙大成门内嵌有张伯英书清康熙年间的"迁建文庙碑记"。

大圣寺塔出土于夏邑县城北约13km李集镇张庄村东，2001年元月当地群众在取土时发现。塔上刻有"归德府夏邑县长仁乡纪村大圣院""宏教大师僧判之塔"以及立塔人大圣院位持明监大师等十多个僧人名字及立塔时间"大德元年（1297年）十月初一日立""石匠张林，石宽"等铭文共计68字。石塔高度240cm，全部以青石雕凿砌迭而成，为单层石结构塔，塔基为双层顷弥座，束腰为八角形，雕有莲花等各种图案，座上有三层石雕仰莲承托塔身，塔身为鼓形，上有六角飞檐塔顶。

关尉神庙位于徐州吕梁洪，《徐州府志》记载：在吕梁上洪，祀汉关侯、唐鄂国公尉迟敬德，元皇庆间建。元赵孟頫《吕梁洪关尉庙碑记》："神有所依凭则灵，载于有国之典；人得通祀者，惟山川之神与古圣贤之祠。山川则能藏天地精气，古圣贤则有功德于民，有以圣贤兼主山川之祠，则向往加多，享祀亦加数焉！徐州之水，合于吕梁而入于淮，近世乃兼受河之下流。……。有庙在洪之西壖，所祀二神：一为汉寿亭侯关公，公事汉昭烈，尝为徐州牧；一为唐鄂国公尉迟恭。相传二公治水吕梁，徐州盖有二公之遗迹。……。神依于人，英威凛然。千载不泯，祷祀益虔。作庙拒涯，允壮且丽。碑铭我词，以告来世。"明代袁桷在《徐州吕梁神庙碑》中记其见闻曰："余宦京师，过今吕梁者焉，春水盛壮，湍石弥漫，不复辨左回右激。舟樯林立，击鼓集壮稚，循崖侧足，负缏相进挽。又募习水者，专刺棹水。涸则岩毕露，流沫悬水，转为回渊，束为飞泉，顷刻不谨，败露立见。故凡舟至是必祷于神"。

归德府文庙位于商丘古城内明伦堂东。孔子周游列国后回到祖籍宋国时，曾在此讲学，后人为纪念孔子，就在此修建了文庙。归德府文庙始建于元初，历代均在原址上重建。归德府文庙与国内其他文庙布局不同的是，学堂建在大成殿右侧，形成了左殿右学的独特建筑格局。

洪神庙故址位于徐州百步洪，始建年代为元以前。《徐州府志》记载：在百步洪上，旧有庙，称灵源宏济王，或称金龙四大王，凡舟踰洪必祷焉。元郡守赵克明重建，明成化七年主事郭升重建。元傅汝砺《徐州洪神庙碑记》："中原河山形胜，彭城为最。河源出昆仑，万里西来。宣房水之灵府，神明实主之，吞泾纳渭，历砥柱而东，狂澜冲突，缠纬畿甸，变迁无定。由汴渠故道掠彭门，而与泗汶通，其势弥盛。郡城东南，双洪对峙，奔流砰湃，汇为涛渊。……。庙亦草创，岁久摧圮。郡侯赵克明与其僚属慎乃庶绩，整其隘陋，倡率资助，醵钱"为五百万缗，创建殿廊，焕然一新。夫天一生水，善利万物，民所以取材用也。"

三、明清时期园林

明清时期，古徐地占据着连接北方政治中心和南方经济中心的枢纽地位。由于总体的社会稳定和漕运经济的推动，区域经济文化再度繁荣起来，明代徐州段运河北出济宁，南下江淮，经留城、过境山、越茶城、穿秦洪、出吕梁、下邳州，直奔淮安清口，全长500余里，大体上由山东济宁到江苏淮安，为沟通南北经济的主要通道，明正统《彭城志》载："徐居南北水陆之要，三洪之险闻于天下。及太宗文皇帝建行在于北京，凡江淮以来之贡赋及四夷之物上于京者，悉由于此，千艘万舸，昼夜罔息"。朝鲜人崔溥在其著作《漂海录》中更是称："江以北，若扬州、淮安，及淮河以北，若徐州、济宁、临清，繁华丰阜，无异江南"。[126]清代前、中期同样有大量商船经过徐州段运河，主管漕运的官员漕运总督长驻淮安，《明史·卷七十九·食货志》记载："直隶、山东、河南、江南、江西、浙江、湖广等文武官员经理漕务者，皆属管辖。"[127]南北大量长距离的商品交流，促进了运河沿线大批市镇的兴起与繁荣，也推动造园之风达到鼎盛，衙署坊表林立，官邸花园连甍，富商园墅栉比，寺观园林、书院园林不穷，据《南巡盛典名胜图录》《徐州园林志》《济宁直隶州志（道光版）》《萧县志（嘉庆版）》等文献资料统计，具备"山、水、建筑、植物"园林构成四大要素的园林即达到116处，其中，皇家园林14处，绅贾园林73处，寺观园林6处，书院园林8处，公共与官署园林14处。但是，道光四年（1824年）淮河决于高家堰后，黄河北徙，运河涸竭，漕运不通，海运又起，徐地的水运枢纽地位至此大半丧失，特别是黄河水灾及其带来的大量泥沙，对黄泛区城镇的毁灭，大量园林毁于一旦。

（一）皇家园林

与隋唐两朝类似，明清时期古徐地的王家园林主要是清朝皇帝"下江南"和祭孔所建离宫，计有14处，特别是清康熙、乾隆二帝的行宫，数量多、规格高，详见表3.4.3。

表3.4.3 明清时期皇家园林统计表[109,121,128-129]

序号	名称	位置	朝代	记录文献
1	孔府孔庙	山东曲阜	明、清重拓广	南巡盛典名胜图录、鲁地园林研究
2	泉林行宫	泗水县东25km处	清康熙二十三年	南巡盛典名胜图录
3	古泮池行宫	曲阜城之东南隅	清乾隆二十一年	南巡盛典名胜图录
4	马陵山行宫	新沂市马陵山大营顶	清乾隆十七年	南巡盛典名胜
5	云龙山乾隆行宫	徐州云龙山一节山北坡	清乾隆二十二年	徐州园林志
6	顺河集行宫	宿迁运河东，遥堤旁	清乾隆二十五年	清代行宫园林选址考析
7	郯子花园行宫	郯城县外0.5km左右	清乾隆二十七年	南巡盛典名胜图录
8	万松山行宫	费县东北5km处	清乾隆二十九年	南巡盛典名胜图录
9	问官里行宫	沂州府，郯城县	清乾四十五隆年	清代行宫园林选址考析
10	柳泉行宫	铜山县东北凤凰山麓	清乾隆四十八年	南巡盛典名胜、天章
11	徐州府行宫	徐州府北门	清	清代行宫园林选址考析
12	岱顶行宫	泰山顶	清	南巡盛典名胜图录
13	四贤祠行宫	泰安县西南魏家庄	清	南巡盛典名胜图录
14	中水行宫	泗水县北六里中水村	清	清代行宫园林选址考析
15	泰安府行宫	泰安府	清	清代行宫园林选址考析
16	注经台行宫	平邑县	清	清代行宫园林选址考析

孔府孔庙位于今曲阜市中心，孔庙始建于鲁哀公十七年（前478年）。公元前195年11月，汉高祖刘邦自淮南还京，经过阙里，以太牢祭祀孔子，开皇帝亲祭孔子之始后，孔庙受重视，汉一代，庙宇虽经多次整修，但仍以宅为庙。之后，历代不断有毁建。明孝宗弘治十二年（1499年）孔庙遭雷击，大成殿等120余楹建筑化为灰烬。弘治十六年（1503年），明孝宗敕旨大修阙里孔庙和衍圣公府，孔庙布局发生了巨大的变化，达到它的全盛时期。东侧的孔府于明洪武十年（1377年）始建。明嘉靖年间，为保卫孔庙孔府，皇帝下令迁移曲阜县城，移城卫庙，使孔府孔庙居于城中。清朝时期对孔庙和孔府的修建达到中国封建社会的高峰，形成现今的规模。现存的建筑群绝大部分是明、清两代完成的，孔庙前后九进庭院，左右对称，布局严谨，前有棂星门、圣时门、弘道门、大中门、同文门、奎文阁、十三御碑亭，从大圣门起，建筑分成三路：中路为大成门、杏坛、大成殿、寝殿、圣迹殿及两庑，分别是祭祀孔子以及先儒、先贤的场所；东路为崇圣门、诗礼堂、故井、鲁壁、崇圣词、家庙等，多是祭祀孔子上五代祖先的地方；西路为启圣门、金丝堂、启圣王殿、寝殿等建筑，是祭祀孔子父母的地方。孔府有前厅、中居和后园之分。前厅为官衙，分大堂、二堂和三堂，是衍圣公处理公务的场所。中居即内宅和后花园，是衍圣公及其眷属活动的地方。最后一进是花园，又名铁山园，假山、

池水、竹林、石岛、曲桥、花坞、亭台、水榭、花厅、香坛、客厅等一一俱全。

云龙山乾隆行宫位于徐州云龙山一节山北坡山腰,《徐州园林志》载:"云龙山行宫,始建于乾隆二十二年(1757年),是清乾隆皇帝南巡在徐州食宿休息和从事政治活动的临时场所,清末大多已毁,仅存大殿和东西配房各三楹。《清实录乾隆朝实录·卷之六百五十八》:"是日,驻跸云龙山行宫。翼日如之。"乾隆对行宫的选址十分满意,还亲笔题写了"名园依绿水,野竹上青霄""户外一秀峰,阶前众壑深"的楹联。《南巡盛典》的"名胜图"描绘了乾隆行宫的全貌,从中可以看到,行宫的规模很大,以行宫的大殿为中心,分三路进院落。中路院为行宫院,共五进,在行宫的东南角有龙王庙,庙内有双亭,植松柏。行宫西南角有花园、凉亭、曲桥。院子中心位置砌有花坛,内植佳木,摆放奇石。行宫周围怪石嶙峋,古树参天,野区浓厚。乾隆行宫体现了皇家园林的豪华气派,规范有序,屋顶覆黄色琉璃瓦而金碧辉煌,显现出皇权至上的威仪。

古泮池行宫原址为汉景帝程姬子鲁恭王所造灵光殿建筑群的一部分(详见本章第二节),清高宗乾隆帝九次驻跸阙里,曾著文赋诗以证泮池之址及其名。当时的衍圣公臣孔昭焕在古泮池旧址改建行宫,后又在乾隆三十五年(1770年)重修。据乾隆甲午新修圣化堂藏版《曲阜县志》:乾隆二十一年,天威远震,伊里荡平,圣驾东巡,献功泮沼。今衍圣公臣孔昭焕白于署抚白钟山,因其旧址改建行宫……,于庚寅秋月,敬同委员重修大宫门一座,门外南北朝房,内为南北门,正北为二宫门、北垂花门、东西便门、北耳房,门又北为寝宫,宫后为宝楼;楼后有大照房东西配房,皆立游廊。二宫门南为便殿,旁为军机房。东宫大宫门一座,内为二宫门,门旁有直房,北垂花门,又北为寝宫,宫后照房,西北直房,皆有游廊。西宫大宫门一座,内为二宫门,门旁有直房,北垂花门,又北为寝宫,宫后照房,西配房,北直房。宫外清茶膳房、车辇房。皆环池,池中有石山洞,洞前四明亭,亭南六角亭,西水心亭。恭安御制诗碑。平桥三,万字桥一。四周栏杆九十六丈又奇,周垣共长一百七十三丈一只,广二十丈。池清可鉴,中植青莲,傍绕名花芳树,游鱼鸣鸟,上下跃飞,老槐古柏,翠幽参天,皆千余年物,弥性优游,盖亦一卷阿也。后泮池行宫渐日久荒芜,光绪二十四年,西人觊觎其地,欲立耶稣教堂,邑侯孙国桢、衍圣公孔令贻商诸绅董,于池之北岸建筑文昌词以对。民国十二年孔繁洁劝募重修,于池之中央驻亭一座,仍名曰四明亭,其北文昌祠,明德中学设附属小学于此,二十三年改为分校。"

柳泉行宫位于铜山区柳泉镇,前身是张氏别业。据《同治府志》载:"凤凰山下有黄巇,旧为张氏别业,极水木亭馆之胜。"所谓巇者,山涧、沟壑也,有水称涧,无水称巇。凤凰山北有张村,张氏别业即当时张姓人所建。既能"极水木亭馆之胜",说明就在湖边。《南巡盛典·卷六十七·名胜》载:"柳泉在铜山县东北境,今凤凰山麓颇近之。其地环以连山,潄以曲渚,远可挹云龙之苍翠,近可瞩盘马之嵯峨,诚彭城佳境也。历次皇上南巡,皆由韩庄登岸,是以此地未设行宫。乾隆癸卯岁,督臣奏请圣驾自万年仓就陆,至徐州阅视河工,较为径捷。于适中之黄巇恭建殿庑数重,以供清憩。"所谓的"黄巇"应当是凤凰山麓的一处高爽平坦之地。据乾隆帝的敕谕,该行宫正式进奉为"柳泉行宫"的时间,是乾隆四十八年(1783年)八月初八日。次年春夏之交,即乾隆四十九年第六次南巡的归途中,闰三月二十八日在万年仓大营登陆，南下巡视徐州城。"是日，驻跸柳泉行宫，翼日如之。"既驻跸，御制《柳泉诗》一首曰：

> 登陆至徐州，长途逾百里。大吏欲节劳，中途行馆起。
> 此番重南巡，禁工作有旨。诸凡命依旧，新营只此耳。
> 然亦有轩堂，有山复有水。信宿之所费，中人十弗止。
> 遐忆汉文言，惟增忿而已。

此诗前四句说明了柳泉行宫的修建原因，即地理因素"长途逾百里"，及地方大员对皇帝体力照顾的原因"大吏欲节劳"，接着介绍了此番南巡，曾下旨禁修行宫，只有该处行宫是唯一的新建。"然亦有轩堂，有山复有水"一句，说明皇帝对行宫的布局构造还是比较满意的。后四句反用汉文帝禁修露台的典故，表达自己心中的惭愧之情，从另一个侧面也反映了柳泉行宫的雄伟气势。乾隆帝从徐州祭河神归来，又御制了《柳泉行宫八景》组诗（《南巡盛典·卷二十三·天章》《乾隆御制诗集·第五集·卷八》）：

春霭堂（其一）
昨朝甫到颇无暇，今日言旋适有闲。
游目拈毫咏诸景，一堂春霭接卿班。
（自注：是堂为行宫前殿，驻跸批折，向军机大臣发防，及宣召地方大吏，咨询政务之后，方一游目诸景也。）

怡神室（其二）
朴楹五架额怡神，宵养于斯契静因。
曰静于斯能静否，片时念及万方民。

知依斋（其三）
所其无逸在知依，行馆幽闲首夏时。
亲切民情盈跸路，足衣食否为思之。

水乐庭（其四）
东阳未至杭才至，水乐于斯又听声，
谩拟苏诗举再三，世间何事匪虚名？
（自注：东阳、杭州均有水乐洞，东阳非跸途所经，杭郡水乐洞则甫在杭州经临题咏）

鸣翠亭（其五）
翠流于目鸣闻耳，目色由来即耳声。
悟得色声本无著，翠今何不可为鸣？

含漪馆（其六）
澄镜溶溶绕砌墀，防风不动亦含漪。
设如画舫相比拟，若水民情亦可思。

俯绿墅（其七）
柳泉名以因多柳，绕墅更多泉水披。
一绿虽然分上下，巧防联接有长丝。

漾影桥（其八）
月样横桥镜样溪，假山断续接长隄。
俯防影漾团圆处，七宝广寒中觅题。

七十多年后，柳泉行宫圮毁于咸丰时期的战乱同，光绪三十四年（1908年）修建津浦铁路，再将行宫旧址隔成东西两段，当地的居民不断地围湖造田使行宫湖也早已难见踪迹，但是乾隆帝留下的御制诗文及《江南名胜百图》《道光县志》收录的柳泉行宫画卷，为我们保留了行宫的大体轮廓。

马陵山行宫位于新沂城南的马陵山北麓大营顶，行宫不大，有五进院落，殿堂三十七间，内有宜园，行宫毁于清末战火。根据《南巡盛典》记载，乾隆帝经新沂南巡线路是从马陵古道（马陵山北段，今郯城县境内），经红花埠走马陵山南段（今新沂市境内），过宿迁南下。乾隆帝六度南巡都是这条线路。马陵山的北段还有郯子花园行宫、南端还有皂河龙王庙行宫，乾隆帝在南巡中三次登上马陵山，留下龙台胜迹，并写下了"第一江山""钟吾漫道才拳石，早具江山秀几分。""第一江山春好处，秀丽山河发藻新。"的诗句，形象地赞美了马陵山的秀丽。

泉林行宫位于泗水县东25km处，《南巡盛典名胜图录》载："康熙二十三年，圣祖仁皇帝临幸于此，御制记文，勒之碑石。前监臣于御碑亭后，恭建行殿。我皇上浏览其间，锡宜嘉名，曰：'近圣居''在川处''镜澜榭''横云馆''九曲彴''柳烟坡''古荫堂''红雨亭'，号为八景，各赋宸章，绳武绍休，后先辉映，山川有灵，亦胥悦遭逢之幸矣。"

万松山行宫位于费县东北5km处，《南巡盛典名胜图录》载："按《齐乘》云：蒙山前阳口山有玉皇观，老子故宫也。又按《费县志》：阳口山，近祊城山之北，浚水出焉。今万松山即阳口山也。蔚然耸峙，苍柏成林，祊、浚两河夹绕南北。二十九年，前抚臣恭构行殿，敬备驻跸。"

（二）绅贾园林

明清时期古徐地绅贾园林大多为宅园，随着漕运经济效益的昌盛，社会长治久安，大量南方富商云集，南北文化再度在此共繁荣，园林主人可以尽情将自己的审美情趣体现在园林修造之中，因此各个园林彼此之间很少雷同，而是各有千秋，个性鲜明，彼此之间的面积差异也十分悬殊，如黎园有一百余亩，西园五十余亩，剑园则"广不逾亩"，宾仙馆亦"地仅弹丸"。园林选址上，山野地渐少，城市地渐多，且在城内外某些地段存在诸多园林集聚的现象，呈现出组群式布局态势。如山阳县河下（今淮安新城之西）一镇就聚焦了70座园林[130]，再如清代中期济宁城，在城外东郊较小的空间之内聚集了张园、临溪草堂、避尘园、董园、王园、仙园、刘园、刘园、杨园等9处园林，在城内东北隅聚集了集玉园、闲园、大隐园、拙园、芫园、宾旸园等6处园林。它们地域相连，形成一定规模的城市绿区[131]。由于大多数园林的用地局促，大多以小尺度、小空间取胜，"或以宏整名，或以曲折著，甚且翦茅编竹，逸趣萧疏，以视齐云落星之华、金谷玉津之巨丽，相悬几相霄壤。"（《山阳河下园亭记》）。居住空间与园林空间内外连贯，彼此融透，灵活多变，在寄情于林泉之乐、竹石之好的同时，少了些鲜活野趣，多了一些人工雕琢，"藉园以借声誉"显示其眼界才情、财富实力，将筑园当作社交的舞台。这一时期有名的绅贾园林及主要特征详见表3.4.4。

表3.4.4 明清时期绅贾园林统计表[107, 109, 117, 122, 132-134]

朝代	名称	位置	记录文献	主要特点
明嘉靖	西关别墅	曲阜	鲁地园林研究	大半为池
明天启	燕忆楼园（余家花园）	徐州	徐州园林志	三路三进，中院建筑居中，东西各一花园
明	颜氏乐圃	曲阜	鲁地园林研究	古槐大数围，石池广半亩，池北为亭，池南为山，古藤虬枝，宏敞东轩
明	芫园	曲阜	鲁地园林研究	园皆茅屋，翠柏参天
明	大庄花园	曲阜	鲁地园林研究	八角亭、莲池、假山奇石
明	集玉园	济宁	道光《济宁直隶州志》	一松虬如张盖，一石层峦叠嶂，井泉芳洌以
明	闲园	济宁	道光《济宁直隶州志》	
明	大隐园	济宁	道光《济宁直隶州志》	高柳长榆，垂阴里许
明	芫园	济宁	道光《济宁直隶州志》	杂植竹木，筑土为山，结亭其上
明	宾旸园	济宁	道光《济宁直隶州志》	
明	西园	济宁	道光《济宁直隶州志》	北负城，西襟堞，前抱泮宫，
明	适园	济宁	道光《济宁直隶州志》	长松夹道，修竹荫庭
明	元隐园	济宁	道光《济宁直隶州志》	古槐一株，大可荫亩
明	因园	济宁	道光《济宁直隶州志》	佳梅
明	竹园	济宁		
明	潘园	济宁	道光《济宁直隶州志》	有亭有榭有池有梁，门外渟滢曲折
明	文园	济宁	道光《济宁直隶州志》	老树挐空，古藤蟠结
明	宋园	济宁	道光《济宁直隶州志》	多富贵气，牡丹尤盛
明	李园	济宁	道光《济宁直隶州志》	饶松柏，文官果，春深花茂，珠缀璧连
明	孙园	济宁		
明	负郭园	济宁	道光《济宁直隶州志》	洸水之曲，圹然亭、揽秀楼、倚月桥、泉石
明	王园（王湘所建）	济宁	道光《济宁直隶州志》	多竹、多松柏，银杏一株摩霄负汉
明	朱园	济宁	道光《济宁直隶州志》	桃李成蹊，一望如簇锦叠霞
明	张园	济宁	道光《济宁直隶州志》	园中一石俨如恒岳
明	避尘园	济宁	道光《济宁直隶州志》	钓台、石塘、溪桥、水榭、觞渠、砚泉、鹤汀、庐陂、柳堤、花径诸盛
明	董园（不窥园）	济宁	道光《济宁直隶州志》	浣笔泉下注成渠，一松可荫亩，
明	王园	济宁	道光《济宁直隶州志》	诸花开放亦肥腻异常

(续)

朝代	名称	位置	记录文献	主要特点
明	仙园	济宁	道光《济宁直隶州志》	有五粒松，天矫离奇可爱
明	刘园	济宁	道光《济宁直隶州志》	滨汶水，古木参天
明	杨园	济宁	道光《济宁直隶州志》	名花杂，牡丹至以亩量
明	仲蔚园	济宁	道光《济宁直隶州志》	奇英异卉，不惮千里致之
明	于园	济宁	道光《济宁直隶州志》	园之左右双河环带
明	陈园	济宁	道光《济宁直隶州志》	秋水时至，宛在中央
明	白园	济宁	道光《济宁直隶州志》	湖光潋滟，烟雨苍茫，借景武城九十九峰
明	李园（李多才建）	济宁	道光《济宁直隶州志》	登楼西眺，湖光如练
明	徐园	济宁	道光《济宁直隶州志》	一，仅如掌大，犹太华之一峰也；一，回廊曲舍，婉转而入，闭门可当深山
明	赵园	济宁	道光《济宁直隶州志》	乔木苍藤不啻，甘棠蔽芾
明	李园	济宁	道光《济宁直隶州志》	善种竹与蜡梅
明	黄园	济宁	道光《济宁直隶州志》	垂杨下，拂水际，春风掩映
明	宾仙馆	济宁	道光《济宁直隶州志》	地弹丸，花木盛，构草亭
明	藏园	济宁	道光《济宁直隶州志》	一堂一亭，不甚曲折，名花杂植，世外桃源
明	郑园（承运草堂）	济宁	道光《济宁直隶州志》	名花异果罗致，亦极茂盛
明	也园	济宁	道光《济宁直隶州志》	树木森攒苍郁，一河游龙飞练，台上草亭，旁则槐树参天，春时花开烂漫，夏月荷香扑鼻
明	意园	济宁	道光《济宁直隶州志》	有池有山
明	北潘园	济宁	道光《济宁直隶州志》	有桥有池，古木参天，门外亭浤洋溢钜观
明	潇洒园	济宁	道光《济宁直隶州志》	多植松柏，竹石名花无所不有
明	君子轩	济宁	道光《济宁直隶州志》	其南跌为小台，种竹二三。北甃小池一沟横称合，荷叶圆叠兼老嫩出池，尺许交翠可人。
明	袁家山	睢县	商丘地区传统园林研究	船形建筑群，依山环水，四围林树，高耸岩壑，水木清华，景逾濯锦。
清康熙	状元府	徐州	徐州园林志	东北角和西北角为花园，厅、堂、楼、阁、厢房一应具有
清康熙	石家花园	邳州	徐州园林志	集南北之名花，汇乔灌之大成
清嘉庆	伴村园	商丘	商丘地区传统园林研究	纵情优游山村野趣
清道光	盛果山庄	曲阜	不详	
清同治	潜园	徐州	徐州园林志	似隐非隐，可潜
清光绪	洇园	济宁	民国济宁直隶州志	山则巍然而峓，溪则潆然而纡曲，亭则翼然而高敞，漱石枕流，名花异卉，连卷俪佹崔错发斂
清光绪	怡怡园	商丘	商丘地区传统园林研究	船厅，扶芳藤
清初	馨悦轩园（翰林府）	徐州	徐州园林志	奇花异草、湖石盆景，每个院落都植有花木，以石榴、青竹、梅、桂花为主，并将园林建筑引入宅院，如垂花门、月
清初	伴云亭园（翟家花园）	徐州	徐州园林志	鸳鸯楼，贝叶池，小亭云篆，更怪石，庭边幽蠹
清中	贴园	徐州	徐州园林志	曲水花池、山上高阁、假山亭廊为主要景观
清	郑谷园（郑家大院）	徐州	徐州园林志	古银杏，游廊与主房和厢房组成四合院，借山势之落差，曲径通幽，富有变化
清	皋鹤草堂	徐州戏马台南坡	徐州园林志	
清	铁山园	曲阜	鲁地园林研究	布局仿紫禁城御花园，"五柏抱槐" 形欲化虬龙

（续）

朝代	名称	位置	记录文献	主要特点
清	夏宅花园	济宁	济宁运河文化	
清	吕宅花园	济宁	济宁运河文化	
清	郑氏庄园	济宁	明清民国时期运河城市济宁的园林绿地系统	
清	西陂别墅	睢阳区	商丘地区传统园林研究	渌波村、芰梁、放鸭亭、松庵、钓家、纬萧草堂
清	陈家大院	睢阳区	商丘地区传统园林研究	四纵相通，四横相连，五门相照的四合院落
清	候氏故居	睢阳区	商丘地区传统园林研究	建筑为主，辅以景观绿化，偶有叠山理水
清	临漪园	睢州	商丘地区传统园林研究	荷沼、篔簹谷、至山亭、拂云栈、把翠山房、蒲涧、卧虹、澄碧堂、依渌轩、柳岸、钓台、湛溪等富有诗情画意
清	穆氏四合院	睢阳区	商丘地区传统园林研究	
清	孙家大院	永城城关镇	商丘地区传统园林研究	
清	任家大院	虞城	商丘地区传统园林研究	
清	李园	睢县	商丘地区传统园林研究	平泉无恙，修竹万竿，三径应嗤陶令荒。荏苒风尘少快日
清末明初	红榆山庄	徐州	徐州园林志	

除上表所列外，尚有山阳河下70园，详见方志出版社2006年出版的民国时期王光伯原辑，程景伟增订，荀德麟等点校的《淮安河下志》。

这一时期绅贾园林还有一个特点，就是部分富商豪门在筑园时加入安防功能。如明末清初时富甲一方的嵫山望族郑氏在清嘉庆年间所建的（嵫山）郑氏庄园，围墙高6.6米，墙上有了望孔和枪眼。庄园院内有房屋三百余间，不仅规模壮观，雄居乡野，而且建筑布局按八卦图设计，盗贼进入，往往迷路遭擒。"洪福寺，赛北京，郑老妖坐朝廷。前殿堂来后宫院，内外三道紫禁城。五朝门前拴大马，半夜有人来打更。粮成山来银成山，郑氏庄园道道关。"[135]

（三）公共园林

明清时期，具有共享属性的公共园林建筑、官署园林、书院园林、宗寺园林等公共园林得到进一步发展。综合《鲁地园林研究》《徐州园林志》《淮安河下志》《运河沿线的书院文化》[136]《清民国时期运河城市济宁的园林绿地系统》等文献和研究成果，新建于这一时期较著名的公共园林建筑有奎山塔、试衣亭、送晖亭、半山亭、观澜亭、裕泉亭、孔子观道亭、憩郑亭、涌云亭、虚谷堂、会墨堂等；官署园林有道台衙门花园、徐州府衙花园等；书院园林有养正书院、吕梁书院河清书院、云龙书院、醴泉山书院、聚奎书院、文昌宫、东坡祠等；寺观宗祠园林有留候庙、大士岩（观音堂）、月岩寺、蜀山寺、文庙、吴道人庵等。

1. 公共园林建筑

奎山塔建于明万历年间，因山得名。塔八面七级，顶树相轮式塔刹。址周三十围，塔体青砖垒砌，塔高十五丈，每层四门，门门相错。塔北门上方有石匾，书曰："回峰挺秀"。塔体第二层以上每层砖砌叠涩出浅腰檐，由雕饰砖逐皮叠涩砌法挑出，檐口、椽头、挑角、瓦脊等雕饰做法规范整齐，格式严谨。塔的腰檐外挑窄而短小，造型玲珑，风格别致，现在尚能从老照片上看其大略。塔顶刹柱立挺，重重相轮叠累。《徐州园林志》载韩维张《九日登奎山》诗曰："一峰高入白云乡，与客登临对夕阳。片片轻鸥没远水，斑斑细菊傲繁霜。"在历史上被誉为"江北第一塔"。图3.4.5为民国时期的奎山塔照片，其时塔顶已损毁。

图3.4.5　民国时期的奎山塔

孔子观道亭、会墨堂建于明嘉靖年间，位于吕梁凤冠山，为纪念"孔子观洪"《庄子·外篇·达生》记载："孔子观于吕梁，县（通悬）水三十仞，流沫四十里，鼋鼍鱼鳖之所不能游也。" 孔子在此看着飞逝的流水，留下了"逝者如斯夫。不舍昼夜"的千古名句。明嘉靖十四年（公元1535年），徐州吕梁洪工部分司员外郎张镗有感于此，遂在凤冠山上修建孔子观道亭。

虚谷堂、憩郑亭均位于萧县。其中虚谷堂建于明嘉靖年间，嘉庆版《萧县志》载："《旧志》：在旧县东郊。明隆庆三年，知县唐文华建，为士人送别祖饯之所，垂柳万条，攀折殆无虚日。" 憩郑亭建于明隆庆年间，（嘉庆）《萧县志》载："《旧志》：在旧县东郊。明隆庆三年，知县唐文华建，为士人送别祖饯之所，垂柳万条，攀折殆无虚日。"

试衣亭、送晖亭建于清康熙年间，云龙山一节山西坡。亭名皆出自苏轼《送蜀人张师厚赴殿试》诗："云龙山下试春衣，放鹤亭前送落晖。一色杏花三十里，新郎君去马如飞。"二亭每逢庙会期间，有钱人家占作看戏的包厢。

半山亭建于清康熙年间，位于云龙山一节山西坡。《徐州园林志》载："半山亭是清代徐州知州姜焯所建，因亭建在半山腰处而得名。乾隆四十六年将其改建成戏楼。"

涌云亭位于萧县，建于清顺治年间，（嘉庆）《萧县志》载："《旧志》：在旧县东郊。明隆庆三年，知县唐文华建，为士人送别祖饯之所，垂柳万条，攀折殆无虚日。"

2. 府衙园林

徐州府衙花园建于明初，《徐州园林志》载："府衙内有霸王楼、逍遥堂、花园、姑苏墓。霸王楼明代在府衙北端故宫旧址上重建，成了知州、知府的衙门。逍遥堂在府衙东部，后面是花木扶疏的花园，花园北部有大厅和草亭各一座，园内假山环绕着有水池，水池岸边有乔木、藤木、花灌木若干。花园东一墙之隔有苏谷墓及小凉亭。"

道台衙门花园始建于明朝，从清同治《徐州府志·徐海道署图》（图3.4.6）可见，整个道台衙门布局分成三路三进，中轴线上有大门、二门、大堂、二堂、三堂、后楼和左右配房。东侧为办公的禀事厅、巡务科房、河务科房及茶房、厨房，西侧为花园、喜雨轩等，两院端头有更棚。花园南北分三个小园，南园为荷塘，池旁植柳、槐、梧桐；中园为"石仓书屋"。园内摆放石桌、石凳、植梧桐、枫、槐、榆、青竹等；北园为"喜雨轩"，院内中心位置摆放假山奇石，轩前轩后种植枫树、槐树、芭蕉、青竹。是道台官员们休闲之处。

3. 书院园林

具有学校性质的书院是唐末五代时期出现的一种文化教育组织，它不同于私塾，也与官学有别，是在私家聚书藏书的基础上产生并发展起来的。运河与书院文化有近千年的交融，据研究，唐末以来在运河沿线上的书院总数多达777座[136]。作为儒家思想发源地，运河之腰部地带，到明清时期，书院园林在儒家思想的渗透熏陶下逐渐成型的，映射出儒家审美思想。仅以徐州府8个明清时期新建的书院园林（表3.4.8）为例，相地选址除河清书院位于府东门外，其他都位于远离尘俗之喧扰、山明水秀、风景秀丽、环境清幽的胜地，体现了儒家调亲近自然、融于自然"天人合一"的自然观，并假之以山水之气势，借之以山水之意境，在郁郁苍苍、意蕴深远的山水之中，启示学生对山水精神的深刻感悟，激发学生

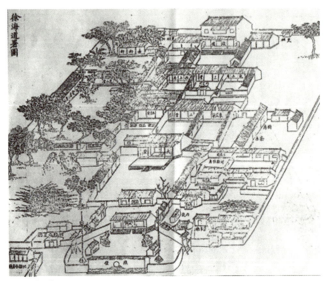

图3.4.6　徐海道置图（引自清同治本《徐州府志》）

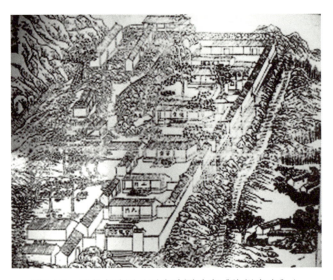

图3.4.7　云龙书院图（引自清同治本《徐州府志》）

表3.4.8　明清时期书院园林统计表

序号	园名	朝代	位置	记录文献
2	养正书院	明	吕梁	《徐州府志》[127]
3	吕梁书院	明	吕梁	《徐州府志》
4	河清书院	明	府东门	《徐州府志》
1	云龙书院	清康熙	云龙山一节山西麓	《徐州园林志》
5	醴泉山书院	清康熙	吕梁	《徐州府志》
8	聚奎书院	清康熙	戏马台	《徐州府志》
6	文昌宫	清嘉靖	戏马台	《徐州府志》
7	东坡祠	清万历	三义庙东南	《徐州府志》

对于高洁品质的不断追求。空间层次和建筑格局上，采用中轴对称、纵深多进的院落空间布局，将山门、讲堂、藏书楼、祭祀殿堂等主要建筑布置于中轴线上；将斋舍、祠堂等次要建筑设于轴线两侧，用以突出上下主次的秩序，彰明"礼乐复合"的道德观念和均衡中和之美，以立体的空间展现出儒家中庸思想。图3.4.7是清同治本《徐州府志》[118]徐州云龙书院图，坐落于云龙山西麓，始建于清康熙六十年（1721年），雍正十三年（1735年）徐州知府李根云改建为云龙书院。从图可以看出，书院内有讲堂、文昌阁、宜福堂、紫翠轩、四贤祠、三官庙、望湖亭、可廊等园林建筑。园林植物方面，儒家将美好的自然之物用来比喻、象征君子的德行的审美观念，形成了书院园林的植物特色，松、竹、梅、兰、菊在书院园林中得到广泛的应用。银杏、杏树、桂花也是书院园林经常运用的植物，银杏寓意学子满天下，杏树象征着"杏坛讲学"，桂花寄托着学子"蟾宫折桂"的美好愿望。

4. 寺庙宗祠园林

明清时期仍寺宙园林选址以清幽的山地为主，如建于明初的蜀山寺位于大运河东岸的蜀山上，建于明宣德年间留候庙选址子房山上，建于清代的大士岩位于徐州云龙山一节山西麓，建于清宣统年间的吴道人庵位于襏负山西北侧与西神霄山相交的青天峪源头。寺宙园林完全将自身融于自然风景中，而且寺内实现了园林化，"郁郁黄花无非般若，青青翠竹皆是法身""处处皆有七宝池，八功德水弥满其中。……多福众生常乐受用"，建筑与植物、山水作为佛教精神境界外化载体，具备了完整的生态文化特征。如留候庙据冯世雍《子房祠诗》云："青峦截列彭城东，山腰高搆幽人宫。赤松黄石谩尘土，云裳月殿空玲珑。桃花片片野桥雨，杨柳依依山寺风……"；朱彝尊《谒张子房祠水龙吟词》："遗庙彭城旧里，有苍苔，断碑横地。千盘驿路，满山枫叶，一弯河水。沧海人归，圮桥石眢，古墙空闭……"，徐渊《登子房山》云庙园内景："壁留古时苔，落叶声策策。孤桐拂清霄，老柏阴幽石。"蜀山寺"寺院内翠竹亭立，柳暗花明，曲径迂回，鸟唱蝉鸣。寺院内主建筑为三大殿堂：圣母殿、释迦牟尼殿、宗鲁堂。"吴道人庵"如现在有迹可循的吴道人庵位于襏负山西北侧，处于同西神霄山相交的青天峪源头。清宣统年间（1909—1911年）道人于义咸依崖筑庵。崖底有古洞，为吴道人修真处，故名吴道人庵。上为玉皇殿，西有清泉，南临深涧，如今殿基、残碑尚存，松柏掩映，古楸遮庇。"

第五节　徐派园林的新生

历史的车轮驶入20世纪后半叶，特别是进入21世纪后，人类在历经了高速工业化对生态环境的破坏威胁后，对各个领域的发展模式产生怀疑并开展研究，推动人类社会进入了生态文明新纪元。在这一大背景下，徐派园林亦从"壶中天地"走向"绿色公共空间"和"绿地系统"[141-142]。

一、新时代的园林

随着时代的发展，园林的功能也从原来的"小众"观赏、怡情扩展到"大众"观赏、游憩、娱乐，进行体育锻炼、科普教育以及举行各种集体文化活动的场所，成为城市生态系统、城市景观和城市开敞（开放）空间的重要组成部分。

（一）环境功能

1. 美化城市景观

现代城市充斥着各种建筑物，给人们的精神带来极大的压力。园林是城市中最具自然特性的场所，是城市的绿色软质景观，它和城市的其他建筑等灰色硬质景观形成鲜明的对比，使城市景观得以软化。在措施得当的前提下，可以重新组织构建城市的景观，组合文化、历史的要素，使城市重新焕发活力，在美化城市景观、创造城市标志中具有举足轻重的地位。

2. 改善城市生态环境

园林是城市绿地系统的主体，是城市中动植物资源最为丰富的生态斑块，在防止水土流失、滞尘、防尘、净化空气、降低辐射、杀菌、防噪、降噪、防风引风、缓解热岛效应、调节小气候、吸收有毒、有害气体、降低城市空气污染以及保护城市生物多样性，改善城市生态环境、居住环境等方面都起着积极、有效的作用。

（二）社会功能

1. 休息游憩

园林是城市的起居空间，作为城市居民的主要休闲游憩场所，其活动空间、活动设施为城市居民提供了大量户外活动的可能性，承担着满足城市居民休闲游憩活动需求。这也是园林的最主要、最直接的功能。

2. 美育与文化意义

园林从诞生开始就被赋予了美学和文化的意义。传统的、现代的文化艺术的各种流派，或多或少地都能在园林中找到它们的踪迹。园林融生态、科学、文化和艺术为一体，容纳着城市居民的大量户外活动，能更好地促进人类身心健康，陶冶人们的情操，提高人们的文化艺术修养水平、社会行为道德水平和综合素质水平，全面提高人民的生活质量。

3. 防灾减灾

现代园林具有大面积公共活动空间，在城市的防火、防灾、避难等方面具有很大的保安功能，可作为地震发生时的避难地、火灾时的隔火带、救援直升机的降落场、救灾物资的集散地、救灾人员的驻扎地及临时医护所在地、灾民的临时住所等。尤其是处于地震带上的城市，防灾避难的功能格外重要。

二、城市公园

城市公园是当代园林最重要的表现载体与形式。

徐州刚解放时市区仅遗有一个快哉亭公园。1955年开始建设贾汪煤矿文化宫（夏桥公园），1957年开始建设余窑文化休息公园（今云龙公园），1960年开始建设淮海战役烈士陵园，1976年开始建设南郊公园（今彭祖园），1978年开始建设奎山公园，1980年代开始云龙湖风景名胜区建设，进入21世纪后，以"园林城市""生态园林城市"为目标，进行城市空间梳理，建成了一大批内涵丰富的综合公园和风格各异的街头游园，见图3.5.1、表3.5.1。

图3.5.1　徐州市城市建成区公园服务半径分析图（2014年）

表3.5.1 徐州市区公园结构 （2015）

区域	合计		综合公园		专类公园		社区公园		带状公园		街旁绿地	
	数量（个）	面积（hm^2）	数量（个）	面积（hm^2）	数量（个）	面积（hm^2）	数量（个）	面积（hm^2）	数量（个）	面积（hm^2）	数量（个）	面积（hm^2）
合计	177	2673.05	23	894.1	17	1256.81	66	106.35	24	316.46	47	99.33
鼓楼区	48	399.25	7	142.85	5	127.77	15	35.6	5	59.47	16	33.56
泉山区	49	1285.67	7	293.34	5	879.62	21	30.32	5	62.07	11	20.32
云龙区	38	592.04	3	297.32	6	152.12	15	32.95	7	93.13	7	16.52
铜山区	27	120.58	3	56.31			13	23.7	4	32.93	7	7.64
贾汪区	15	275.51	3	104.28	1	73.6	2	7.48	3	68.86	6	21.29

到2015年，市区共建成各类公园177个，其中，综合公园23个，专类公园17个，社区公园66个，带状公园24个，街头绿地47个。五类公园协调发展，满足了居民不同需求[137-138]。

公园建设按照"生态、便民"原则，着力打造"群众身边的环境福利"，造园设计从传统园林观赏、把玩的价值追求转到游憩为中心的价值追求，为市民休闲健身娱乐提供良好的公共空间（图3.5.2）。

图3.5.2 公园游憩服务设计

三、生态修复公园

生态修复公园指以生态修复为基础建设的公园。

徐州是因煤而兴的老工业基地，资源能源开发强度大，在为全省全国发展大局作出重要贡献的同时，也付出了巨大的生态代价。21世纪以来，积极推进采石宕口、采煤塌陷地、工矿废弃地综合治理，建成了一大批规模宏大的生态修复公园。

（一）宕口公园

徐州岗岭四合，山包城，城环山，自然景色舒展优美。然而，由于历史上长期对开山采石未实施管控,到20世纪末,几乎全部山体都有被无序开采,留下了大量的采石宕口,一度危岩耸立、景观破败。到2015年,完成了42处宕口生态修复和景观重建,大批宕口公园不仅改善了山地面貌,

图3.5.3　两山口(王山)采石宕口生态与景观恢复效果

而且为市民增添了游憩新天地。图3.5.3两山口(王山)采石宕口生态恢复和景观重建,是徐州市最早实施的露采矿山废弃地生态恢复工程,图3.5.4金龙湖东珠山宕口公园、图3.5.5龟山公园、图3.5.6无名山公园是采石宕口公园的经典之作。

图3.5.4　金龙湖东珠山宕口遗址公园生态与景观恢复效果

图3.5.5　龟山采石宕口生态与景观恢复效果

图3.5.6 无名山公园平面图

（二）采煤塌陷地湿地公园

《徐州市"十二五"采煤塌陷地综合开发规划》确定，市区7813hm²常年积水采煤塌陷区将维持水体不变，作为重要的湿地资源保护，其中6432hm²成为新型湿地公园。

1. 庞庄矿区——九里湖湿地公园

庞庄矿区位于主城区西北部，塌陷区总面积31.2km²。生态修复与湿地公园建设架构为一湖两轴八片区，核心区范围为11.2 km²，主体湖面为3.5 km²，2012年成为"江苏省省级水利风景区"，2013年国家林业局批准为国家湿地公园，成为主城区西北部生态文化新区和绿色能源之地的"点睛"之笔（图3.5.7）。

2. 权台、旗山矿区——潘安湖湿地公园

权台、旗山矿区位于主城区与贾汪区政府驻地的中间地带，生态修复规划区总面积52.89km²。其中，湿地公园建设区面积16.00km²，分为北部生态休闲区、中部湿地景观区、西

图3.5.7 九里湖采煤塌陷地生态恢复前后效果图

部民俗文化区、南部商旅服务区和东部生态保育区五个部分,主要特色为形态、大小各异的9个湿地岛屿,岛上主要以香花植物为特色,每个岛主题各异,古典与现代交织,中式传统与西方浪漫风情相映,动静结合,令人回味无穷。2013年被水利部评为第13批国家级水利风景区,2014年6月被评为国家4A级旅游景区(图3.5.8)。

图3.5.8 潘安湖采煤塌陷地生态恢复前后效果图

3. 大黄山矿区——大黄山公园

大黄山矿区位于徐贾快速通道以东、京杭大运河以南，通过水系整理，建设生态绿岛，建成的"大黄山公园"占地53hm²，其中水体面积12.7hm²。设有湖景林地、蜻蜓山谷、生态苗圃、自然湿地四个游览空间（图3.5.9）。

图3.5.9 大黄山公园

4. 张双楼矿区——安国湖国家湿地公园

张双楼煤矿位于沛县安国镇，塌陷区总面积1100hm²，其中水面533hm²，经过近20多年的自然演替，逐渐发育为具有一定生态服务功能的近自然湖泊湿地。安国国家湖湿地公园有水质净化区、湿地体验区、汉文化主题区、荷塘游憩区、科普教育区、观光农业区、林带涵养区、天然生态区（十里芦苇荡，百果花园岛，千亩荷花塘、万鸟栖侯区）八大功能区（图3.5.10）。

图3.5.10 安国湖国家湿地公园

（三）黑臭水体治理生态园林化

1. 徐州内港——九龙湖公园

徐州内港——九龙湖公园位于中山北路与二环北路的交叉口，公园面积18.74hm²，其中水体面积7.4hm²。以原港池为中心，整合港区货场等，对湖区彻底清淤，水为主题，突出"开放、文脉、生态"的有机结合，划分为四个区域：生态游园景观区以自然植物群落组合为主；栈桥体验景观区以水杉和桧柏为主调树种，栈桥两侧及附近水域栽植水生植物和水生花卉；主题广场景观区以高大乔木如香樟、银杏、榉树等为主调，形成绿化效果、活动广场、休息环境三位一体的树阵式广场活动空间；康体活动景观区以柳树、竹林为主，配以乔木林带等（图3.5.11）。

图3.5.11　徐州内港——九龙湖生态恢复与景观重建效果

2. 徐运新河带状公园

徐运新河是原徐州内港进出京杭大运河的联络水道，两岸绿化总面积12.5hm²，慢行系统贯穿其中，在东岸设置健身广场、廊架休闲广场和树阵广场，通过游步道和绿化带将各个广场有机串联，并在广场中设置花架、亭廊及座凳等设施。河道绿化带内形成无障碍的健身骑行绿道，与健身步道相结合，构成市民的休憩、健身通道（图3.5.12）。

图3.5.12 徐运新河生态恢复与景观重建效果

3. 丁万河带状公园

丁万河西与故黄河相通,东与京杭大运河相连,全长12.5km,形成"一带(沿河绿化景观带)三园(楚园、劳武港、两河口公园)"空间布局的河湖型公园。两岸护岸直立挡墙及斜坡式生态护坡相结合,河道两岸建10m宽绿化带,内设游步道,临水设置2~3m栈道、亲水平台,花岗岩护栏。三层错落有致的景观带、曲折蜿蜒的临水栈道和游步道及经美化的排水设施、高效节能的太阳能路灯等,构成美丽的生态景观廊道(图3.5.13),沿河布置有楚园、劳武港防灾避险公园、两河口公园3个大型园林节点。

图3.5.13 丁万河河道两岸绿化

楚园原名玉潭湖公园，占地约43hm²，其中水域面积约21hm²，总体布局"一湖一岛二环三桥五广场"，一湖指原玉潭湖，现更名为虞渊，位于楚园中心，凭湖远眺，依稀可见金鼎屿。沿湖的亲水步道和4m宽的环湖主园路合称为"二环"。青萍桥、锦衣桥、东归桥为"三桥"，五个亲水广场分别是鸿门广场、春华广场、巨鹿广场、秋思广场和人杰广场（图3.5.14）。漫步楚园，园内每个区域都呈现浓厚且不同的西楚文化内涵。

劳武港防灾避险公园总体布局为"两轴一带，一心多点"。按整体功能与景观分区为防灾教育景观区、救灾纪念景观区、森林休闲区、趣味养生花园区以及康体乐活景观区等六大片区。植物种植考虑平灾结合、丁万河生态廊道、景观游憩和防灾避险的功能需求，整体呈"边缘两带展开，中部块状嵌套"的布局结构（图3.5.15）。

两河口公园位于丁万河与徐运新河景观带的交汇处。公园突出生态、净化、观赏、休闲的建设目标，分为台地景观区、湿地景观区、森林体验区三个区域。利用原有煤炭堆场的高差，做成台地景观，并将带有"煤"元素的景观小品融为其中，同时围绕水系设计了多种景观节

图3.5.14　楚园

图3.5.15　劳武港防灾公园

点，设有滨水挑高廊道、钢构景观桥、榉树林小广场等景点（图3.5.16）。

4. 三八河带状公园

三八河从郭庄起，绵延至房亭河处，全长近6km，是市区东部云龙区中部的一条重要的防洪排涝功能性河道，分三期建设了宽25～30m滨河带状公园。其中，一期工程庆丰路至兴云路段，突出"新空间、新生活、新享受"三大主题，主要功能区块有树阵广场和下沉式亲水平台区、生态密林游览区、花卉观光区、滨水漫步区和芳香品茗区，满足居民休闲、健身、游赏等多种功能需求。二期工程兴云路至汉源大道，打造穿越林中的感官体验，建有蜿蜒的飘带状道路串联全区，形成简洁、多变、醒目的季相景观，让游客在行走过程中感受季节的变化和河岸生态廊道的独特魅力。三期工程庆丰路至备战路间，分为商业滨水景观区和居住滨水景观区两大区块，设有商业中心广场、休闲廊架广场、弧形挡墙广场、健身广场、儿童游戏广场、休闲亭廊、休闲树阵广场、健身广场等节点和临水步道、临水平台（图3.5.17）。

图3.5.16　两河口公园

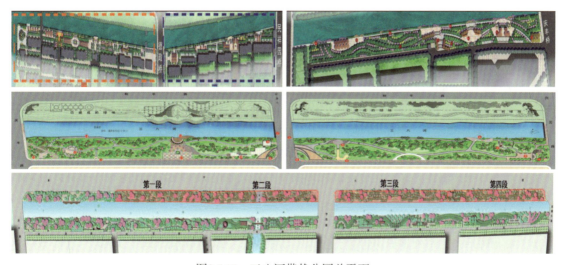

图3.5.17　三八河带状公园总平面

5. 奎河带状公园

奎河始是一条人工开挖于明神宗万历十八年的泄洪河道，距今已有400多年的历史。为市区南部主干排水河道，从90年代中后期开始治理，"引黄济奎""雨污分流"，并推进两岸园林景观建设工程，沿河建成春园、夏园、秋园、冬园、迎宾园等，经过前后二十年努力，"一河脏污水，两岸痛心泪"彻底成为过去（图3.5.18）。

图3.5.18 奎河上的节点公园

（四）垃圾填埋场生态园林化

城市垃圾填埋场生态园林化，是21世纪风景园林学科面临的新挑战。

徐州九里山建筑垃圾填埋场生态恢复与景观重建始于21世纪初，最初作为"全民义务植树基地"，因立地条件差，每年绿化效果很不理想。2007年实施工程化生态恢复与景观重建，针对建筑垃圾填埋场立地特点，采用大叶女贞、黄连木、苦楝、刺槐、树柳等树种，块（带）状混交，并采用保水剂（用量折干粒为乔木30g/株，灌木10g/株）、ABT3号生根粉（20mg/kg灌根）、黑塑料薄膜覆盖（防风、防热、保温、保水、抑制树穴内杂草生长）等技术，经过3年自然生长，以木本植物为主体的植被已覆盖整个坡面，野生植物种也大量侵入定居成功，坡面形成了以乔木植物为主体，灌木、草本植物密集覆盖，且能自然协调生长和演替的植物群落，建筑垃圾山完全得到覆盖，塑造出与周边山体基本协调一致的视觉景观（图3.5.19）。

生活垃圾填埋场实施场区绿化是阻断和消减填埋场对周边空气环境质量影响的一种有效方法。徐州雁群垃圾填埋场周边设置大型生态防护林带，场内道路以栾树、女贞、法桐为行道树。按填满一区绿化一区的原则，填埋场区采取耐寒、耐盐碱、抗污、耐硫的女贞、石楠、红叶石楠、大叶黄杨等常绿木本植物和红花酢浆草、鸢尾、白三叶等草本植物相结合，从季相变换和竖向层次上丰富植物景观效果。管理区和作业区之间的场前区地带，随形就势开挖一条蜿蜒曲折的人工溪，溪中种植睡莲、美人蕉、香蒲草等水生植物，并放养了锦鲤，鱼戏草间别有意趣。溪边铺设驳岸石，溪头堆砌假山，瀑布从假山跌入溪水，更添幽静。溪旁绿带种香樟、枇杷、泰山松等常绿乔木和乌桕、红枫、紫叶桃、碧桃、火炬树等色叶树，以凌霄、紫藤和蔷薇等藤蔓植物镶边，并点置形态各异的灵璧石，铺设石板小路、长廊和景观亭，曲径通幽，一步一景，身临其境，美比公园，彻底改变了垃圾填埋场的形象（图3.5.20）。

图3.5.19　九里山建筑垃圾填埋场生态恢复景观

图3.5.20　雁群生活垃圾填埋场生态恢复景观

四、庭院园林

庭，本义指房屋的正室，后泛指正房前空地，也指官署办公的地方。院，本义指围墙，后指房屋周围用栏杆或墙围起来的空间，也指某些机构和公共场所。在绿色公共空间的语境下，庭院园林指具有一定公共边界的建筑群组之间的园林绿地，主要有居民小区园林和单位园林2类。

20世纪，徐州居住区基本是开放的街区式的，独立成院者很少，基本没有成规模的绿地，只有极少的花坛和一些林荫树；机关、部队、学校、工厂等虽然有院，也只是简单的绿化，还谈不上园林景观。

进入21世纪，伴随着居住区"绿地率"政策的强制施行和生态环境意识的普遍增强，推动了居住区和单位绿化向庭院园林的飞跃。据徐州市规划、园林等部门历年城市居住区建设审批相关档案资料统计，2002年至2015年，徐州市区累计新建、改建设居住区371个，建设总面积2663hm²。其中，新建居住区345个，建设面积2629.41hm²；改建居住区26个，建设面积34.56hm²。新建、改建居住区中，绿地率达到30%以上的新建居住区345个，建设面积2629.41hm²；绿地率达到25%以上的改建居住区26个，建设面积34.56hm²，一批单位、居住区成为园林式单位、居住区（表3.5.2、图3.5.21、图3.5.22）。

表3.5.2 徐州市省市级园林式单位、居住区统计表（2013年）

类别		数量（个）	其中	
			市区（个）	县（个）
合计	园林式单位	503	298	205
	园林式居住区	320	203	117
省级	园林式单位	117	70	47
	园林式居住区	77	49	28
市级	园林式单位	386	228	158
	园林式居住区	243	154	89

九里峰景小区

和风雅致小区

绿地国际花都小区

枫林天下小区 　　康怡佳园 　　泰康红郡

图3.5.21 徐州市居住区绿化

江苏师范大学铜山校区

徐工集团

徐州烟厂

中国矿业大学（徐州校区）

图3.5.22 徐州市单位绿化

五、绿地系统

绿地系统是各种类型和规模的绿地组成的具有较强生态服务功能的整体，包括一切人工的、半自然的以及自然的植被。徐州的绿地系统以城市建成区绿地为内核，"四楔、五湖"大型城市防护绿地和"四横、六纵"生态腹地为主体，生态绿廊为纽带的城乡一体绿色生态系统。

（一）城市建成区绿色内核

当前，我国的"市"并不是地理学上的城市化区域，而是一个行政区划单位，通常管辖以一个集中连片或者若干个分散的城市化区域为中心，大量非城市化区域围绕的大区域。所以"市"的面积并不能反映城市化的区域即地理学意义上城市的面积。

"城市建成区"是用来反映城市化区域大小的一个量度。在单核心城市，城市建成区是一个实际开发建设起来的集中连片的、市政公用设施和公共设施基本具备的地区，以及分散的若干个已经成片开发建设起来，市政公用设施和公共设施基本具备的地区。对一城多镇来说，城市建成区就由几个连片开发建设起来的、市政公用设施和公共设施基本具备的地区所组成。

城市建成区是城市功能的主体区域，也是城市人居环境问题的焦点区域。

历史上的徐州，屡遭战乱及黄河夺泗侵淮等自然灾害，城市中稀有树木。据《徐州园林志》，徐州初解放时，城内只有淮海路、大马路、复兴路（今朝阳路）、民主路等9条马路和故黄河岸堤岸上稀疏栽有1000多棵树。

新中国成立后，徐州市持续组织和实施绿化建设，特别是进入21世纪以来，按照"1530"（即1个区域中心城市，5个中等城市，30个中心镇）新型城镇体系布局，生态学原理和系统学要求，着力构建以自然山水为骨架、街头绿地和附属绿地为基础、大型公园为节点、河流道路绿带为纽带的点、线、面相结合的城市建成区绿色内核。表3.5.3、表3.5.4汇总了各个区域各类绿地的规模。

表3.5.3 徐州市建成区绿地规模（2014）

区域		公园绿地（hm²）	生产绿地（hm²）	防护绿地（hm²）	附属绿地（hm²）	其他绿地（hm²）	合计（hm²）	绿地率（%）
主城区		2692.36	168.25	1942.69	3946.22	1380.23	10129.75	40.04
其中	鼓楼区	403.05	81.65	919.14	1767.86	133.2	3304.9	38.74
	泉山区	1291.41	26.52	175.16	739.82	79.06	2311.97	42.89
	云龙区	594.57	53.41	557.42	799.94	83.58	2088.92	42.72
	铜山区	125.67	—	248.66	344.97	858.94	1578.96	39.67
	贾汪区	277.66	6.67	42.31	293.63	225.45	845.72	33.69
丰县		287.36	134.36	149.05	530.32	11.62	1112.71	36.36
沛县		441.82	27.53	479.97	255.82	339.66	1544.8	42.91
睢宁县		288.77	48.7	227.99	426.08	234.8	1226.34	37.27
邳州市		462	485	285	404	86	1722	37.79
新沂市		261	265	177	619	70	1392	39.56

注：表中县（市）指县（市）驻地城市建成区。

表3.5.4 徐州市各县（市）城及中心镇公园绿地规模（2015）

区域		合计		综合公园		专类公园		社区公园		带状公园		街旁绿地	
		数量（个）	面积（hm²）	数量（个）	面积（hm²）	数量（个）	面积（hm²）	数量（个）	面积（hm²）	数量（个）	面积（hm²）	数量（个）	面积（hm²）
合计		262	4190	28	690	14	1062	31	38	60	2256	129	145
丰县	县城	30	282	2	74	3	12	2	1	9	186	14	9
	中心镇	—											
沛县	县城	60	2773	7	242	3	1002	9	32	3	1442	38	55
	中心镇	63	251	5	7	0	0	19	4	18	226	21	15
睢宁县	县城	22	289	3	73	2	26	0	0	8	163	9	27
	中心镇												
邳州市	城市	40	284	6	237	2	5	0	0	2	20	30	23
	中心镇	12	10	2	2	1	1	0	0	2	1	6	4
新沂市	城市	35	300	3	53	3	15	0	0	18	219	11	13
	中心镇	—											

注：表中"—"为未统计。

（二）城市防护绿地和生态腹地

1. "四楔""五湖"环城防护绿地

"四楔"指在中心城区四周，以云龙湖风景名胜区（西南）、九里山绿地（北）、子房山—大山绿地（东）、拖龙山绿地（东南）构成联系城市中心区与远郊农村生态绿地的大型城市生态防护林，"五湖"为泉润公园、九里湖湿地公园、潘安湖湿地公园、大黄山湿地公园、大龙湖公园五大连接城乡的大型生态湿地。

"四楔"建设的重点是"市区山地绿化"和"退建还山"（表3.5.5、表3.5.6）。"五湖"建设的核心是"采煤塌陷地生态修复"和"退渔还湖"，其中采煤塌陷地生态修复完成6432hm²。"四楔""五湖"使徐州市主城区形成了基本完整的大型环状绿色生态屏障。

表3.5.5　徐州市区荒山绿化情况汇总表

单位	山地面积（hm²）	2006年前绿化面积（hm²）	"市区山地绿化工程"面积（hm²）
合计	4847.13	3175.00	1672.13
徐州市林场	1283.27	1082.67	200.60
云龙区	196.47	137.33	59.07
泉山区	13.33	1.33	12.00
彭楼区（原九里部分）	807.13	548.80	258.33
徐州经济技术开展区	435.00	75.00	360.00
市园林局	278.00	256.60	21.40
铜山区（环城高速以内部分）	1833.93	1073.27	760.73

表3.5.6　2005—2014年徐州市区退建还山工程

序号	项目	实施时间	搬迁规模（hm²）	主要建设成果
1	云龙山周边	2003—2014	25	十里杏花村、云龙山敞园
2	西珠山周边	2009—2012	45	珠山风景区
3	韩山东北坡	2010—2014	42	韩山山景公园
4	泉山北坡	2013—2014	3.1	泉山森林公园
5	南无名山	2013—2014	8	无名山公园
6	子房山	2013—2014	30	子房山公园
7	白云山	2008	0.1	白云山公园
8	杨山	2013—2013	4.2	杨山体育休闲公园
9	白头山	2008—2009	1.2	白头山山景公园
10	南凤凰山	2013—2014	1.8	南凤凰山公园

2. "四横""六纵"城市生态腹地

"四横"为横跨整个市域的微山湖—铜北山地生态风景林—贾邱山地生态风景林—邳北国家银杏博览园，义安山生态风景林—霸王山生态风景林—九里山生态风景林—京杭运河沿岸生态风景林—骆马湖湿地，云龙湖风景名胜区生态风景林—娇山湖风景区生态风景林—拖龙山生态风景林—大龙湖风景区湿地与风景林—故黄河下游湿地—吕梁山风景区生态风景林—铜睢邳生态公益（风景）林，房亭河湿地与沿岸生态风景林。

"六纵"为纵穿市域的大沙河湿地与沿岸生态风景林，微山湖—铜北山地生态风景林—城北采煤塌陷区湿地—故黄河上游湿地—云龙湖风景名胜区生态风景林，大洞山生态风景林—贾汪采煤塌陷区湿地—大黄山采煤塌陷区湿地—大庙山地生态风景林—故黄河下游湿地—拖龙山生态风景林—杨山头生态风景林地，邳北生态风景林—中运河湿地与沿岸生态风景林—骆马湖湿地、沂河湿地与沿岸生态风景林—骆马湖湿地、沭河湿地—马陵山生态风景林。

"四横""六纵"重点实施"吕梁山风景区荒山绿化""二次进军荒山"（表3.5.7）以及"黄河故道综合开发""采煤塌陷地生态修复""矿山综合治理"等大型生态治理与重建工程。"荒山绿化" 10333hm²。其中：多用途生态林8200hm²（包括常绿生态风景林3733hm²、落叶阔叶多用途林4467hm²），生态经济林2133hm²（详见表3.5.7）。"黄河故道综合开发"共涉及四县（市）六区31个镇12个办事处2个国营果园，总长234km，新增绿化面积6660 hm²，其中市区段新增绿化面积266hm²。拓宽疏浚中泓200km，新增蓄水能力1亿m³，新建9大沿黄生态湿地。

"四横""六纵"覆盖了整个市域，将园林绿地、森林生态系统和湿地生态系统融为一体，构成强大的城市生态腹地。

表3.5.7 "吕梁山风景区荒山绿化""二次进军荒山"绿化情况

项目		合计	铜山区	贾汪区	开发区	邳州市	睢宁县	新沂市
合计		10333	3187	1947	800	1200	2200	1000
生态风景林	常绿林	3733	1300	800	333	433	800	67
	落叶林	4467	1233	733	467	433	1000	600
生态经济林		2133	653	413	0	333	400	333

（三）生态绿廊

1. 滨河生态景观廊道

河流是城市重要的生态廊道和文化载体，是营造城市绿色景观的重要元素，也是广大市民亲近自然的最佳场所。

徐州市河道资源较为丰富，流经市区的大小河流20条，长度达到210km。其中，故黄河、丁万河、荆马河、徐运新河、玉带河、楚河、奎河等城市河道已全面生态廊道化，每条河道都形成宽度10~100m不等的生态景观带，见表3.5.8、图3.5.23。

2. 绿色通道

道路绿化是绿地系统的重要组成部分，市容景观之表征，市民大众的基本福祉，在城市人居生态环境与景观特色的塑造中具有重要的地位。

徐州市主城区道路绿廊，包括环城高速公路、三环路二圈大型城市绿环构，沿三环路至环

图3.5.23 徐州市典型滨水生态廊道

表3.5.8 徐州市区城市河道及堤岸绿化情况统计表（2014）

河道名称	起/止位置	河长（km）	河宽（m）	其中：水面（m）	绿化带长（km）	绿化带宽（m）	主要树种
合　计	—	210	—	—	338.1	—	
不牢河（京杭运河）	茅夹线/徐贾快速路	12	140	100	18	50	杨树等
故黄河	周庄闸/程头胶坝	53.7	130	100	87	65	法桐、香樟、垂柳等
奎河	云龙湖/杨山头闸	18	40	24	29.7	14.3	海桐、冬青、柳、杨等
玉带河	闸河/玉带桥	7.2	31	19	10.1	12.1	杨树、洋槐树等
荆马河	九里山/大运河	11.2	35	25	20.2	20	杨树、柳树、海桐等
徐运新河	九里湖/丁万河	4.7	36	36	7.6	13.2	柳树、紫薇、冬青等
三八河	民富园/大庙站	8.6	48	30	15.5	15	松树、冬青、紫薇等
丁万河	大运河/故黄河	12.4	36	36	24.8	20	景观绿化树种、公园等
房亭河	大运河/大庙站	12.2	55	35	20	12.6	杨树、柳树等
闸河	故黄河/白头闸	11.2	36	36	20.2	13.2	杨树、柳树等
顺堤河	六堡水库/大龙湖	4.3	40	25	7.5	100	地被、景观树种

（续）

河道名称	起/止位置	河长（km）	河宽（m）	其中：水面（m）	绿化带长（km）	绿化带宽（m）	主要树种
琅河	顺堤河/棠张	5.1	38	26	7.5	25	景观树种
闫河	顺堤河/棠张	5.6	45	30	6	30	防风杨树林
楚河	葛楼村/二堡	9	85	70	18	45	地被、景观树木
玉泉河	曹村/高营	4.2	55	40	8.4	20	地被、景观树木
府东沟	玉泉河/楚河	2	40	25	4	17.5	地被、景观树木
府西沟	玉泉河/楚河	2	35	20	4	15	地被、景观树木
临城河	北塘/屯头河	8.6	50	45	9.6	50	地被、景观树木
新西排洪道	石头桥/屯头河	14	20	15	12	10	杨树
锦凤溪	凤鸣湍/屯头河	4	40	20	8	20	杨树

城高速公路之间的13条放射状城市对外主出入通道沿线带状公园为主体。路宽12m以上的城市主次干道和支路行道树绿网为补充，构建起结构完整、风格各异的城市道路绿化景观和绿色生态廊道（图3.5.24）。

图3.5.24 徐州市典型道路生态廊道

本章参考文献

[1] (春秋)左丘明. 左传[M]. 长春: 时代文艺出版社, 2009.
[2] (北魏)郦道元撰, 陈桥驿点校. 水经注[M]. 上海: 上海古籍出版社, 1990.
[3] (西汉)司马迁. 史记[M]. 扬州: 广陵书社, 2008.
[4] (西汉)班固. 汉书[M]. 桂林: 漓江出版社, 2018.
[5] (南宋)范晔. 后汉书[M]. 北京: 中华书局, 2007.
[6] (北宋)李昉. 太平御览[M]. 石家庄: 河北教育出版社, 1994.
[7] 周维权. 中国古典园林史.[M]. 3版. 北京: 清华大学出版社, 2015: 19-37.
[8] 汪菊渊. 中国古代园林史[M]. 北京: 中国建筑工业出版社, 2012: 3-9.
[9] 孔令远. 春秋时期徐国都城遗址的发现与研究[J]. 东南文化, 2003, (11): 39-42.
[10] (宋)梁颢. 厌气台[EB/OL]. [2019.04.05]. https: //so. gushiwen. org/search. aspx?value=厌气台
[11] (明)胡应麟. 彭城云龙山晚眺[EB/OL]. [2019.04.10]. https: //so. gushiwen. org/search. aspx? value=彭城云龙山晚眺
[12] (元)许恕. 戏马台怀古[EB/OL]. [2019.04.16]. https: //so. gushiwen. org/search. aspx?value=戏马台怀古
[13] (唐)鲍溶. 沛中怀古[EB/OL]　[2019.05.02]. https: //so. gushiwen. org/search. aspx？value=沛中怀古
[14] 车旭东. 唐寅文人风格的山水画考[D]. 南京: 南京大学, 2014.
[15] (晋)葛洪撰, 周天游校注. 西京杂记[M]. 西安: 三秦出版社, 2006
[16] (北齐)魏收. 魏书[M]. 北京: 中华书局, 1999.
[17] 乔志芳. 事死如生殷墟晚商墓葬的埋葬观念[D]. 石家庄: 河北师范大学, 2006.
[18] 李亚利, 滕铭予. 汉画像中的亭榭建筑研究[J]. 考古与文物, 2015 (2): 82-90.
[19] 朱有玠. "园林"名称溯源[J]. 中国园林, 1985, (2): 33.
[20] 宣啸东. 《三国演义》与邳州市[J]. 明清小说研究, 1993, (1): 139-142.
[21] (唐)房玄龄. 晋书[M]. 北京: 中华书局, 1974.
[22] 付志前. 从山水到园林——谢灵运山水园林美学研究[D]. 济南: 山东大学, 2012.
[23] 王雪梅. 法显与弥勒信仰[J]. 兰州学刊, 2011, (7): 173-177.
[24] 刘义庆著, 朱瑒莲, 沈海波译注. 世说新语[M]. 北京: 中华书局, 2011.
[25] 张寄菴. 徐州云龙山石佛介绍[J]. 文史参考资料, 1956, (3): 57-58.
[26] 陆立玉. 颜延之与元嘉文学[O]. 南京: 南京师范大学, 2005.
[27] 张焯. 徐州高僧入主云冈石窟[J]. 文物世界, 2004, (5): 8-14.
[28] (梁)刘勰著. 徐正英, 罗家湘注. 文心雕龙[M]. 郑州: 中州古籍出版社, 2008.
[29] 沈起炜. 中国历史大事年表[M]. 上海: 上海辞书出版社, 1986.
[30] 胡阿祥. 魏晋南北朝时期江苏地域文化之分途异向演变述论[J]. 学海, 2011, (4): 173-184.
[31] 王令云. 试论孙吴时期淮泗集团的兴衰[D]. 郑州: 郑州大学, 2006.
[32] 胡阿祥. 东晋南朝人口南迁之影响述论[C]．江苏省六朝史研究会. 六朝历史与吴文化转型高层论坛论文专辑·哲学与人文科学·中国古代史．南京: 吴文化博览, 2007, 31-40.
[33] 李迪. 顾野王《舆地志》初步研究[J]. 内蒙古师范大学学报(哲学社会科学版), 1998 (3): 68-73.
[34] 郭黎安. 六朝建康园林考述[J]. 学海, 1995 (05): 84-87.
[35] 傅晶. 魏晋南北朝园林史研究[D]. 天津: 天津大学, 2004.
[36] 姚亦锋. 烟雨楼台几多情——魏晋南北朝时期南京园林景观[J]. 建筑师, 2012 (06): 96-101.
[37] 余开亮. 六朝园林美学[M]. 重庆: 重庆出版社, 2007.
[38] (梁)沈约撰. 宋书[M]. 北京: 中华书局, 1974.
[39] (唐)李延寿. 南史[M]. 北京: 中华书局, 1975.
[40] (梁)萧子显. 南齐书[M]. 北京: 中华书局, 1999.
[41] (清)严可均 著；冯瑞生 校. 全梁文[M]. 北京: 商务印书馆, 1999
[42] (唐)姚思廉. 梁书[M]. 北京: 中华书局, 1972.
[43] (唐)姚思廉. 陈书[M]. 北京: 中华书局, 1972.
[44] (唐)许嵩. 建康实录[M]. 北京: 上海古籍出版社, 1986.
[45] 陈慧娟. 孙绰生平考[J]. 中山大学研究生学刊(社会科学版), 2009, 30 (03): 13-29.
[46] 顾农. "一时文宗"许询的兴衰[J]. 古典文学知识, 2007 (05): 89-92.

[47] 李琼英. 论东晋后期司马道子对寒人的任用[J]. 闽江学刊, 2011, 3 (05): 85-91.
[48] 朱红. 辟疆园寻踪[J]. 苏州杂志, 2002, (6): 54-56..
[49] 李怀, 陈红俊, 刘胜. 东晋丞相王导的政治谋略补缀[J]. 兰台世界, 2015 (06): 42-43.
[50] 王永平. 刘裕诛戮士族豪族与晋宋社会变革[J]. 江海学刊, 2015 (01): 178-186.
[51] 祝总斌. 试论东晋后期高级士族之没落及桓玄代晋之性质[J]. 北京大学学报 (哲学社会科学版), 1985 (03): 77-90.
[52] 张克霞. 庾阐研究[D]. 兰州: 西北师范大学, 2013.
[53] 宋冠军. 湛方生诗文研究[D]. 开封: 河南大学, 2018.
[54] 吴超杰. 谢惠连研究[D]. 兰州: 兰州大学, 2010.
[55] 刘国勇. 谢庄诗文研究[D]. 成都: 四川师范大学, 2011.
[56] 章立群. 谢朓诗歌研究[D]. 武汉: 武汉大学, 2005.
[57] 王晓卫. 南齐宗室成员的诗赋作品及创作心态[J]. 常州工学院学报 (社科版), 2009 (03): 10-14.
[58] 王盼盼. 庾肩吾研究[D]. 杭州: 浙江大学人文学院, 2009.
[59] 刘宝春. 南朝东海徐氏家族文化与文学研究[D]. 济南: 山东师范大学, 2010.
[60] 杨满仁. 沈炯诗文研究[D]. 福州: 福建师范大学, 2008.
[61] 基口淮. 秦汉园林概说[J]. 中国园林, 1992 (2): 2-10.
[62] 王琴, 陈雄. 江南园林艺术史[M]. 北京: 人民出版社, 2012.
[63] 吴功正. 六朝园林文化研究[J]. 中国文化研究, 1994 (1): 108-117.
[64] 张承宗. 六朝时期的江南园林[J]. 苏州大学学报 (哲学社会科学版), 000 (3): 85-91..
[65] 周旭. 汉画像中的徐派园林解析[J]. 园林, 2019, (8): 15-20.
[66] 刘禹彤. 汉代彭城相缪宇苑囿解析[J]. 园林, 2019, (8): 22-26.
[67] 吴存浩. 论六朝时期南方地主庄园经济[J]. 东岳论丛, 2008, 029 (001): 111-117.
[68] 孟庆志. 魏晋南北朝民间园林艺术研究[D]. 石家庄: 河北大学, 2013.
[69] 吴功正. 六朝园林[M]. 南京: 南京出版社, 1992.
[70] 朱有玠. 岁月留痕: 朱有玠文集[M]. 北京: 中国建筑工业出版社, 2010.
[71] 孙筱祥. 生境·画境·意境——文人写意山水园林的艺术境界及其表现手法[J]. 风景园林, 2013, (06): 26-33.
[72] 宗白华. 艺境[M]. 北京: 北京大学出版社, 1999.
[73] 王才勇. 试述中国古典美学中意境理论发展的历史轨迹[J]. 学术论坛, 1986, (02): 24-27.
[74] 刘淑欣. 从意象到意境——试论中国古代艺术本体论的发展[J]. 沈阳师范学院学报 (社会科学版), 1998, (03): 47-51.
[75] 张中成. 诗学理论从意象到意境的发展——兼论二者的审美差异[J]. 中国矿业大学学报 (社会科学版), 2005, (03): 129-132.
[76] 朱寿兴. 意境的系统说与意说的系统[C] //东方丛刊 (2003年第2辑总第44辑), 2003: 37-51.
[77] 黄霖, 吴建民, 吴兆路. 中国古代文学理论体系: 原人论[M]. 上海: 复旦大学出版社, 2000.
[78] 贺天忠. "境生象外": 意境生成的首要特征[J]. 中南民族大学学报 (人文社会科学版), 2008, 28 (4): 147-151.
[79] 蒲震元. 中国艺术意境论[M]. 北京: 北京大学出版社, 1999.
[80] 高晨舸. 唐宋文人园林之画意诗情探析[J]. 山西建筑, 2013, 39 (26): 183-184.
[81] 王少华. 吴越文化论——东夷文化之光[M]. 南京: 江苏新华印刷厂, 1995.
[82] 潘世秀. 意境说的形成与发展[J]. 兰州大学学报, 1985, (2): 147-151.
[83] 寸悟. 试论意境范畴形成的文化背景[J]. 宝鸡师院学报 (哲学社会科学版), 1988, (1): 55-59.
[84] 姚君喜. 意境形成的哲学基础探源[J]. 兰州大学学报, 2000, (4): 63-71.
[85] 邱玉明. 中国古代意境说的形成和发展[J]. 开封教育学院学报, 2003, (2): 37-39.
[86] 钱宗范, 何海龙. 试论古代夷族文化对华夏文化形成和发展的重大影响[J]. 广西民族研究, 2002, (1): 79-82.
[87] 钱宗范, 朱文涛. 论孔孟仁政学说的基本内涵[J]. 桂林师范高等专科学校学报, 2005, 19 (1): 33-38.
[88] 王健. 道家与徐州考论——兼论汉初黄老政治与刘邦集团之文化地缘背景的关系[J]. 江苏社会科学, 2001, (4) 83-88.
[89] 曾传辉. 老子诞生地历史定位、沿革及其认可漂移之考述[J]. 世界宗教研究, 2011, (6): 53-61.
[90] 谭其骧. 中国历史地图集[M]. 北京: 中国地图出版社, 1982.
[91] 肖若然. 庄周故里证伪[J]. 菏泽学院学报, 2012, 34 (6): 67-79.
[92] 于怀瑾. 楚王刘英与中国早期佛教[J]. 世界宗教文化, 2019, (5): 162-168.

[93] 王健. 汉代佛教东传的若干问题研究[J]. 宗教学研究, 2004, (1): 65-71.
[94] 刘德增. 玄学与黄淮地区的区域文化[J]. 齐鲁学刊, 1994, (03): 99-101.
[95] 赵静. 魏晋南北朝琅琊王氏家族文化与文学研究[D]. 济南: 山东师范大学, 2011.
[96] 杜志强. 魏晋南北朝琅琊王氏家族文化与文学研究[D]. 兰州: 西北师范大学, 2006.
[97] 李凯娜. 彭城刘氏家族与齐梁文学研究[D]. 杭州: 浙江大学, 2013.
[98] 刘强. 刘勰"庄老告退，山水方滋"说新论——六朝山水审美勃兴的儒学省察[J]. 同济大学学报（社会科学版），2018, 29 (06): 59-68.
[99] 张培艳. 儒家尚"雅"观念在六朝文论中的传承与嬗变[D]. 北京: 首都师范大学, 2003.
[100] 王华. 兰亭雅集审美经验研究[D]. 昆明: 昆明理工大学, 2017.
[101] 孙明君. 兰亭雅集与会人员考辨[J]. 古典文学知识, 2010, (02): 147-150.
[102] 杨柳. 浅析兰亭雅集其时其地其人[J]. 文学教育（上），2015, (07): 144-145.
[103] 梁少膺. 王羲之"兰亭诗会"与会人员考辨[J]. 书法, 2017, (11): 60-64.
[104] 马仲春. 魏晋南朝会稽四姓研究[D]. 上海: 华东师范大学, 2008.
[105] 王永平. 汉魏六朝时期江东大族的形成及其地位的变迁[J]. 扬州大学学报（人文社会科学版），2000, 4 (04): 59-66.
[106] 高建民. 滕州与滕王阁[N]. 滕州日报. 2010年9月1日.
[107] 秦全有. 商丘地区传统园林研究[J]. 西北农林科技大学, 2019.
[108] 赵湘军. 隋唐园林考察[D]. 长沙: 湖南师范大学, 2005.
[109] 刘庆慧. 鲁地园林研究[D]. 天津: 天津大学, 2007.
[110] 陈帅. 《八关斋会报德记》石幢考述[J]. 中原文物, 2013, (5): 65-68.
[111] 崔倬. 颜鲁公石幢事［M］// 全唐文·卷七五九. 北京: 中华书局, 1982: 7880-7881.
[112] 杨军. 宋元时期"三教合一"原因探析[J]. 江西社会科学, 2006, (2): 96-99.
[113] 胡文仲. 中国家具与中国传统文化现象[J]. 家具与室内装饰, 2003, (6): 24-27.
[114] （宋）李诫著. 邹其昌点校. 营造法式[M]. 北京: 人民出版社, 2006.
[115] 赵明奇. 徐州府志[M]. 北京: 中华书局, 2002.
[116] 周冉. 苏轼风景园林活动考[D]. 天津: 天津大学, 2016.
[117] 徐州园林志编纂委员会. 徐州园林志[M]. 北京: 方志出版社, 2016.
[118] 徐州地志办·徐州府志（同治）［M］. 南京: 江苏古籍出版社, 1991: 439, 440.
[119] 潘镕纂修；纪健生点校. 清（嘉庆）萧县志[M]. 合肥: 黄山书社, 2012.
[120] 吴嵩, 顾勤埔纂修. 灵璧县志[M]. 合肥: 黄山书社, 2007.
[121] 淮北市地方志办公室. 淮北旧志辑考[M]. 合肥: 黄山书社, 2016.
[122] 清·徐宗干, 许翰. 道光济宁直隶州志（名胜·园亭）[M]. 台北: 学生书局, 1968.
[123] 李修生. 全元文（第一册）[M]. 南京: 江苏古籍出版社, 1998.
[124] 岳振国. 晁补之记体文研究[J]. 攀枝花学院学报. 2014, 31 (1): 31-35.
[125] 汪黎. 苏轼宿州行踪交游考[J]. 安徽工业大学学报（社会科学版），2015, 32 (1): 69-70, 117.
[126] 崔溥. 漂海录——中国行记［M］. 北京: 社会科学文献出版社, 1992.
[127] 张廷玉, 等. 明史［M］. 北京: 中华书局, 1974年: 1918页.
[128] 孔俊婷, 王其亨. 法天则地揭意象——清代行宫园林选址考析[J]. 清史研究, 2005 (04): 85-95.
[129] 高晋等. 南巡盛典名胜图录[M]. 苏州: 古吴轩出版社, 1999.
[130] 民国·王光伯原辑，程景伟增订，荀德麟等点校. 淮安河下志[M]. 北京: 方志出版社, 2006
[131] 李嘎. 明清民国时期运河城市济宁的园林绿地系统[J]. 三门峡职业技术学院学报, 2009, 18 (4): 34-37, 41
[132] 山东省济宁市政协文史资料委员会. 济宁运河文化[M]. 北京: 中国文史出版社, 2000.
[133] 张兆林, 于源溟. 明代运河济宁流域的私家园林[J]. 艺术百家, 2011, (7): 49-52
[134] 吕岩. 河南传统园林探研[D]. 郑州: 郑州大学, 2007.
[135] 刘婉婷. 鲁西南地区传统建筑营造技术研究[D]. 济南: 山东建筑大学, 2020.
[136] 王立斌. 运河沿线的书院文化[J]. 新阅读, 2020,: 23-25.
[137] 李勇, 杨学民, 秦飞, 等. 生态园林城市的实践与探索·徐州篇[M]. 北京: 中国建筑工业出版社, 2016.
[138] 王昊, 陈刚, 李勇. 徐州城市建设和管理的实践与探索·园林篇[M]. 北京: 中国建筑工业出版社, 2017.

第四章
徐派园林空间营造

　　园林空间指人们感知和使用的由地形、植物、山水、建筑等造景要素所构成的景观区域、基址选择是园林空间的基础，空间要素的组织是关键，反映了园林设计思想理念。徐派园林空间的营建遵循自然山水"其气宽舒"的形态特征，因形就势、空间开阔、恢宏大气；空间组织多维多向，曲折开合；建筑大分散、小聚合，以植物为主体的空间分割与表现，以及块石置石的手法，成为其显著的特征。

第一节　选址与地形营造

《园冶·山林地》说："园林惟山林最胜，有高有凹，有曲有深，有峻而悬，有平而坦，自成天然之趣，不烦人事之工"。徐派园林得自然山水之利，选址和地形的营造多利用自然地形地貌，就地取材，因形就势，质朴自然，空间开阔，恢宏大气，衔山吞水，舒展和顺。

一、因形就势，质朴自然

《园冶·相地》曰："园基不拘方向，地势自有高低；涉门成趣，得景随形，或傍山林，欲通河沼"。地形是造园的基础，它构筑了场所的空间关系和结构，从而带给场所不同的形态和风格。徐州山水相济，岗岭四合，山不高，水不湍，为营造园林提供了绝佳的条件。从汉代彭城相缪宇苑囿、唐宋燕子楼园、民国潜园到当今典型名园，在两千年的发展过程中，始终保持了依托自然山水因形就势、顺应自然、返璞归真、追求天趣的特征。

汉代彭城相缪宇[①]墓中西壁横额"苑囿长卷"画像石长4.65m、高0.52m（图4.1.1）[1]，形象地展示了东汉时期古徐州地区官吏私家苑囿景观。从图中可以看到，缪宇苑囿在整个画面中，山的数量众多，层次深远、空间关系复杂，水的图

图4.1.1　苑囿长卷（江苏徐州）

---

①1982年，南京博物院和邳县（今邳州市）文化馆共同对位于燕子埠乡龙村青龙山南麓的一处汉墓进行调查和发掘，出土墓志记载，墓主缪宇字叔异，为彭城相，行长史事，并兼任吕守长。墓阙有"和平元年七月七日物故"铭文，显示建于东汉元嘉元年（151年）。据《后汉书·列传·孝明八王列传》记载，东汉章和二年（公元88年），六安王刘恭奉肃宗（章帝刘炟，57—88年）遗诏徙封为彭城王，改楚郡为彭城国，首府彭城（今徐州市）。《后汉书·志·郡国三》记载：彭城国，高祖置为楚，章帝改，领彭城、武原、傅阳、吕、留、梧、菑丘、广戚八城，户八万六千一百七十，口四十九万三千二十七；其后，刘恭子孙相继为彭城王者五人，直至曹魏代汉，彭成国废。吕（今徐州市铜山区吕梁一带）地临泗水，春秋时孔子曾在此观洪，是彭城往东南的交通要津。《后汉书·志·百官五》记载："皇子封王，其郡置为国，每置傅一人，相一人，皆两千石。""县万户以上为令，不满为长。"缪宇为彭城相兼任吕守长，表明其有足够的财力建造较大规模、奢华的私人苑囿，死后不葬于彭城、吕，而葬在武原县（今邳州市）青龙山，按汉代归葬故里的习俗，缪宇很可能是武原县人[2]。

像仅有一处,即在一山谷中有一池塘,水面有一只鸤鹬,与周围数量众多的山峦相互映衬,宛若山峦中一颗闪亮的星星,在日光和月光的照映下,水天一色,开阔了园林的艺术空间,提升了园林的艺术性。宗炳在《画山水序》中说:"竖画三寸,当千仞之高;横墨数尺,体百里之迥。"徐州吕梁地区的山脉数量多、山体聚集、气势绵延,但山间未形成有效水系(南部一条古泗水,今黄河故道),如图4.1.2。缪宇生前兼任吕守长,把宅院外的自然山林圈起来作为苑囿的一部分,用作狩猎出游等娱乐活动,因形就势,质朴自然。

图4.1.2 徐州铜山区吕梁山系分布图

唐宋名园燕子楼园,以唐朝后期贞元(785—805年)年间徐泗濠节度使张建封邸中为宠姬关盼盼[1]所建的一座内宅小楼和邻近郡圃为基础,"盼盼既死,不二十年间,而建封子孙,亦散荡消索。盼盼所居燕子楼遂为官司所占。其地近郡圃,因其形势改作花园,为郡将游赏之地。……至皇宋二叶之时,时有中书舍人钱易字希白闲游圃中。但见:晴光霭霭,淑景融融,小桃绽妆脸红深,嫩柳裊宫腰细软。幽亭雅榭,深藏花圃阴中;画舫兰桡,稳缆回塘岸下。莺贪春光时时语,蝶弄晴光扰扰飞。信步深入芬芳,纵意游赏,到红紫丛中。忽有危楼飞槛,映远横空,基址孤高,规模壮丽。视四野如窥目下,指万里如睹掌中。移踪但觉烟霄近,举目方知宇宙宽。"[5]苏轼(1037—1101年)《永遇乐·彭城夜宿燕子楼》描述燕子楼园:"明月如霜,好风如水,清景无限。曲港跳鱼,圆荷泻露。"陈师道(1053—1102年)《登燕子楼》描述为:"绿暗连村柳,红明委地花。画梁初著燕,废沼已鸣蛙。鸥没轻春水,舟横著浅沙。"贺铸

---

[1]张尚书去世后,关盼盼念旧不嫁,独居此楼十余年,幽独块然,后不食而亡。是时大诗人张仲素等为之题咏。后历代文人亦传诵不绝,文体横跨诗词、诗话、小说、戏曲、方志等多个领域,流传叙事文本30余种,主题诗词30余首,形成一道独特的文学景观[3],燕子楼遂随关盼盼的故事名扬海内外[4]。

图4.1.3 燕子楼园局部复原图[6]

图4.1.4 日军轰炸徐州航拍图
（图片来源：彭城周末2014.15.15）

（1052—1125年）《燕子楼》说："高楼临汴水，杨柳荫芙蕖。曲径拥黄叶，西风时扫除。寒鸦蹲老树，睥睨女墙狐。"由以上诗文可见，是时燕子楼园完全凭于既有旧楼和郡圃，地形处理简单而自然。

清末古园潜园为清同治十三年（1874年）秋，原任江南候补教谕的徐州人王凤池弃官回乡，在徐州城内（今淮海西路南侧诸达巷东侧）建的一座私人园林，坐东朝西，占地三亩，南、东、北三面有一条宽40m左右的小河三面环绕，清溪流湍，绿荫系舟，鱼游蛙鸣。选择半岛式地形建园，既拥有丰富而独特的造景条件，又为一道天然的屏障；既能够免于外人的纷扰，又拥有开阔的视野。难怪王凤池觉得其似隐非隐，可潜则潜，窗明水幽，环境秀美，从而相中此地。潜园选址巧借水势，因地制宜，成为了潜园文人清居的园林特色。

及至今天，园林的选址虽然首先要服从于"城市规划""服务半径"，但徐派园林的地形处理仍然继承了因形就势、质朴自然的传统。

彭祖园原址为两座东北—西南走向相连的山头，东西较窄，南北狭长，两端经缓坡过度而为平地，山体西北侧有雨水集洪沟。公园完全依托自然地形地貌特征，仅对西侧集洪沟进行疏浚扩展，并利用自然落差，构筑条带形水景区，形成湖在前、山在后，山水相依的格局，成为"源于自然，高于自然"的经典（图4.1.5）。

珠山公园依山而建、临水为景，墨绿莽苍的山林，与碧波粼粼的云龙湖，共构出大气、秀美的山水格局。景点的营造充分利用自然地形，如鹄鸣谷，在制高点建立六角重檐亭，即珠山亭，形成全区的观景点，与原有的榆树、法桐等大树一起，形成古朴、清幽、自然的原生态景观群落，成为景区中的一大亮点（图4.1.6）。

图4.1.5 彭祖园

第四章 徐派园林空间营造

图4.1.6 鹄鸣谷

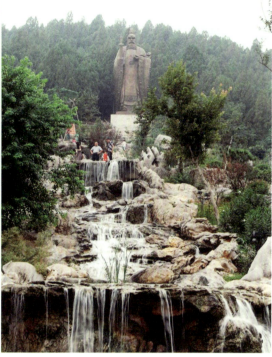

图4.1.7 天师岭

天师岭景点选建在山体凹陷汇水区上部，填石引水，"飞流湿行云，溅沫惊飞鸟"，石与水一刚一柔、一静一动，成为整个公园欣赏焦点（图4.1.7）。

狮子山汉文化园原址东部为狮子山，西部为砖窑取土形成的深坑，北部为骆驼山，公园依自然地形地貌和楚王陵、兵马俑坑遗址，山为骨架，化深坑为园池，通过空间渗透，多层次地烘托整个汉文化主题公园的历史文化氛围和新景观的结合，全园布局完全顺应自然、返璞归真、就地取材（图4.1.8）。

云龙山北麓黄茅岗，因北宋大词人苏轼一篇《登云龙山》诗："醉中走上黄茅岗，满岗乱石如群羊。岗头醉倒石作床，仰看白云天茫茫。"而具有独特的人文意义。景点的营造重点再

图4.1.8 狮子山汉文化园

图4.1.9 黄茅岗群羊坡

163

现此处奇特的地理风貌，充分凸显石灰岩山体的自然形态，漫山遍野的绵羊石在侧柏和湿地柏的掩映下或蹲或卧，惟妙惟肖，宁静的水面，遒劲的松柏，让人仿佛置身画卷。还原了千年前苏轼笔下"满岗乱石如群羊"的壮美景象（图4.1.9）。

二、衔山吞水，舒展和顺

园林空间节奏韵律的把握与和谐的比例尺度，是园林形态美的必要条件。地形起伏的高低、大小、比例、尺度、外观形态等方面变化所创造出的地表特征，是为景观变化提供依托的基质。

一方水土养一方人，成一方风情[7]。徐派园林地形营造还秉持了徐州这方水土的自然造化——"淮、海间其气宽舒"的特质，显著区别于明清苏州园林多在平地之上千方百计叠石堆山，使之"有高有凹，有曲有深，有峻而悬，有平而坦""悬装乱水区，千岩盛阻积，万壑势回萦，洞涧窥地脉"的形态特征，地形起伏连绵，衔山吞水，舒展和顺。

图4.1.10可以看到，缪宇苑囿图中青山逶迤绵延，尤如圆润的馒头，毫无怪石嶙峋、深涧峻岭之险，这自然之造化，正是汉代徐派园林地景空间格局形成的模板。明代徐派园林纪实之作《沛台实景图》沛台建于泗水之滨，以园墙围之，整体布局景致疏阔、自然有致，沛台四周运用横卧手法，以土包石，自然山石，朴实自然，园内树木葱郁，楼宇掩映，内部生态环境与外部山水环境相呼应，山、水、园相融合，置身其中，舒展畅快之意油然而生（图4.1.11）[8]。

图4.1.10 缪宇苑囿图中山的形态

清末建于城中建三面小河环绕的半岛之上的潜园，虽然基址条件较为平庸，只是从西向东由较高平地到较低河道的一个些微的地形变化。但是，园主人顺应这个趋势，采取"芳草铺地""安排石子遍堆山"，稀疏散落的块石点缀，使其竖向变化仍然保持了丰富的层次和节奏感（图4.1.12）[9]。

当代城市园林绿地选址要受到城市绿地系统布局均衡性等的限制，园址选择往往更加平庸，这时就需要从水平和垂直两个方面的空间调整，打破整齐划一的感觉，通过适当的微地形处理，以创造更多的层次和空间，以精和巧形成景观精华。如徐州植物园红枫谷和东坡运动广场的设计，前者在小块平地上，筑出浅浅谷地，营造出一种幽深感（图4.1.13）；后者则在小块缓坡地上，利用自然地势高差，筑出曲折小溪，形成三层跌水景观，平添了一份自然野趣（图4.1.14）。

图4.1.11　明唐寅《沛台实景图》

图4.1.12　清末潜园竖向复原图

图4.1.13　徐州植物园红枫谷

图4.1.14　东坡运动广场跌水景观

三、空间开阔，恢宏大气

空间和时间是人类感知、把握世界的两个重要维度。"空间"在《汉语大词典》中释义为"与时间相对的一种物质存在形式，表现为长度、宽度、高度。"20世纪法国著名思想家、将空间问题引入社会理论架构的干将之一的米歇尔·福柯（Michel Foucault）指出：空间在任何形式的公共生活中都极为重要，空间在任何的权力运作中也非常重要，权力是影响空间构形的"幕后黑手"[10]。在先秦两汉时期，中国人对于空间的基本认知，就完成了从具象实践到抽象理论再到权力表征的发展转换过程：以具象的有限空间为发端，并在这个过程中，将"天"纳入秩序话语论述中，秩序逐渐被纳入空间认知中，空间秩序、空间关系逐渐成为权力的表征，权力的空间化不仅体现为帝制中国的疆域扩张，亦表现为日常生活实践中的空间秩序[11]，沛郡丰邑人西汉相国萧何"天子以四海为家，非壮丽无以重威"之所论与所行，既是对空间是权力的表征的认识，又是权力空间化的"幕后黑手"。

古徐州"千古龙飞地、一代帝王乡"，在中国两千多年封建社会的数十位开国皇帝中，徐州籍帝王即有十多个①。"容山容海容天下"的帝王气质，"大风起兮云飞扬"的豪迈气势，是

---

①楚霸王项羽下相人、汉高祖刘邦沛丰邑人、东吴太祖大皇帝孙权生于长于下邳、南朝宋武帝刘裕彭城人、南朝齐高帝萧道成兰陵人、南朝梁武帝萧衍兰陵人、后梁太祖朱全忠砀山人、南唐烈祖李昪彭城人、明太祖朱元璋世家沛县。此外，还有东汉开国皇帝刘秀、蜀汉开国皇帝刘备等亦为徐人。

古徐地徐人与生俱来的基因。这种基因作用于园林营造，突出的表现即在于空间开阔、恢宏大气，在选址因形就势，质朴自然的同时，追求开阔的景观视界，恢宏壮丽的园林空间布局。

汉代彭城相缪宇苑囿图中，在山体聚集、绵延的超大空间中，双层楼阁、高台建筑（图4.1.15）的制高点所获得的高远、深远及平远"三远景观"都是人处于相对静止的状态中，靠视线的运动取得宏观之景，使利用台观建筑而获得景观的观景优势得以充分施展。

图4.1.15　缪宇苑囿图中的建筑

唐宋名园燕子楼园，虽然以宠姬关盼盼所居内宅小楼和邻近郡囿为基础，但是，在空间处理上，仍然保留了燕子楼"百尺楼高燕子飞"（秦少游《调笑令（盼盼）》）"危楼飞槛，映远横空，基址孤高，规模壮丽"（《警世通言·卷十·钱舍人题诗燕子楼》）的"制高点地位"和水体为主、山石为辅、建筑为焦点、向水为心的布局形式，保证了开阔的景观视界。

图4.1.16　淮塔公园平面图

清末古园潜园地不过三亩，园主在其半岛式相对平坦之地，"高轩弗过免渲嚣，花事阑珊鸟不骄"（《王凤池·今雨轩即事》）"潆洄水抱小兰亭，雨后苔深草更青，两部蛙声千树柳，一钩月影半池萍"的空间格局（《王凤池·雨后过潜园》），同样体现了虽然名为"潜园"，但仍追求开阔、大气的景观视觉效果，也反映了园主人王凤池弃官回乡、归隐市井，又难忘时政、伤时感事的矛盾人格。

当代徐派园林在空间塑造中，更将大气、恢宏的意识与追求发挥到新的境界。如淮塔公园以中心广场为纽带，西为纪念塔，南为纪念馆，东为正门，北为侧门。主体建筑纪念塔坐落山腰，背靠青山，面迎朝阳，宏伟壮观。纪念游览区位于凭吊纪念区的南和西南侧，采用自然式布局，蜿蜒的园路，将碑林、总前委群雕、粟裕将军骨灰撒放处纪念碑与自然的山林、桂花园、枫林园、乌桕林、竹林、桃花园、梅花园、樱花园、海棠园、青年湖等连为一体。两区之间的过渡区，采用宽林带、多林层的配置方式逐步过渡，凭吊区的庄严、规整与纪念浏览区的自然、清新两者有机地结合。既继承了中国陵园营造的传统，同时又展示了时代风采，整个公园规模宏大，气势壮观，风光秀美，成为一处纪念式园林的经典之作（图4.1.16）。

云龙湖风景名胜区珠山景区用环绕整个珠山、总面积80hm²的大区域，打造出真山真水的园林景观，墨绿莽苍的珠山与碧波粼粼的云龙湖，宏大的山水格局，山景的磅礴大气和湖水的钟灵秀丽尽情挥洒（图4.1.17）。

无名山公园景观格局按照"一山二水""两线三轴"布局。"一山"采用"修整"方法，对裸露的岩石进行清理，将其自然粗犷的本质充分展现，让人们能从中领略来自地底的力量。"二水"一是通过将公园向西拓展，实现公园与现有河道相接，并对河道进行扩增，适当改造河道岸线形态，形成条带状"如意湖"，丰富整体形象；二是修整山体中采石宕口、采石沟，构造山中水景区，作为山水人文的内核，反映场址历史。"两线"为纵贯南北的西部生态景观线和中东部人文景观线，"三轴"为横穿东西的南部环山路景观轴、中部登山轴和北部环山轴。三条景观轴线串联起望月亭、福园、王学仲艺术馆、牡丹园、生肖广场、心雨广场、中国结等，全园以位于山顶的攒尖重檐八角亭望月亭为制高点，向四周逐级降低的总体空间格局，使每个重要的景点都能形成一点多线、以线成面的扇形视线辐射范围（图4.1.18）。

图4.1.17　珠山公园全貌　　　　　　　　图4.1.18　无名山公园

第二节　空间组织

造园从某种意义上来说就是创造空间。一方面要保持单个空间在功能以及景观效果上的相对独立性，另一方面也要注意各空间在整体上的关联性，使其既尽错综之美，又完整流畅。徐派园林空间构建"依天然生境，造精雅空间"，强调多维多向，曲折开合，疏闭有度。

一、多维多向、曲折开合的空间布局

天然生境的多维多向性与内在统一性，衍射到园林营造中，就是在景观的空间层次追求丰富、变化和深度，各种要素的设置、过渡空间的安排、景观构成的协调处理，强调因循地势，在高低变化、曲直结合、虚实相生、百转千回中巧妙安排出"起、承、转、合"的园林空间，多维多向、曲折显隐、开合有度。

唐宋名园燕子楼园"小桃绽，嫩柳袅""幽亭雅榭，深藏花圃阴中""画舫兰桡，稳缆回塘岸下""红紫丛中，忽有危楼飞槛（图4.2.1），映远横空，基址孤高，规模壮丽""曲港跳鱼，圆荷泻露""绿暗连村柳，红明委地花""鸥没轻春水，舟横著浅沙""高楼临汴水，杨柳荫芙蕖。曲径拥黄叶，西风时扫除"。可见，是时燕子楼园的空间布局以水为灵魂，植物景观

图4.2.1　燕子楼复原图[6]

为主体，建筑景观为焦点，向水为心，曲折丰富的驳岸和路径设置，形成多样的空间结构。

清末名园潜园"地购三亩，屋筑数椽""小河三面环绕，清溪流湍，绿荫系舟""两部蛙声千树柳，一钩月影半池萍"，门内"三棵槐树做屏"，门侧"十友轩（客舍）"，正北"今雨轩"（厅堂），堂室向东南"一条弯曲草径，东以翠竹为篱，兼夹桃柳"，草径尽头"潆洄水抱小兰亭"，南面"地有幽姿新菊圃"，其西南有房五间作厨房、茶房和园丁住处。园中生活会客区、休闲花园区及后勤用房区分区明确，灵石花木，小巧别致，景色宜人，选址巧借水势，巧于因借、精在体宜也成为了潜园文人清居的园林特色（图4.2.2）。

现代城市公园在展示序列方式上更不再局限于单一展示程序，大多采用多向入口、循环道路系统、多条游览路线的布局方法，在以一条主游览路线组织全园多数景点的同时，又以多条辅助的游览路线为补充，以满足游人不同的游园需求。另一方面，在空间类型上，不再局限于景观（浏览）空间的打造，而是将运动（休闲）空间的构建放到突出位置，以充分满足市民多样化的需要。如奎山公园在空间的布局上，设计了以曲线为脉络的闭环道路系统，采用以多主题景观为核心的循环序列布局，设置多向入口，通过蜿蜒曲折的园路达到了各景点之间以及各景点与各出入口之间的循环沟通。在保持全园总体循环序列的同时，公园以各入口为起景，以相关的景区景点为构图中心，设置多条游览路线，以方便游人的集散，进而更加合理地组织空间序列。这种分散式游览路线的布局方法，既满足了要容纳高游客量的客观需求，又易于使游人产生步移景异的新鲜感，增加公园的观赏性（图4.2.3）。

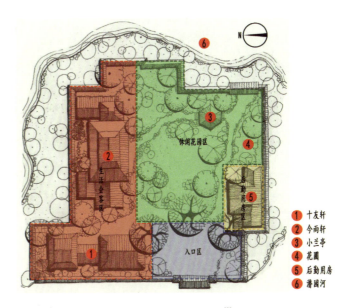

图4.2.2　潜园复原图[9]

图4.2.3　奎山公园

云龙公园改造中，充分考虑不同年龄、不同文化层次、不同爱好者的不同游憩需要，依据园址不同空间的特点，营造出风格各异的空间氛围。如东大门入口、十二生肖广场和旱喷广场等，即以宽阔平坦的绿地、舒展的草坪或疏林草地，来营造开朗舒爽的空间氛围。知春岛、王陵母墓、牡丹园、水杉林、滨水休闲区通过高低错落的地形处理，以创造更多的层次和空间，以精、巧形成景观精华，通过各类空间衔接串联和丰富的植物配置，营造出层次多变园林艺术空间，让人既能登高远眺，包揽美景，也能在绿树丛林中享受那份惬意，进一步拓展了城市的亲民空间，将公园融入城市中去，成为徐州市中心集生态、展示、游览、休闲活动等功能于一体的敞开式城市公园绿地（图4.2.4）。

图4.2.4 云龙公园的活动空间运用

彭祖园围绕场地特有山水构架、空间形态，因势利导，巧于因借，对各区域进行有针对性的改造设计，形成两轴、五景区的总体景观布局，远借云龙山迤逦山势为公园背景，近借福寿山、不老潭为造景骨架，山上林木郁郁葱葱，掩映着古朴凝重的建筑，潭中碧水清澈，倒映着拱桥、水榭影影绰绰，山上小路幽静，花间林下广场静谧，山、水、石、树有机结合，营造出不同的生态景观，使活动休憩场所与自然生态环境完美融合（图4.2.5～图4.2.7）。

图4.2.5 远借迤逦云龙山

图4.2.6 碧水倒映

图4.2.7 花间林下

二、大分散、小聚合的建筑布局

与明清江南园林"树木花草散布于建筑合围空间之中"相反,徐派园林空间布局的另一个特点即"建筑分散于树木花草之中"。

汉缪宇苑囿图可以看到,建筑居所镶嵌在一块风水较为合理、景色较为优美的自然环境中,而建筑围合的区域空间比较紧凑,院内空间没有人工山水;建筑居所与周围自然环境的关系是"嵌入式",植物和山水将建筑包围起来,而非建筑的内部空间将植物和山水包围起来;

建筑居所周围的山水环境和植物都是天然的大体量自然山水环境（图4.1.1）。

唐宋名园燕子楼园"幽亭雅榭，深藏花圃阴中""画舫兰桡，稳缆回塘岸下""红紫丛中，忽有危楼飞槛，映远横空，基址孤高"（图4.2.1）。

清末名园潜园，全园建筑不过十多间房，但却分成了相互独立的4组：重檐歇山顶"今雨轩"作为主体建筑，在园中占据中心位置，六角攒尖"小兰亭"作为主要观景建筑占据次中心位置，硬山顶式"十友轩"和另外一组后勤建筑，分据另外两边，建筑回环曲折、参差错落、忽而洞开、忽而幽闭，赋予了园林的无限变化（图4.2.2、图4.2.8）。

图4.2.8　潜园"今雨轩"（左）与"小兰亭"（右）复原意向图[9]

彭祖园以中部祭拜广场为中心对称布置纪念彭祖建筑群，突显公园主题；东部出入口位置布置彭祖养生餐饮建筑群，强化公园主题；北部布置徐州名人馆、碑林等建筑群，进一步彰显徐州的人文历史；西部滨水区置水榭，南部为动物园建筑群，全园建筑依功能分区聚散有度（图4.2.9）。

图4.2.9　彭祖园平面图

云龙公园建筑格局遵循"延续地域文化元素"的原则，在与王陵路相接的北部布置王陵母墓等建筑群，北部原砖窑取土坑改造的北湖湖心岛上布置燕子楼建筑群，东部因与学校等单位相邻，环境要求僻静，布置盆景园建筑群，沿湖岸散布数处水榭等建筑，汉（王陵母）唐（燕子楼）忠义文化遥相呼应（图4.2.10）。

三、植物为主体的空间分割与表现

与大分散、小聚合的建筑布局相适应，徐派园林营造中，植物在充当构成、限制和

图4.2.10 云龙公园平面布置图

组织园林空间中发挥着主体作用。这样的园林空间景观在地面上，以不同高度和各种类型的地被植物、矮灌木等来暗示空间边界，如草地和地被植物之间的交界虽不具视线屏障，但也暗示着空间范围的不同；立面上则可通过树干、树冠的疏密和分枝的高度来影响空间的闭合感；顶面亦是如此，不同高度、大小和疏密的树冠表现出不同的空间特色，同时植物的树冠也限制着人们向上仰视天空的视线。

唐宋名园燕子楼园"绿暗连村柳，红明委地花。樱桃泫红腻，蘼芜凋绿滋。露桃幽怨，牡丹春后唯枝在，柳老花残木叶秋，四山依旧翠屏围。小桃绽妆脸红深，嫩柳袅宫腰细软。幽亭雅榭，深藏花圃阴中；莺贪春光时时语，蝶弄晴光扰扰飞。到红紫丛中，忽有危楼飞槛""视四野如窥目下，指万里如睹掌中。移踪但觉烟霄近，举目方知宇宙宽""绿暗连村柳，红明委地花""向苍苍太湖石畔，隐珊珊翠竹丛中"，可见植物在园中除了观赏之外，还有着甚为重要的空间功能。

清末名园潜园"门内以三棵槐树做屏，屏后树木茂密，芳草铺地""门垂故虞之瓜，墙依王戎之李""依旧窗开四照明，芳草竹树喜纵横""地有幽姿新菊圃，人多仙侣小蓬瀛""一条弯曲草径，东以翠竹为篱，兼夹桃柳"。由诗可知，潜园在入口处点植三棵槐树并配置茂密的灌木以为屏风，避免开门见山、一览无余，把潜园内景遮挡起来，使其忽隐忽现，若有若无，体现古典园林中藏的手法，又单独作为植物景观，营造枝繁叶茂，嘉木葱茏的气氛。屋外窗侧孤植或丛植芭蕉，运用借景和框景的手法借窗外芭蕉，营造出雨打芭蕉、声景并茂的景观效

果。通往户外清溪的路径两侧密植垂柳，形成葱葱郁郁、充满自然野趣的水边环境，以获得充满野趣的景观效果。全园植物配置与营造，既有围，又有透；既有遮挡，又有显露，疏密有致，大小相间，高低错落，烘托陪衬园林建筑，景观效果含蓄深远，图4.2.11[9]。

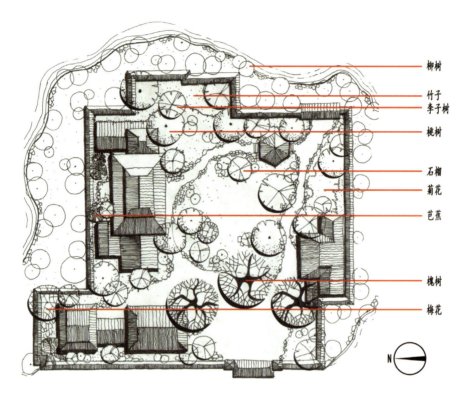

图4.2.11　潜园植物配置推想图

进入20世纪末，"建设多层次、多结构、多功能的植物群落，建立人类、动物、植物相联系的新秩序，达到生态美、科学美、文化美和艺术美"的生态园林更成为世界潮流。徐派园林在保持和继承植物在组织园林空间中的主体作用的基础上，强化复层式植物群落构建，注意挖掘地处南北气候过渡带、四季分明、植物种类南北兼备的优势，在"近自然"原则下，植物配置上结合场地的自然风貌特征，以及因地制宜的微地形设计，注重常绿与落叶、乔灌木与花草、观赏特性和季相变化的搭配，建设科学合理的复层结构的绿地，营造出多树种、多色彩、多层次、富变化、主题突出的植物群落景观。

第三节 山水空间的营造

受"其气宽舒"自然山水之滋养、"徐风汉韵"文化之熏陶,徐派园林山水空间营造不求奇、险,但求舒展壮阔厚重,给人"心安处"。

一、理水雅丽壮阔

陈从周先生说:"水为陆之眼。""水本无形,因器成之。"老子曰"上善若水"。水作为文化符号,在中华民族的审美心理上有着深层的含义。徐派园林有关理水的记录,可以追溯到汉代。据研究,画像中的池沼通常以鱼来表示,在徐州、滕州、临沂3市公开展出的一千多块汉画像石中,绘有山水的占2.59%[13],虽然占比较小,但画像中建筑、植物与水集于一幅画像之中,十分清晰明确地表达出了园林的意涵(图3.2.5~图3.2.7),使人产生一种仙居的感觉——描述西王母的住所"瑶池"就是一处建筑与水相互映彰的仙境:"所居宫网,层城千里,玉楼十二。琼华之网,光碧之堂,九层伎室,紫翠丹房。左带瑶池,右环翠水。其山之下,弱水九重,非腌车羽轮不可到也"[14]。可见古人思想中,建筑与水的完美融合才是最理想的居住地。汉代徐派园林水与建筑的融合布局灵活、自然而富有层次感,这些临水而建的建筑大多是前部架空挑出水上,水居建筑下方,显得含蓄深幽,理水艺术手法暗含着水的谦和处下,不仅极大地扩大了景观视野,而且明镜似的湖面含映出周边的建筑、山石、树木乃至天空,产生虚实之美,水天一色,天地融合,使得人们的视线无限延伸,也使园林的层次感更显丰富。

唐宋名园燕子楼园的人工理水已经非常成熟。"画舫兰桡,稳缆回塘岸下""曲港跳鱼,圆荷泻露""画梁初著燕,废沼已鸣蛙。鸥没轻春水,舟横著浅沙。""高楼临汴水,杨柳荫芙蕖"等水景的描写,可见园西北侧有充足水源,园内有水面且形式多样,水面应较为开阔,全园景观布局以水体为主,以水与思念的意向联系,用水描写一位思妇的心情,足见构思之巧(图4.3.1)。

清末名园潜园巧借"小河三面

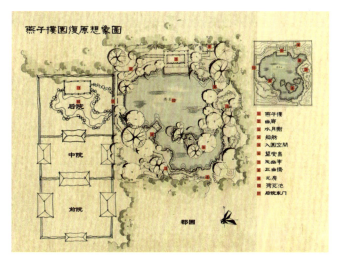

图4.3.1 燕子楼园平面复原图[6]

环绕，清溪流湍"的独特地形，构造出"两部蛙声千树柳，一钩月影半池萍""潆洄水抱小兰亭"水景，巧于因借、精在体宜也成为了潜园文人清居的园林特色。

当代徐派园林"理水"在秉持利用场地自然或原有的水廓，因地制宜，对岸线等稍作修形加工传统的同时同，随着科技的进步和经济的发展，一是普遍采取湖中筑岛、设堤、造桥的形式，形成水面有聚有分、有断有续、曲折有致的节奏感，近自然的湖泊型水体，水面壮阔，清风徐来，烟波浩渺。这类水景多存在于大型公园和风景名胜区，兼具标识功能，如云龙湖风景名胜区、金龙湖公园、九里湖公园、督公湖公园、南湖公园、潘安湖公园等，湖水多与区域性河流相通，湖中小岛，犹如碧玉，在水天一色之中，平添了几分袅袅娜娜的韵味（图4.3.2~图4.3.4）。

图4.3.2 云龙湖

图4.3.3 潘安湖

图4.3.4 金龙湖

图4.3.5　百果园理水

图4.3.6　东坡广场

图4.3.7　奥体公园小溪

图4.3.8　金龙湖宕口瀑布

二是掘池蓄水。此类水体一般以静水景观为主，玲珑秀丽，水波不兴，将蓝天白云和绿树花草的情影尽收怀抱，轻松而平和，静静中常透着一丝沉思。有自然式和规则式两个类型。前者如百果园、奥体公园等，水体形态拟自然的方式，常由自然式驳岸或植物收边，水际线曲线式变化，乖巧灵韵，有一种天然野趣的意味（图4.3.5）。后都多用于城市广场及建筑物的外部环境中，形状规则，多为几何形，如东坡运动广场入口处水池，体现出一种强烈的现代感（图4.3.6）。

图4.3.9　彭祖园名人馆叠水

三是巧借地势，营造动水。如奥体公园的小溪（图4.3.7）、金龙湖宕口公园（图4.3.8）和珠山天师岭的瀑布、彭祖园名人馆（图4.3.9）和楚园入口广场的叠水等。小溪浅浅的、弯弯的，清清澈澈，晶莹剔透，溪流的身下是光滑滑的卵石，黄灿灿的沙粒。小溪踏着沙粒，抚着卵石，潺潺湲湲，宛若仙女手中轻轻挥舞的丝带，泛着绸缎般的光泽。珠山天师岭瀑布顺坡而下,一路撞击石头溅起的水花,晶莹多芒,远远望去,如飞珠滚玉一般。金龙湖宕口公园的瀑布又是另一番景象,那悬空直下的飞流,声如奔雷,澎湃咆哮,激湍翻腾,水气濛濛,气势雄浑而磅礴,豪迈而坦荡。

二、用石淳厚凝重

人在山中谓之仙。徐州及周边地区自然山石资源丰富,除位列古时四大名石之首的灵璧石外,吕梁石、湖石、竹叶石、龟纹石、黑白道、火山岩、红页岩、青碗螺、红碗螺、千层石、焦山片石等名石形态丰富,形神交融的奇石培养出徐人的喜石情怀,映射到造园中,厚重雅丽,宛自天开,从一个侧面诠释了徐州"淳厚、凝重"的自然风貌和人文精神。

(一)置石

置石通常指以单块的块石布置成自然露岩景观的一种造景手法。徐州地区出土的汉画像中,堂外庭中不只是佳树摇曳,还有玲珑大石增色,足显徐派园林置石之悠久。图4.3.10中,庭中一株佳木枝干弯曲交叉、枝叶婆娑,树下置放一块雕琢玲珑的景观大石,突显主人对生活环境与生活情趣的追求。图4.3.11一株阔叶树生长在显然经过艺术处理的山石之后,一只似鹤的动物在理羽栖息,暗示水的存在。到唐宋时期,太湖石出现在徐地园林之中。名园燕子楼园"启窗视之,……向苍苍太湖石畔,隐珊珊翠竹丛中"(警世通言·卷十·钱舍人题诗燕子楼)[5],清末名园潜园"盼咐园丁勤插菊,安排石子遍堆山。"可见徐派园林置石多以稀疏散落的块石点缀,辅以花木,形成优美的画面,用以抒发园主人追求诗情画意的心境。

图4.3.10 庭中玲珑石(江苏徐州)

图4.3.11 (江苏徐州)

当代徐派园林中，置石成为应用最为广泛的一种用石手法，或空旷之野，或嘉树之下，或湖岸水边，或屋角墙边，或路缘阶旁，或独置、或对置、或散置、或群置一些大大小小的天然石块，看似无心，实则精心布局，"片山有致，寸石生情"，与相邻景物融为一体，使"软"的景观化入一份硬朗，"硬"的线条平添一份柔情。显红岛公园大量采用了散置黄石的造景手法，"寓浓于淡"，体现出一种自然天成的野趣（图4.3.12）。金龙湖公园"心心相印"湖石，似一对含情相对的青年，在红、绿相间的红叶石楠球、黄杨球的映衬下，挚爱之情，跃然而出（图4.3.13）。迎宾园"柳枝揽月"在曲尺式台阶一隅，悬水叠石三块，石间置树穴，配植红枫等小灌木，在刚直中增添了一丝柔情和野趣（图4.3.14）。

图4.3.12　显红岛的置石

图4.3.13　金龙湖"心心相印"

图4.3.14　迎宾园置石

（二）掇山

掇山即将采取的自然山石有机地掇叠成"山"的一种造景手法。与置石一样，掇山必须是立意在先，而立意必须掌握取势和布局的要领，一是有真有假，做假成真，达到虽由人作、宛自天开的境界，以写实为主，结合写意，山水结合主次分明。二是因地制宜，结合材料、功能、建筑和植物特征以及结构等方面，景以境出。三是对比衬托，寓意于山，情景交融。

徐派园林目前可见到的最早的假山形态，是"梁王城遗址"商周时期地中的一处人造园景的遗迹：一条长约10m、宽约1m用鹅卵石铺成的小径，小径两旁用奇形怪状的石块垒起高约70~80cm高的类似现今园林中假山一般的造型（图3.1.1）。到东汉，民间园林中有假山出现。图4.3.15是徐州汉画像艺术馆收藏睢宁双沟出土的一块汉画像石，有一座院中假山，从图中看，假山体量较大，表面形态丰富，呈倾悬形，给人强烈的厚重、险峻感，可与《西京赋》描写上林苑叠山"触穿石，激堆崎，沸乎暴怒。"《上林赋》所谓："盘石振崖，嵚岩倚倾，嵯峨集萃，刻削峥嵘"相媲美；又似有"岩突洞房，頫杳眇而无见，仰攀橑而扪天，奔星更于闺闼。"之洞窟结构。《西京杂记》描述西汉梁王刘武兔园："园中有百灵山，山有寸肤石、落猿岩、栖龙岫。"周维权先生认为，所谓"寸肤石"，就是一种以小石结合夯土堆叠而成的土石相混之山，是最早见诸文献的土石混筑的实例[15]。考虑当此假山造型，所用材料似较"小石结合夯土"更进了一步。

图4.3.15　院中假山（江苏徐州）

东汉末年起经三国到魏晋南北朝，寄情于山水之间、体味自然之意境成为社会的一种风尚，园林手法不断精致，写意抽象的山水表现方式开始初露端倪，太湖石因其通灵剔透、姿态万千，灵秀飘逸而受到士子偏爱，唐宋名园燕子楼园"向苍苍太湖石畔"表明，最晚在唐末宋初，江南的太湖石已经应用徐州的园林中了。在此后的历史中，太湖石可能都占有重要的地位——新中国成立后徐州建设的第一个公园——余窑文化休息公园（今云龙公园）的假山，也是太湖石叠成的（图4.3.16）。

进入21世纪，随着"再现地方特色文化"的诉求日益强烈，徐派园林掇石材料和风格逐步回归"乡土化"，形成了采用矩形块石材料，风格简约、粗犷、豪放的艺术风格。如奎山公园，采取"池上理山"的手法，在池边用纹理呈横向变化的横长形块石，横纹直叠，简洁明快，避巧就拙，密疏得当，体现平、直、正、拙的特征，倒映水中，俯仰之间，壶中天地、万景天全（图4.3.17）。

（三）筑坡驳岸

徐州地形起伏多变，砂性土壤多，水土流失较为突出。因此，挡土护坡成为造园的重要一环。从明代徐派园林纪实之作《沛台实景图》可见，沛台建于泗水之滨，园墙四周以坚石加固，运用横卧手法，以土包石，以石护土，石、水、建筑融合为一体，朴实自然（图4.3.18）。

图4.3.16　徐州解放后建设的第一座公园——云龙公园中的假山

图4.3.17　奎山公园临水假山

图4.3.18　明唐寅《沛台实景图》山石局部图

此种筑坡驳岸风格延续至今，恬静娴雅的湖溪岸边，或花草如茵的坡底山脚，一抹景石护坡，一动一静，一刚一柔，生动自然。云龙公园湖岸采用黄石自然堆砌，碧水黄石，花草间生，"石得水而活，水得石而媚"，既防水土流失，又为公园一景，还体现了节约型园林特性（图4.3.19）。戏马台公园西部坡脚，曲线式布置景石护坡，灰黄的景石，卧于绿色草地之上，山石自然的高低凸凹变化，在人工中见自然之妙。迎宾园在上下台地过渡区，采取阶梯式堆砌法，大型块石上下错落布置，石间栽植穴种植小型灌木球或地被，坚硬的石头，衬托了生命的美丽（图4.3.20）。

图4.3.19　云龙公园黄石驳岩　　　　　　　　　图4.3.20　迎宾园景石护坡

本章参考文献

[1]　刘禹彤. 汉代彭城相缪宇囿苑解析[J]. 园林, 2020, (08): 22-26
[2]　尤振尧, 陈永清, 周晓陆. 东汉彭城相缪宇墓[J]. 文物, 1984（08）: 22-29.
[3]　（日）福本雅一文, 李寅生译. 燕子楼与张尚书[J]. 河池学院报, 2007, 27（6）: 15-23.
[4]　李春燕. 燕子意象与燕子楼故事的文化意蕴[J]. 中天学刊, 2012（3）: 28-31.
[5]　（明）冯梦龙纂. 警世通言[M]. 石家庄: 花山文艺出版社, 1992.
[6]　吴婷婷. 唐宋徐州燕子楼园研究[J]. 园林, 2019, (8): 27-31.
[7]　曹诗图, 孙天胜, 王衍用. 一方水土养一方人——地理环境对人类的影响[M]. 武汉: 武汉大学出版社, 2016.
[8]　周国宁, 刘晓丽. 明代唐寅园林纪实之作《沛台实景图》解读[C] // 中国风景园林学会. 中国风景园林学会2019年论文集（下）. 北京: 中国建筑工业出版社, 2019: 1439
[9]　刘禹彤. 徐州清末古园——潜园复原研究[C] // 中国风景园林学会. 中国风景园林学会2019年论文集. 北京: 中国建筑工业出版社, 2019: 27-31.
[10]　周和军. 空间与权力——福柯空间观解析[J]. 江西社会科学, 2007, (4): 58-60
[11]　陈晓屏. 先秦两汉空间观与权力的空间化——从"空""宇""天"的语义演变到"天下"观念的构建[J]. 汕头大学学报（人文社会科学版）, 2015, 31（2）: 39-47
[12]　程金华, 薛田生. 淮海战役烈士纪念塔园林绿化规划[J]. 林业科技开发, 1991, (3): 8-9
[13]　言华, 刘晓露, 秦飞. 徐派园林史略: 秦汉时期[J]. 风景园林, 2020, (增刊1): 11-14.
[14]　罗伟国. 话说王母[M]. 上海: 上海书店出版社, 2000.
[15]　周维权. 中国古典园林史[M]. 北京: 清华大学出版社, 2008

第五章
徐派园林建筑

园林建筑作为古典园林造园林四大要素之一,徐派园林建筑最早的可追溯到先秦时期的台、坛、亭、宫等,到秦汉时,王(皇)家园林和民间园林已经呈现出并行发展的态势,"威加海内"的思想造就了汉代建筑古拙、雄浑、大气、豪迈的气势和风格,堂、厅、楼、阁、亭、榭、台、廊、门、阙、桓表等园林建筑类型基本齐全,特别是"悬水榭"为徐派园林中独有的建筑形式。三国魏晋南北朝时期,园林建筑从秦汉时期拙朴、壮美的风格走向"崇丽",唐宋以后走向成熟,在新世纪得到创新发展。

第一节 台、坛

台、坛是史载出现于华夏大地最早的景观建筑，通常表现为坚实高大、平整开阔的建筑形式，达到登高望远的效果，具有独特的历史文化内涵。

一、古台、坛

先秦时期古徐地台、坛众多。《水经注·卷二十五》载：阜上（指鲁国）有季氏宅，宅有武子台，今虽崩夷，犹高数丈。台西百步，有大井，广三丈，深十余丈，以石垒之，石似磬制。台之西北二里有周公台，高五丈，周五十步。台南四里许，有孔子之故宅。（鲁城）门南隔水有雩坛，坛高三丈，曾点（曾晳）所欲风舞处也。《论语》中有多处关于舞雩坛的记载，《颜渊篇》载："樊迟从游于舞雩之下"；《先进篇》载："（点）曰：'暮春者，春服既成，冠者五六人，童子六七人，浴乎沂，风乎舞雩，咏而归。'夫子喟然叹曰：'吾与点也！'"《左传·庄公·庄公十年》载："夏六月，……。自雩门窃出，蒙皋比而先犯之。"《太平御览·居处部·卷六》载：曲阜县南十里，有孔子春秋台。《后汉书·志·郡国三》载：[方与]有鲁侯观鱼台。《左传·庄公·庄公三十一年》和《公羊传·庄公·三十一年》均载：三十一年春，筑台于郎。夏四月，薛伯卒。筑台于薛。秋，筑台于秦。《史记·三十世家·鲁周公世家》载：三十二年，初，庄公筑台临党氏（临党台）。《公羊传·文公·文公十六年》载：泉台者何？郎台也。郎台则曷为谓之泉台？未成为郎台，既成为泉台。《汉书·传·楚元王传》载：及鲁严公刻饰宗庙，多筑台囿，后嗣再绝，《春秋》刺焉。

秦与西汉时期，台仍属王（皇）家重要建筑，《史记·十二本纪·秦始皇本纪》载：南登琅琊，……作琅琊台。《水经注·卷二十六》载：台在城东南十里，孤立，特显出于众山，上下周二十里余，傍滨巨海。……所作台基三层，层高三丈，上级平敞，方二百余步，广五里。《史记·十二本纪·高祖本纪》载：秦始皇帝派人在丰邑挖深坑埋丹砂宝剑，并筑起二十余米高台镇压天子紫气，后人谓之"厌气台"。《史记·十二本纪·项羽本纪》载：项王自立为西楚霸王，都彭城，筑戏马台。及至汉高祖刘邦一统天下，高祖还归，……，沛人因台作室，名歌风台。《水经注·卷二十五》记汉景帝程姬子鲁恭王之所造之台曰：孔庙东南五百步，有双石阙，……阙之东北有浴池，方四十许步。池中有钓台，方十步，台之基岸悉石也。是汉景帝程姬子鲁恭王之所造也。殿之东南，即泮宫也，宫中有台，高八十尺，台南水东西步，南北六十步，台西水南北四百步，东西六十步，台池咸结石为之。《水经注·卷二十四》转记司马彪《郡国志》曰：睢阳县城内有高台，甚秀广，巍然介立，超焉独上，谓之蠡台、亦曰升台焉。蠡台如西，又有一台，俗谓之女郎台。台之西北城中，有凉马台。台东有曲池，池北列两钓台，水周六七百步。蠡台直东，又有一台，世谓之雀台也。城内东西道北，有晋梁王妃王氏陵表，……东即梁王之吹台也。基陛阶础尚在，今建追明寺故宫东，齐周五六百步，水列钓台。池东又有一台，世谓之清泠台。北城凭隅，又结一池台，晋灼曰：或说平台在城中东北角，亦或言兔园在平台侧。如淳曰：平台，离宫所在。今城东二十里有台，宽广而不甚极高，俗谓之平台。

二、当代景观台

东汉以后，台类建筑日益减少，史料中鲜有记载。

1980年代徐州重修了项羽戏马台，并建成一处纪念性园林。今戏马台占地约1.5万m^2，建筑面积约0.4万m^2，依原戏马台的地形递升，山门是券顶半圆形，进门石台上高置一尊长方双耳四足大鼎，山上是一组仿明清建筑群，院内中央立着近3m高的霸王项羽的石雕像，千年戏马台成为彰显项羽霸业雄风的重要遗迹（图5.1.1）。

图5.1.1　戏马台

云龙山最高峰第三节山顶的观景台，台分上下二层，下面高大花岗岩石圆柱拔地而起支撑6m高台，方整条石台身嵌金字匾额，周边半身高精细淡灰色石柱栏板维护，台上极宽阔通敞，中间矗立攒尖六角重檐仿古高亭。观景台据山巅磅礴屹立，高耸入云，气势雄伟，特别是入夜以后，七彩的霓虹灯将观景台的轮廓勾画出来，恰似琼楼玉宇。登台临栏远眺，全城美景一览无余，尽收眼底（图5.1.2）。

图5.1.2　云龙山观景台

第二节　门类建筑

门，字始见于商代甲骨文及商代金文（图5.2.1），《说文解字》将它解为由二户构成，"户"本为单扇之门。与作内门的户相对，门本义指房屋的两扇外门，是进出房屋的必经之处。门的出入口这个特征，随着建筑类型的发展，逐渐从建筑的结构部件独立出来，形成了系列的门楼建筑文化。

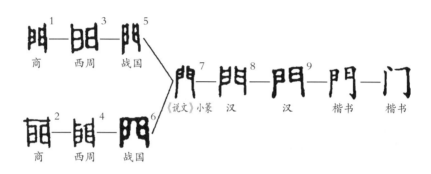

图5.2.1　"门"字形演变图

一、阙

商代甲骨文中有"阙"字出现，说明商代已有了阙这类建筑。到周朝，《诗·郑风·子衿》曰：纵我不往，子宁不来？挑兮达兮，在城阙兮。《周礼·天官冢宰·大宰》云："正月之吉，始和，布治于邦国都鄙，乃县治象之法于象魏，使万民观治象。"郑众注曰：象魏，阙也。《白虎通》云：阙是阙疑。义亦相兼。然则其上县法象、其状魏魏然高大谓之象魏，使人观之谓之观也。可知周代已有了"城阙""宫阙"。

早期的阙与观在建筑结构上也许类似，但阙左右对称成对，所以"中央阙然为道"。按不同功用与性质，单独一观的不能称阙，阙上无观望之所的也不该称观。阙在以后的发展中，其登高、瞭望和警戒的功能逐渐消失，成为身份地位的象征，或转型成为碉楼、阙楼。阙可分单阙、二出阙与三出阙。每阙皆有一高大的主体，上有楼台。仅有此阙身者称之为单阙。侧面再配一较低矮的阙，则主体称正阙或母阙，侧面所配者称副阙或子阙，有此二者之阙称为二出阙。正阙左右两边各配以副阙的，便是三出阙。等级以三出阙最高，为天子所用，二出阙次之，单阙又次之。每类阙又有单檐、重檐之别，以等级论，重檐尊于单檐。

阙作为门的形制，在秦汉时期达到高峰。古徐州地区阙的遗存，有泰山封禅阙、曲阜无名阙、孔庙两座无名阙、孔府无名阙、曲阜孔彪阙、曲阜鲁贤村阙、嘉祥武氏阙、济宁阙、徐州六座无名阙、徐州贾汪无名阙、邳州缪宇阙、淮北无名阙、莒南孙氏阙、莒县孙熹阙等[1]。其中,泰山封禅阙为秦时石阙,位于中岳泰山顶登封台下玉皇祠前,为祭祀泰山的祠庙阙。黄色花岗岩质地,类碑石状,由阙基、阙身、阙顶三部分构成,四周素平无纹饰,有收分(图5.2.2)[2]。徐州北洞山西汉楚王刘道阙,仅存阙身,阙顶无存,阙身素平无纹饰,构造较简单。两阙位于墓道前、中段之间,结构相同,间距2.35m,残高1.65m,南北长1.42m。上部砌有土坯,但顶部已毁无法窥其全貌。其中东侧土阙南壁宽1.65m,北壁宽0.55m;西侧土阙南壁宽1.75m,北壁宽0.75,是现存汉阙中时代最早的土坯质阙[3]。莒南孙氏阙一名莒南孙仲阳画像石阙,出土于莒南县筵宾乡东兰墩村,为重檐庑殿顶式单体石阙,青石质,现仅存阙身和两阙顶及残石四块,阙身高1.80m,底部宽0.70m,进深0.2m;上部宽0.52m,进深0.18m。两阙顶均雕刻四条垂脊和瓦垄,坡度较缓,出檐也较窄,中部长方形凹槽为脊饰安置处,脊饰无存。分别为高0.14m,长0.89,进深0.83m;高0.14m,长0.74m,进深0.66m,该阙建于东汉章帝元和二年(85年),是现存有纪年的石阙中时代较早的一例(图5.2.3)。徐州贾汪无名阙为单体双龙穿壁石阙,阙顶缺失,高2.30m,宽0.77m,厚0.23m,阙基无纹饰,由整石凿成,阙身也为一整石凿成,下段残缺修复,腰部收分较大檐部为覆斗形(图5.2.4)。在现存汉阙类型中,此类单体石阙实物仅见此一例。此阙的出土推翻了此类型阙仅见于画像石、石棺或其他明器上图画形象之说同时也为汉阙品类的丰富做出了贡献[1]。

图5.2.2 泰山阙　　图5.2.3 莒南孙氏阙阙身　　图5.2.4 徐州贾汪无名石阙

阙的实物遗存虽然不多，但大量的汉画像石为研究古徐州地区的阙类建筑提供了丰富的材料。综合出土于古徐州地区的汉画像中阙的图像，按形态和材质综合分类，有单出单檐阙、单出重檐石阙、单出重檐木阙、单出重檐砖石阙、单出重檐砖木阙、二出单檐阙、连阙建筑、变异汉阙等类型。重檐石阙高大厚重，实际上建造工艺要求很高。木阙在造型上选择空间更多些，比较石阙更显清秀绮丽些。二出阙是一主阙附一小阙形式，又称子母阙，形体较单出阙明显高大庄严，二出双檐造型建造难度更大。

单檐石阙1（江苏徐州）

单檐石阙2（江苏徐州）

单檐砖木阙（山东邹城）

图5.2.5 单出单檐阙

图5.2.6 单出重檐石阙（江苏徐州）

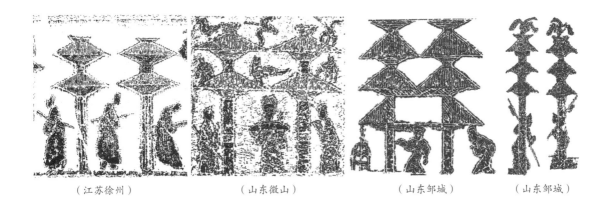

（江苏徐州）　　　（山东徽山）　　　（山东邹城）　　　（山东邹城）

图5.2.7　单出重檐木阙

图5.2.8　单出重檐砖石阙（安徽萧县）

（安徽萧县）　　　　　　　　　　　　　　（山东徽山）

图5.2.9　单出重檐砖木阙

（江苏徐州）

（安徽淮北） （山东临沂）

图5.2.10 二出单檐阙

连阙门廊（江苏徐州） 连阙门楼（山东滕州）

图5.2.11 连阙建筑

重檐石阙（江苏徐州）　　　重檐阙（山东临沂）　　　　重檐木双阙（安徽淮北）

图5.2.12　变异汉阙

东汉以后，少见阙的记载。直到近几十年中，在诸如徐州汉画像石艺术馆、狮子山汉文化园、龟山公园、淮海文博园等汉文化主题园里建造了一批仿汉阙。如徐州汉画像石艺术馆北门左右对称的仿汉子母阙，大阙十三层石材叠砌，每层由不定数量的青石条块或青石板完成；下面是阙基与四层阙身，上面楼部是高浮雕斗栱承托着高浮雕花卉和弧形楼体，楼体上是向外夸张舒展的楼顶板，板下雕刻着密布的枋条，板上形象的雕刻着仿木椽子，最上面楼脊似象形鸟踏在楼顶檐上展翅欲飞。小阙层数减少，形制相同；阙整体庄重朴拙、高大粗犷，可完善形象，具有艺术感染力和欣赏价值（图5.2.13）。

图5.2.13　汉画像石艺术馆仿汉子母阙

二、牌坊（牌楼）

牌坊（牌楼）作为一种遍及华夏且远涉海外、被视为中华象征性标识之一的门洞式建筑，历史悠久，从起源到鼎盛，经历了由衡门—坊门—乌头门（和宫苑坛庙的棂星门），及由两柱单间—多柱多间—多柱多间连楼这样复杂的演变发展过程，并非仅有表彰、纪念、宣扬和标榜功能，而是具有旌表褒奖、道德教化、空间分界、情感承载、纪念追思、炫耀标榜、理念体现、风俗展示、装饰美化、标识引导等众多功能[4]。也有学者认为，失去登望功能后的阙，也是牌坊的起源之一[5]。还有学者认为，乌头门（棂星门）源于上古时代的华表柱——是由两根高过门顶的华表柱，中间连接一道或两道横梁及门扇组合成的一种新式的门。

由前述牌坊（牌楼）起源的认识，当今可证的古徐地牌坊（牌楼）的起源，似可追溯到

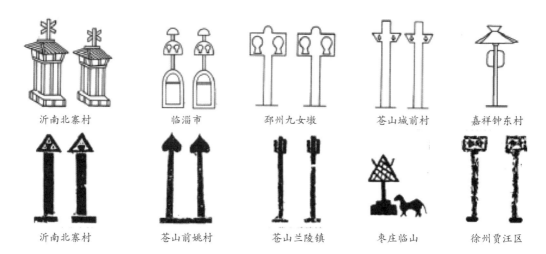

图5.2.14　汉画像中的桓表

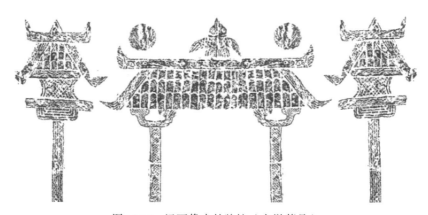

图5.2.15　汉画像中的牌坊（安徽萧县）

汉代的桓表（图5.2.14），但是，确切的牌坊，始于何时，目前还缺乏考证，图5.2.15出土于安徽萧县汉画像石，其位于木阙之间的门形建筑物，不就是一座牌楼吗？然而，古徐地在历史上曾经存在过大量的牌坊是毋庸置疑的，尤其是明清时期，在专制政体和专制文化下，牌坊曾遍布各地，只是有关这些牌坊的记录，多掩藏记录在了列女旌表之中——清顺治帝甫登基即下诏："所在孝子、顺孙、义夫、节妇，有司细加咨访，确具事实，申该巡按御史详核奏闻，以凭建坊旌表。"[6]。据研究，仅淮北地区徐州府，明清两代县均烈女151.5人，高出学界视为节烈女性最多的徽州县均约70人一倍以上[7]。

历经岁月磨难，大量古老的牌坊已所剩无几。现在保存下来的牌坊，多集中在今鲁南地区，嘉祥青山寺"泰山行宫"坊、曲阜孔庙金声玉振坊、太和元气坊，孔林的万古长春坊等十几座庙宇坊、陵墓坊；邹城"亚圣庙石坊；单县百狮坊、百寿坊；滕州韩楼百寿坊；泰安泰山、岱庙牌坊、萧大公墓牌坊；兰陵（苍山）庄坞镇杨氏牌坊、南桥镇的小湖子牌坊以及罗庄区的沂堂牌坊，莲九仙山下仰止坊等[8]。

兰陵（苍山）庄坞镇杨氏牌坊　　　　　　　　　　　　　　孟庙亚圣坊

图5.2.16　鲁南地区遗存的牌坊

随着封建社会的覆亡，牌楼这一富有中国传统文化特色的景观建筑，也被赋予了新的使命，成为现代园林中重要的景观建筑，通常立于醒目的外门位置，规模不同、风格各异、精美壮观的牌楼，以特有的形象和气势营造出各种端庄持重、古朴沧桑或精巧细致、富丽华贵的气氛，给人们留下深刻的印象。

"五省通衢"牌楼矗立在黄楼公园西侧，青石台基座，赭漆圆柱，三间四柱三楼，楼顶都是黄琉璃瓦覆面，辉煌高贵，檐面平缓、角脊稍翘，楼檐下多层斗栱繁复细腻，与额枋同以复色彩绘，鲜明艳丽，坊间横匾上北面临河书写是"大河前横"、南面向城区题写着"五省通衢"，道出黄河的自然气势与徐州的重要地理位置，是徐州市区最著名的彰功性的景观建筑（图5.2.17）。

"三故胜景"牌楼位于云龙湖荷风岛边，灰石方柱、卷云纹石夹杆与侧翼，三间四柱三楼，庑殿式屋顶、黑筒瓦覆顶面，楼顶正脊与次脊两端有鳌鱼翘尾相向，檐角飞翘高挑，檐下斗栱层层堆叠、繁复细致，与大小额枋都是暗灰赭漆；中间横匾书刻"三故胜景"四个金字。牌楼古朴优雅且张扬灵动，与周围环境融合协调，幽静中增加些人文历史气息（图5.2.18）。

图5.2.17　黄楼公园的"五省通衢"牌楼　　　　　图5.2.18　荷风岛"三故胜景"牌楼

云龙山西大门牌楼高耸在云龙山西坡下高阔平台上，为三间四柱七楼，四根上下同样高浮雕刻四条云龙的粗大青石蟠龙圆柱，坚定的撑起了主次石额枋与七座顶楼；两边次匾中雕刻着鹿、鹤与奔跃中回首眺望的麒麟，匾下石枋间雕刻着长尾雉、仙鹤、孔雀与梅花、牡丹等花鸟，主匾上横刻苏轼书写"云龙山"名，字下精雕着二龙戏珠图，七楼斗栱完备、绿琉璃筒瓦覆顶，檐角高翘，主楼为庑殿式顶，各楼长短七脊都双向装饰鳌鱼，主次偏楼十二条脊上均安坐合角吻兽琉璃脊件；门楼巍峨宏大、庄重浑厚，图像精致、美轮美奂；是为云龙山标志性建筑之重（图5.2.19）。

楚园东门是三间四柱冲天青石牌坊，大块青石基座，云形夹杆，大额枋的匾上刻着"玉潭"园名，四根柱侧饰有云形花板，冲天柱顶是圆形莲花瓶云冠；整个牌坊简单朴素，如古代学子小息、宁静肃立（图5.2.20）。

图5.2.19 云龙山西门牌楼

图5.2.20 楚园青石牌坊

第三节 亭

亭源于周代，本义设在路旁、供旅客停宿的公房。刘熙《释名》曰："亭者，停也，人所停集也。"亭还是一个"政区"和官职，《太平御览·居处部·卷二十二》记："汉家因秦，大率十里一亭。亭，留也。……亭平平也，民有讼诤，吏留办处，勿失其正也。"《汉书·高祖纪》："为泗上亭长。"亭被赋予意象，可能始于汉末，《三国志·魏书·武文世王公传》载："乐陵王茂，建安二十二年封万岁亭侯。"《资治通鉴·汉纪·汉纪五十七》载："建安十二年，因表万岁亭侯荀彧功状"，显然，"万岁"之亭，具有强烈的象征意义。之后，亭的含意渐趋专一，指有顶无墙、供遮阳避雨、暂时休息或观赏景色使用的小型建筑物，其本体也日趋精巧别致、特殊外观造型而成为美景。亭是徐派园林中最早出现的典型"园林建筑"之一，至少可追溯到秦汉时期，经二千多年的发展，形成了类型丰富的亭类艺术体系。

一、古亭

古文献中记录中，古徐地在西汉以前，亭类建筑远少于台，仅有《后汉书·志·郡国三》中"[昌邑]有甲父亭。[南平阳]有漆亭。有闾丘亭。[方与]有武唐亭。有泥母亭，或曰古甯母"，《水经注·卷二十五》中"泗水南径小沛县东。县治故城南垞上，东岸有泗水亭，汉祖为泗水亭长，即此亭也"，《水经注·卷二十四》中"司马彪《郡国志》睢阳县有卢门亭"，《魏书·志·卷六》中"鲁有牛首亭"等数处记录。

到东汉时，虽然古文献记录中亭类建筑仍然不多，但出土的汉画像石为我们提供了数量众多、形态各异的亭类建筑图像记录，亭的功能也逐渐从"设在路边的公房"向园林景观建筑演变。这一时期，亭顶与楼堂建筑形式基本一样，攒尖式顶极为罕见，大多是四坡式顶，木柱栌斗，通透少装饰，但亭顶形态变化丰富。平直屋脊的屋面和檐口平直，屋面形象特征为简洁四坡顶，屋面与屋身比例相当，构造简单，取材方便，形象简洁朴素。脊角根据起脊程度、出翘的不同，有平缓起翘、明显起翘等多种形态，有平直脊亭（图5.3.1）、正脊平斜出亭（图5.3.2）、脊尾平缓微翘亭（图5.3.3）、脊尾作45度乃至90度尖翘亭（图5.3.4）、脊尾超过90度的凹曲反翘亭（图5.3.5）、火焰珠饰亭（图5.3.6）等。起翘的屋角又称为翼角，就像鸟翼上翻一样。翘角使得整个建筑脱离了厚重、拙朴，呈现出轻扬、秀逸、灵动之感。《诗经·小雅·斯干》有句："如鸟斯革，如翚斯飞"。《朱熹集传》载："其栋宇峻起，如鸟之警而革也，其檐阿华彩而轩翔，如翚之飞而矫其翼也，盖其堂之美如此"。在"鸟革""翚飞"的审美阐释中，表现出屋檐如展翅飞翔的鸟一样轻盈。东汉张衡在《西京赋》中说："反宇业业，飞檐辘辘。"通过对檐口、屋脊形态的意向描写，表现出了屋面整体的态势。这里提到的"反宇"，其最基本样式是屋檐底部呈弧状向上举起的样

（山东邹城）

（江苏徐州）

图5.3.1　平直脊亭

（江苏徐州）

（江苏徐州）

（山东微山）

图5.3.2　正脊平斜出亭

（江苏徐州）

（江苏徐州）　　　　（江苏邳州）

5.3.3　脊尾平缓微翘亭　　　图5.3.4　脊尾尖翘亭

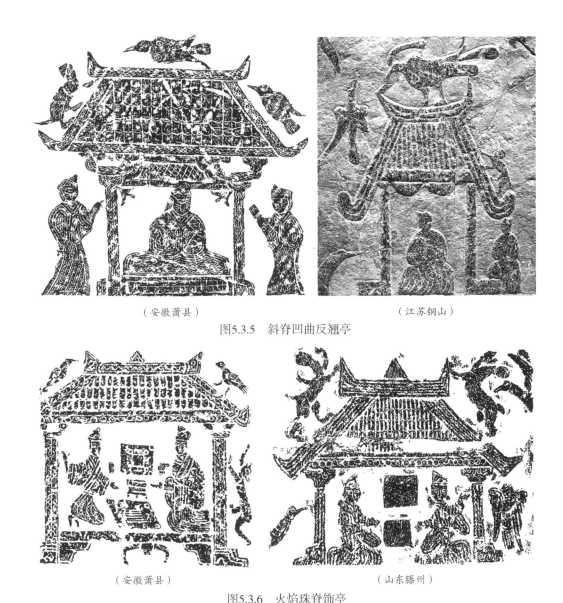

（安徽萧县）　　　　　　　　　　　（江苏铜山）

图5.3.5　斜脊凹曲反翘亭

（安徽萧县）　　　　　　　　　　　（山东滕州）

图5.3.6　火焰珠脊饰亭

子[6]。这种屋脊向上升起翘曲的形式，不仅给人别于常规的视觉感受，让静止的建筑产生了一种飞动的美感，还可能是古人鸟图腾崇拜意象在建筑上的体现。屋脊装饰物凤鸟、火焰珠、猴、鸟、鱼等是对这一意象最好的说明。以凤鸟和火焰珠为例，《韩诗外传》记载："唯凤能通天祉，应地灵，律五音览九德。天下有道，得凤象之一"。可见凤鸟代表吉祥如意，并且汉代道教盛行，凤鸟在道教文化中意蕴着祥瑞、升仙、长生之意。凤鸟立于屋脊之上，象征着太阳置于屋顶，有居于天地之中的寓意[7]。有的正脊中间用三角形的火焰纹替代凤鸟，其装饰意义与凤鸟是一致的。因此，这些瑞鸟神兽，不仅是一种丰富轮廓的装饰手法，更多体现出当时的人们的文化信仰与精神追求。

三国时，下邳土山关羽被围之地，后设为关帝庙，庙后部花园中建有马迹亭。石崇镇下邳，造鱼亭。刘宋时王敬弘"舍亭"，徐湛之"更起风亭"。南梁时萧绎湘东苑"有映月亭""临风亭"。隋唐时汶上"杏坛亭"，薛能"阳春亭"，李蔚"赏心亭"。宋时商丘王胜之建，苏轼题榜"妙峰亭"及"观光亭""望云亭"，云龙山人张天骥建、苏轼作赋"放鹤亭"，李邦直在唐代阳春亭旧址改建唐薛能"阳春亭"后、苏轼题名"快哉亭"，丰县关景仁"凫鹥亭"，金乡张氏园"先春亭""乐意亭""生香亭"，嘉祥"清风亭"。元时曲阜孔克钦"浮香亭"，砀山成简卿"心远亭"，沛"静安亭"，嘉祥"一寄亭"。明时《负郭园》"圹然亭"，《宾仙馆》"仲宣亭"。清时康熙泉林行宫"御碑亭""红雨亭"，乾隆云龙山行宫凉亭，尚书虞部员外郎梅建"清心亭"，以及《燕忆楼园（余家花园）》的"蝴蝶亭"，《潜园》"小兰亭"，《伴云亭园（翟家花园）》之"伴云亭"，云龙山下"试衣亭""送晖亭""半山亭"，"康熙癸未，御书'清德堂'三字、'西陂'二字以赐《西陂别墅》。其中，园亭有六：曰渌波村、曰芰梁、曰放鸭亭、曰和松庵、曰钓家、曰纬萧草堂，一时名人多题咏。"

亭有两大妙处：一是赏景，二是临风。赏景是外在观感的延伸，临风则是内在心灵的感受。这些传世名亭，可以说基本脱离了"遮阳避雨、暂时休息"，更多的是被赋以精神的意义，成为一种意象的载体。胡适曾说："'意象'是古代圣人设想并且试图用各种活动、器物和制度来表现的理想的形式。"讲的其实就是意象的外在形态和内在精神的关系。虽然这些古亭当时的形态现今多不可考。但是，其所承载的精神，我们还是能够通过文字的记录一窥其鳞。如《快哉此风赋》：

> 贤者之乐，快哉此风。虽庶民之不共，眷佳客以攸同。穆如其来，既偃小人之德；飒然而至，岂独大王之雄。若夫鹢退宋都之上，云飞泗水之湄。寥寥南郭，怒号于万窍；飒飒东海，鼓舞于四维。固以陋晋人一呋之小，笑玉川两腋之卑。野马相吹，抟羽毛于汗漫，应龙作处，作鳞甲以参差。

苏轼用赋的形式，不仅使眼前美景毕肖于108字有限篇幅内，而且辞约意丰，登亭临风，由风的雄健、风的广博感悟到的"快"，触动了心灵之"快"，随物赋形，"快哉亭"成为浩然正气、安贫乐道、独立人格、有志于道的"士精神"的化身。

二、当代景观亭

当今徐派园林中亭可分为传统的园亭和现代园亭两大类。传统园亭的建筑形式有四方（角）亭、五角亭、六角亭、八角亭等，按亭顶分有攒尖亭、歇山顶亭、卷棚歇山顶亭等，从层数看有单层亭、二层亭，按亭顶结构有双方亭、亭廊等。现代园亭有钢架（玻璃）亭、膜结构亭等。此外还有一些特殊意义的亭。

（一）单层亭

1. 四方亭

四方亭是最常见景观建筑，四方亭整体小巧玲珑、外形简约、多是明清时期风格的琉璃瓦攒尖顶（图5.3.7）。也建了一些"仿汉亭"，如大龙湖有一座仿汉代小型四角亭（图5.3.8）。

云龙湖小南湖水边有一座独特的四方亭——排云亭，单檐卷棚歇山顶，覆黑筒瓦；因亭的结构相较厅堂小很多，所以用卷棚歇山顶可尽量减少屋脊重量，屋面也比较平缓，轮廓柔和且翼角小巧，与周围环境易于融合；该亭柱梁、藻井都是暗赭色，横匾题字与楹联是醒目金色，三面临水的柱间都设置了美人靠，既做安全防护也为闲坐歇息，虽然是四方亭面可体积偏大、宽敞通透，造型好位置佳（图5.3.9）。

图5.3.7　云龙山招鹤亭

图5.3.8　大龙湖公园的仿汉木亭

图5.3.9　小南湖排云亭

2. 五角亭

五角亭在园林景观亭中较少见到。黄楼公园东端有一座形态优雅独特的攒尖五角亭，黑筒瓦覆顶，宝瓶形宝顶，赭色漆柱下端设坐凳与靠栏，柱上端以连柱墀版形式上伸与亭角相接，两柱间另增加一板，柱端仍是枋板周围连接一体，枋内外彩绘，亭内没有了藻井并反向下垂，亭内也是赭色，显得精巧明快、简朴大方；既是仿古建筑又运用新工艺、新技术，创造出新变化（图5.3.10）。

3. 六角亭

与四方亭一样，六角亭也是徐州园林中的常见景观建筑。

云龙公园假山上攒尖六角山亭黑柱黑藻井，黑筒瓦覆顶，六面体宝顶，飞檐高挑角，形态轻盈灵动、淡雅秀美（图5.3.11左图）；云龙山放鹤亭西北山顶处的谊亭，绿琉璃筒瓦覆顶，球形宝顶，翘檐挑脊，亭三面围有石栏杆，内置石

图5.3.10 黄楼公园五角亭

桌凳，亭上匾额谊亭为苏轼题字，檐下枋栏彩绘色彩鲜明；整体精巧秀丽（图5.3.11右图）。云龙湖湖中路旁攒尖六角月老亭、奎山公园高风亭及无名山公园里六角亭等十多处主角亭，外形、风格很相近，只是个别细节略有不同。

云龙公园假山亭

云龙山谊亭

图5.3.11 六角亭

4. 八角亭

八角亭都比较大，快哉亭公园里的仿古攒尖八角亭有五层条石台基，朱漆圆柱间有青砖砌坐凳与石靠栏，藻井与枋上彩绘依然，绿琉璃瓦覆顶，圆形宝顶，外观稳重宽敞大气，虽不是很精致但表露出厚重与沧桑大气的历史气息（图5.3.12）。

5. 半亭

在王陵路与西安南路交叉口的一片街头绿地上，依据地形条件建起了一处半亭。与苏州沧浪亭中的"闲吟亭"不同，此亭采用歇山式卷棚顶，别具特色（图5.3.13）。

图5.3.12　快哉亭公园八角亭　　　　　图5.3.13　王陵路街头绿地中的半亭

（二）重檐（二层）亭

相对单层亭，徐派园林中各种重檐（二层）亭外形丰富壮观，结构上稍显繁复却更显持重大气，表现出更浓重的风姿韵味，几乎都是精品。

1. 四角重檐亭

云龙公园里燕子楼北有一攒尖四角重檐亭——关盼盼亭。黑筒瓦覆顶，四方体宝顶，飞檐挑角，暗赭漆柱间设美人靠栏，尤显古朴典雅，庄重大气，亭内关盼盼石雕像默立，有如静思千余年历史变迁（图5.3.14）。

2. 六角重檐亭

观景台亭和彭祖园祈福亭、赏樱亭均是黄琉璃瓦覆顶、圆形宝顶的攒尖六角重檐亭。尤其是赏樱亭枋墀、藻井彩绘鲜明，每层黄琉璃瓦的六条戗脊上端都装饰了合角吻兽脊件，底层朱漆柱间设美人靠，亭中置石桌，特显厚重大气，若只论外形壮观精美、富贵华丽观赏性强，赏樱亭在徐派园林景观亭中应该是名列前茅的了（图5.3.15）。无名山公园的攒尖六角重檐亭，云龙山上攒尖六角重檐铁路抗战纪念碑亭等也各有特色。

图5.3.14 云龙公园关盼盼亭

赏樱亭

祈福亭

图5.3.15 彭祖园赏樱亭与祈福亭

3. 八角重檐亭

无名山公园望月亭为攒尖重檐八角亭,三层方整条石台基,暗红圆柱间设美人靠,檐角飞挑凌空,青黑合瓦覆顶面,圆形宝顶,稳重大气、厚重雄伟、势态恢宏而不失灵动,宽敞高远与情景相通(图5.3.16)。

4. 变重檐亭

云龙山西坡的彰军碑亭,底层四方八边八

图5.3.16 无名山公园望月亭

柱，二层四方四柱四脊攒尖，黑筒瓦覆顶面，圆形宝顶，檐角平缓，每条垂脊上都有合角吻兽脊件，底层八根赭红圆柱间安放3m高石碑，居高俯对云龙湖，尤显庄重肃穆、势态高远（图5.3.17）。

（三）双方亭、亭廊

两亭相连也称鸳鸯亭，如果是两圆形亭相连也称套环亭，在建筑上比单亭复杂，在园林建筑中较少见到。小南湖中一座双六方亭，亭上部十二条脊平分到两个攒尖，两个六方体宝顶，亭顶黑筒瓦覆面，翘檐挑角，下面十根圆柱外围设美人靠，基础是防水性能更好的钢筋混凝土；两亭临湖面并立，宁静淡雅别有景致（图5.3.18）。

亭与门、墙、厅、堂等建筑连接会营造出很别致的景观，其中最普遍的是与廊连接成景，具体形式或是与长廊连接如无名山公园，或是嵌在廊中如彭祖园，还有与短廊连接甚至是两亭夹短廊，如云龙湖景区，湖边一座卷棚歇山重檐亭与一段直廊相连，另一处是湖水中一座攒尖重檐六角亭与一座卷棚歇山顶四角亭夹住一节直廊横卧湖面，图像高低错落、轻重相连、繁简搭配、如画如歌，让人流连忘返（图5.3.19）。

图5.3.17　彰军碑亭

图5.3.18　小南湖双六方亭

图5.3.19　云龙湖中的连廊亭

（四）现代钢架亭、和膜结构

随着新材料、新技术的发展，徐派园林中亭类建筑创新出一些具有强烈新时代气息的现代化的亭。

1. 钢架亭

楚河公园北岸有3座下半部是钢筋混凝土浇筑、外镶贴花岗岩石墙柱，绕置四个U形座凳，上部是正八边型钢网架做顶、钢化玻璃鳞次压面，造型新颖、宏观明快的现代化式休闲亭，新材料、新工艺和创新的意识带来了新形态、新感觉（图5.3.20）。

图5.3.20　现代钢架亭

2. 膜结构

膜结构是一种新发展起来的现代建筑结构形式，其形式、结构、材料和建造方式等都与传统建筑不同，以其独有的优美曲面造型，简洁、明快、刚与柔、力与美的完美组合，在园林景观构建中，呈现给人以耳目一新的感觉。

徐派园林中最常见的是张拉式膜结构亭、棚，以少量钢柱为支承，钢索做锚固张拉系统，用自重轻、透光性好的白色玻璃纤维织物做膜面张拉而成，简明流畅、变化自如（图5.3.21）。此外，近年骨架式膜结构棚也逐渐增多。

图5.3.21　楚园中的膜结构

（五）特殊的亭

所谓特殊的亭，在建筑形式上并不符合"有顶无墙"的亭的定义，但因某种历史机缘被命名为亭的建筑。著名的有放鹤亭、快哉亭、戏马台碑亭等。

放鹤亭在云龙山第一节山顶上，面阔三间，面积约60m²，脊高8m，体量相对宽大，石砌基础，砖木结构（青砖墙壁），四周朱红方柱石栏杆回廊，顶覆黑筒瓦，歇山式屋顶，宽敞大气、古朴典雅，门前匾上亭名为苏轼手书，是徐州市著名的文化古迹（图5.3.22）。

图5.3.22　云龙山放鹤亭

快哉亭位于快哉亭公园内，为攒尖四方重檐，0.5m高条石台基，钢筋混凝土梁柱主体结构，体量较大，底层双排高大赭漆圆柱围廊，木隔扇围起亭中，四角有低矮坐凳围栏，重檐黑筒瓦覆顶面，圆形大宝顶，重檐八条垂脊上都有合角吻兽脊件，檐面平缓、角脊整齐微翘，两层檐间立放亭名牌匾，古朴方正，亭侧有廊、房相连，古朴大气，幽静素雅，但总缺少些历史沉淀的沧桑气息（图5.3.23）。

图5.3.23　快哉亭

第四节　榭

榭，《说文解字》释为："台有屋也。"即台上之屋。榭的造型，《尔雅》称："无室曰榭。"又"观四方而高曰台，有木曰榭"。郭璞注："榭，即今堂堭。"《博雅》："堂堭，合殿也。"谓不隔房间的建筑。《释名》释为："榭者，借也。借景而成者也。"榭的释义，可以推测这是一种木结构的、为了观赏周边美景而设的没有墙体围合的建筑。古徐州地区的榭，从高台榭、架空高榭、悬水榭、临水榭、层台累榭，变化丰富，反映了徐派园林从"高大雄伟，傲世独立"到以水为核心，融入自然，精巧合宜的发展历程。

一、台榭

图5.4.1是出土于安徽宿州的两块汉画像石。图中画面可见台榭的构成特征——筑土高台，台顶建榭，两侧顺坡对称筑步阶，步阶上覆长廊。榭中主、宾或宴饮、或观娱，台前乐舞、射礼等活动。台榭独立于周边景物之中，成为园林中的独特景观，而且以景观主题的形态出现。

图5.4.1　台榭台（安徽宿州）

二、架空高榭

也许是得益于建筑技术的成熟，也可能是垒土筑台受地形、土壤限制大，消耗人力与资源大，东汉时期，徐州出现了一种下部由木结构支撑替代夯土台的架空结构的高榭。图5.4.2是

（1）江苏徐州　　　　　　　　　　　　（2）安徽宿州

图5.4.2　简支架空高榭

分别出土于江苏徐州（汉王）和（安徽宿州）的"简支"架空高榭，均由木柱撑托起高台，双侧对称的覆廊梯阶，既实现人上台的使用功能，又起到控制产生水平移动的结构功能，区别在于前者的梯阶底部建有小型阁楼。图5.4.3是出土于徐州（铜山檀集）的斗栱支撑架空高榭，将撑托起高台的立柱改成了多层斗栱结构，从而使整个高榭更加灵巧、美观。

图5.4.3　斗栱支撑架空高榭（江苏徐州）

三、水榭

水榭即建于水边或水上的榭，滨水而设，水景与建筑结合成景。水榭一词虽然在唐代才出现，《旧唐书·列传·卷一百二十》载："（裴度）立第于集贤里，……有风亭水榭，……与诗人白居易、刘禹锡酣宴终日，高歌放言"；杜甫《春夜峡州田侍御长史津亭留宴》中："杖藜登水榭，挥翰宿春天"等。但是，水边榭的图像滥觞于东汉中晚期，从双梯悬水榭、单梯悬水榭到临水榭，为水榭成为今日园林中常见的建筑形式奠定了基础。

双梯悬水榭（图3.2.6）出土于徐州铜山茅村，从图像看，非常类似于图5.4.3斗栱支撑架空高榭，也是采取斗栱与栌斗多层叠摞并与两侧楼梯共同支撑榭结构。但是，此图的两侧楼梯下的大鱼表示为水面，远处异兽奔驰，这是模仿皇家园林，合囿、沼、台于一体。

单梯悬水榭利用斗栱、立柱支撑、悬挑于水面之上，并以楼梯连接到地面的木结构高层建筑，楼梯两侧装有护栏扶手。其中，斗栱有直栱、曲栱，不仅传递荷载与于立柱以支承屋室重量，而且多重斗栱的组合运用，可起到悬臂梁的作用，增加出挑长度。将屋室斜向架空托立于水面上方。楼梯一方面将观景的屋与地表相连，完成人员上下的功能；另一方面，施力于斗栱的非外悬挑端，以实现力的平衡。

图5.4.4栌斗支撑单梯悬水榭出土于江苏徐州，左图底层木柱栌斗支撑，二级斗栱悬挑延伸

图5.4.4　栌斗支撑单梯悬水榭（江苏徐州）

承托；右图底层木柱栌斗支撑，四级斗拱悬挑延伸承托。图5.4.5曲华栱支撑单梯悬水榭出土于山东微山，是用多层曲华栱及斜插栱支撑，有3种方式：左图水中木柱栌斗支撑粗大悬挑斜曲斗拱，中图升级增加到二级悬挑斜曲斗拱，右图粗大斜曲斗拱上增加二级较纤细斗拱，悬挑更高。

图3.2.5会见图所示的临水榭，虽然看不出观景屋室的下部结构，但从图像的整体看，与当今的水榭已然十分接近了。对比图5.4.6云龙公园水榭可见，2榭虽然相隔1800年以上，却有众多共同之处：都是三边位于水面之上、一边与岸相连，翘檐挑角，外形轮廓轻柔舒展，内空宽大开敞，美人靠护栏；主要的区别之处，前者是庑殿式屋顶，后者是歇山屋顶。

图5.4.5　曲华栱支撑单梯悬水榭（山东微山）

图5.4.6　云龙公园水榭

第五节　楼阁

楼、阁最少要两层。楼，《尔雅》："狭而修曲曰楼。"《说文》："楼，重屋也。"汉画像中，通常四壁用华丽帷幔装饰。阁，一种架空的小楼，其中底层大多数情况下只是一层"支柱层"所形成的构造层，是一个没有封闭的空间，虽然形成了"层"却不能算作"室"，二层（及以上）四周设窗或栏杆回廊[9]。在传统建筑中，楼、阁也常常连在一起，不同的是楼主要是居住，阁多用来储藏物品；楼的顶多采用稳重简洁的硬山或歇山式，阁的顶还常选择变化丰富的攒尖顶。

一、汉画像中的楼阁

东汉时期，木结构楼、阁取代了高台建筑的地位。汉画像中的楼、阁从简单到复杂，非常富于变化，有单檐楼（图5.5.1）、重檐楼（图5.5.2）、变檐楼（图5.5.3）、单檐阁（图5.5.4）、重（变）檐阁（图5.5.5）。楼阁建筑从单体扩展到宏大群体（图5.5.6），不仅满足了居住、聚议等实用功能，也表现了"威加海内"的宏大气势，蕴含了"大汉"的思想意识，创造了汉代楼阁建筑的特殊风格与魅力。

从汉画像图看，汉代楼阁的楼梯有在室内的，也有在屋外的。平面大多采用方形或矩形，楼面结构采用井干稳固原理。屋身结构有2种基本方式：一种是整栋建筑的承重结构为一个整体，承重立柱一般为通柱，或上层楼阁的承重立柱与下层立柱位于相同位置的接柱，建造过程中先建好楼阁的主体构架再逐层修建屋身及屋檐等结构，各层内部空间大小基本相同。另一种

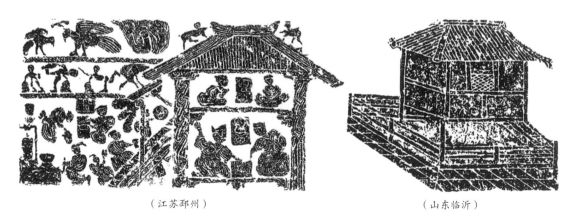

（江苏邳州）　　　　　　　　　　（山东临沂）

图5.5.1　单檐楼

（江苏徐州）

（山东济宁）

图5.5.2 重檐楼

（安徽淮北）

（山东邹城）

图5.5.3 变檐楼

（江苏徐州）

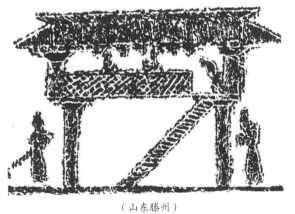
（山东滕州）

图5.5.4 单檐阁

（江苏徐州）

灰陶楼（江苏徐州）

图5.5.5　重（变）檐阁

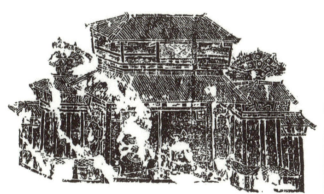
（山东临沂）

（山东临沂）

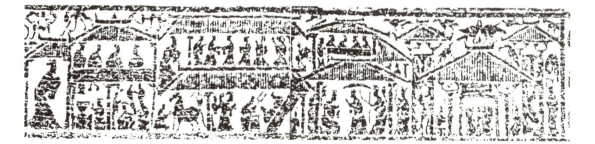
（江苏徐州）

图5.5.6　连廊楼阁、飞阁

先建好一层，再在一层之上建造二层，类似层叠累筑的建造方式，其承重方式一般为叠柱做法，各层柱不相连属，上下层间的柱轴可以不对位，由下层构架承托上层立柱，这样建起来的楼阁一般楼层越往上内部空间越小，呈现出塔式外观。

汉代多层楼阁除了立柱支撑结构之外，还有一个关键的技术发展——木构架的相对成熟。汉代楼阁的梁架结构主要有抬梁式和穿斗式两种。

抬梁式构架是汉代特别是东汉建筑的主要结构类型。其基本方式是以两根立柱承托大梁和檐檩，梁上立两根短柱，其上再置短一些的梁和檩，如此层叠而上，椽子不再是纵向的，而是在檩上沿进深方向置横椽，屋顶重量通过各层梁柱层层下传至大梁，再传至立柱。抬梁式构架方法是一种间接受力的构架形式，可以获得较大而完整的使用空间，且可以垒叠成高层建筑。汉画像中典型的抬梁式结构如徐州张山墓（图5.5.7）图像中组合式楼阁的构架。

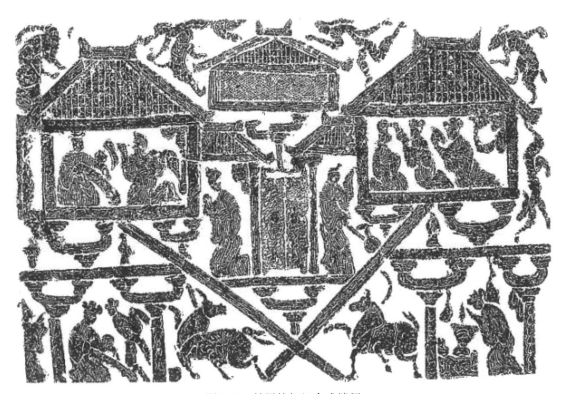

图5.5.7　抬梁构架组合式楼阁

穿斗式梁架结构是古代木构架建筑体系的另一种形式，干栏式楼阁多数使用穿斗式构架。其特点是每条檩子下都有柱子，每个柱子都达地面，柱间用横枋贯穿，屋面荷载直接由檩传至柱，不用梁，柱枋用料断面较小。穿斗式结构发展到后期，鉴于柱子过密影响房屋使用，便开始由原先的每柱落地改为部分柱落地，将不落地的柱子立于横枋之上，于是这些立柱横枋的层次也相应增加。穿斗式结构往往在柱枋之间使用斜撑，构成三角形构架，以防止变形[10]。

二、历史名楼

与汉画像中大量丰富的楼阁描绘不同,古文献中有关徐地名楼的文字记录,最早的也要到南北朝,且在以后的文献中,楼阁的记录也不是很多,由此可以推测,楼阁在古代更多的是用于居家生活,具有记录意义的较少。然而,这些为数不多的记录,恰恰最具"园林建筑"的属性。

(一)彭祖楼

彭祖又称籛铿、彭铿,陆终第三子。大彭氏国始祖——尧帝发现了一位养生学大学问家籛铿,并把他封在现今徐州市区西部地区。大彭氏国历夏朝、商朝,直到殷武丁即位后"大彭、豕韦为商所灭矣"(《国语·郑语》),立国八百余年。籛铿将黄河农耕文明带到"东夷",带领民众筑城、掘井、治理洪水、发展生产;教导民众锻炼身体、增强体质;创新烹调术,将人类饮食由熟食推向味食,完成了人类饮食文化的一次飞跃。彭祖在历史上影响很大,孔子、庄子、荀子、吕不韦等先秦思想家都有关于彭祖的言论,道家更把彭祖奉为先驱和奠基人之一。屈原《楚辞·天问》有:"彭铿斟雉帝何飨,受寿永多夫何求长?"。许多道家典籍记有彭祖养生遗论。先秦时期,彭祖在人们心中已是一位仙人。到了西汉,刘向《列仙传》把彭祖列入仙界,并称为列仙,彭祖逐渐成为神话中的人物。

有关彭祖楼的文献记载,最早可追溯到南北朝(北魏)时期。

北魏郦道元(?—527年)《水经注·卷二十三·泗水》载:"获水于彭城西南,回而北流,径彭城。……。城之东北角,起层楼于其上,号曰彭祖楼。下曰彭祖冢。其楼之侧,襟汳带泗,东北为二水之会也。耸望川原,极目清野,斯为佳处矣。"说明彭祖楼位于汴泗交汇的河口对岸城墙上。宋太宗太平兴国年间(976—983年)成书的《太平寰宇记·卷十五》追认云:"彭祖庙,魏神龟二年(519年)刺史延明移于子城东北楼下,俗呼楼为彭祖楼"。说明彭祖楼在北魏时期已经存在,但并非始建。

唐宋时,卢纶、薛能、陈师道、张方平、贺铸等著名等诗人多有登临、题咏彭祖楼:

赋得彭祖楼送杨德宗归徐州幕
唐·卢纶

四户八窗明,玲珑逼上清。外栏黄鹄下,中柱紫芝生。
每带云霞色,时闻箫管声。望君兼有月,幢盖俨层城。

登彭祖楼
宋·陈师道

城上危楼江上城,风流千载擅佳名。水兼汴泗浮天阔,山入青齐焕眼明。
乔木下泉余故国,黄鹂白鸟解人情。须知壮士多秋思,不露文章世已惊。

暮秋登彭祖楼
宋·张方平
危楼古城角,山色绕苍仓。寒日下何速,清风来甚长。
烟尘恩战国,云水似江乡。重九登高近,阶前菊已香。

送彭城周主簿建中移黄县令
宋·贺铸
客宦逢迎泗上州,洒筹诗卷慰淹留。九层灯火偃王塔,四面溪山彭祖楼。

送郑户曹
宋·苏轼
水绕彭祖楼,山围戏马台。
……
登楼一长啸,使君安在哉。

可以推知,彭祖楼逮唐宋巍然屹立,其方位"徐国滩声上下洪""城上危楼江上城……水兼汴泗浮天阔""危楼古城角"。建筑形式"四户八窗明,玲珑逼上清。外栏黄鹄下,中柱紫芝生。"景色"每带云霞色,时闻箫管声。望君兼有月,幢盖俨层城。""水兼汴泗浮天阔,山入青齐焕眼明。乔木下泉余故国,黄鹂白鸟解人情。""极目澄鲜无限景,入怀轻好可怜风。"

然而,此时的彭祖楼是否还是北魏所建?已不可考。到了明代,《明统一志》载:"旧有石刻'彭祖楼'三字久毁。"此时彭祖楼已倾废了。此后终明一代没有彭祖楼的记载。康熙元年(1662年)淮徐道项锡胤修竣楼十二座,彭祖楼重修。民国版《铜山县志》云:"(彭祖)楼清光绪初犹存,今圮。"彭祖楼再次倾废后,再也无力兴举。

今天的彭祖楼位于故黄河出徐州老城区后近V字大拐湾底部右岸的淮海文博园内,为仿(汉)唐式建筑。在高10m的宽阔平台上起建五层高楼,钢筋混凝土框架结构,外框逐渐内收,为外形美观,选择隔层设置外屋檐,底层四周双排高大圆柱支撑外展阔檐且自然成围廊,二层与四层没有外墙门,三层与五层檐下四周有赭漆圆柱回廊、外围方木柱护栏,三层向西正面横匾上题写"彭祖楼"名,屋顶层做重檐结构;各层屋檐舒展平缓、黄琉璃筒瓦覆面,歇山顶屋脊"十"字形交错,四端装饰简朴鸱尾,屋脊交汇处做

图5.5.8 淮海文博园彭祖楼

三重檐宝顶基座，珠形宝顶；彭祖楼传承了唐式建筑规模宏大华美，形态富丽端庄，舒展齐整、古朴大方的特点；并与四个角上的攒尖重檐四方亭自然成一体，为淮海文博园的标志性建筑，也是徐州市区最高大壮观的景观楼（图5.5.8）。

（二）镇淮楼

镇淮楼位于淮安市中心，原为谯楼，即城门上的瞭望楼。根据《舆地纪胜·卷39》记载，山阳城池为晋穆帝永和四年（348年）荀羡（321—358年）始建，由驻军所筑，用于军事目的，因此，在城中间筑一个起瞭望作用的楼似是自然之举。《宋史·列传·卷二百零七（赵立）》载：徐州观察使、泗州涟水军镇抚使兼知楚州的赵立于建炎四年（1130年）战死后一年，"金人退，得立尸谯楼下，颊骨箭穴存焉。命官给葬事，后为立祠，名曰显忠。"可见，宋建炎年间明确有谯楼存在了。到明代，"后七子"之一的谢榛《送赵太守还任淮安》诗首现"镇淮楼"一说，天启（1621—1627年）府志记载匾额名谓"南北枢机"。清代因水患不断，为震慑淮水，清道光十八年（1838年）漕督周天爵再修时，改楼匾南为"彩彻云衢"，北为"镇淮楼"。

送赵太守还任淮安
明·谢榛

相思隔楚树，相聚复燕州。五马翻成别，孤樽不可留。
江河自襟带，南北此咽喉。昭代今多事，苍生日隐忧。
几时堪卧治，何处薄征求。海上寒涛息，天边春气流。
花明射阳水，月满镇淮楼。地胜多名士，何人托乘游。

现存建筑为清光绪七年（1881年）十月重建式样，在原有基础上有所扩大，为砖木结构城楼式单体建筑物，坐北面南，下层为台基，中有城门洞，上层为山楼。基台砖砌，长28m，宽14m，高8m，略呈梯形，坚实稳重。基台正中为拱形门洞，宛如城门。东西两侧为拾级而上的方砖踏步。基台上是两层砖木结构的高楼，面阔三间，楼通高18.5m，东西长36m，南北宽26m，造型优美，敦厚坚实，楼顶为重檐九脊式，四角翘起的龙头，双目圆睁直视，大口吞云吐雾，似有腾飞之势，令人惊叹不已（图5.5.9）。

图5.5.9　镇淮楼

（三）滕王阁

提起"滕王阁"，人们很自然地想起王勃《滕王阁序》中雄踞赣水之滨的"滕王阁"。其实"滕王阁"不止江西南昌一处，四川阆中也有一座。而这两处"滕王阁"都渊源于古徐地滕县（秦置；西汉高祖析小邾置蕃县；东汉属沛国；至唐，属河南道徐州；今为山东滕州市——县级市，由枣庄市代管），因境内泉水"腾涌"而得名。《旧唐书·本纪·卷三》载："（太宗，十三年）丙申，封皇弟元婴为滕王。"《旧唐书·列传·卷十四》载："滕王元婴，唐高祖二十二子也。贞观十三年受封。……永徽中元婴骄纵逸游，动作失度，高宗与书诫之曰：'王地在宗枝，寄深磐石，幼闻《诗》《礼》，夙承义训。实冀孜孜无怠，渐以成德，岂谓不遵轨辙，逾越典章。……'三年，迁苏州刺史，寻转洪州都督。又数犯宪章，……。十五载，从幸蜀，除左金吾将军。"

《滕县文史资料》记载：李元婴到山东封邑为滕王时，于滕州筑一阁楼，名以"滕王阁"。在"骄纵逸游，动作失度，高宗与书诫之"之后，李元婴调任江南洪州（今江西南昌），修筑了洪州滕王阁。再后改任隆州（今四川阆中）刺史时，又在阆中、嘉陵江畔的玉台山腰建起了一处杜甫诗篇中的阆中滕王阁。

李元婴数建"滕王阁"，是出于对故地滕州的情感？抑或是对滕州"滕王阁"的不舍？其动机今已难以考证。但从其情怀的递延，似可从后两处"滕王阁"一窥滕州"滕王阁"约略风姿：

滕王阁序（节选）
唐·王勃

……

时维九月，序属三秋。潦水尽而寒潭清，烟光凝而暮山紫。俨骖騑于上路，访风景于崇阿；临帝子之长洲，得天人之旧馆。层峦耸翠，上出重霄；飞阁流丹，下临无地。鹤汀凫渚，穷岛屿之萦回；桂殿兰宫，即冈峦之体势。

披绣闼，俯雕甍，山原旷其盈视，川泽纡其骇瞩。闾阎扑地，钟鸣鼎食之家；舸舰弥津，青雀黄龙之舳。云销雨霁，彩彻区明。落霞与孤鹜齐飞，秋水共长天一色。渔舟唱晚，响穷彭蠡之滨；雁阵惊寒，声断衡阳之浦。

……

呜乎！胜地不常，盛筵难再；兰亭已矣，梓泽丘墟。临别赠言，幸承恩于伟饯；登高作赋，是所望于群公。敢竭鄙怀，恭疏短引；一言均赋，四韵俱成。请洒潘江，各倾陆海云尔：

滕王高阁临江渚，佩玉鸣鸾罢歌舞。
画栋朝飞南浦云，珠帘暮卷西山雨。
闲云潭影日悠悠，物换星移几度秋。
阁中帝子今何在？槛外长江空自流。

滕王亭子二首
唐·杜甫
其一
君王台榭枕巴山，万丈丹梯尚可攀。春日莺啼修竹里，仙家犬吠白云间。
清江锦石伤心丽，嫩蕊浓花满目斑。人到于今歌出牧，来游此地不知还。
其二
寂寞春山路，君王不复行。古墙犹竹色，虚阁自松声。
鸟雀荒村暮，云霞过客情。尚思歌吹入，千骑拥霓旌。

今日南昌滕王阁是20世纪80年代末第二十九次重建的宋式建筑，分两级，下部为象征古城墙的12m高台座，上部阁体净高57.5m，"明三暗七"式楼阁，气势宏大，叠翠流光，富丽堂皇（图5.5.10左图）。阆中滕王阁是在原址新建的仿唐代风格歇山屋顶宫殿式古典建筑，"明三暗五"式楼阁，通高31m，琉璃重檐，黄赭相配，高贵沉稳（图5.5.10右图）。

 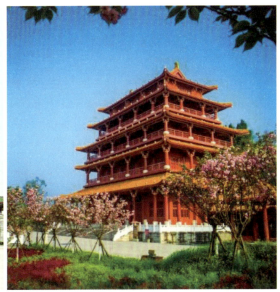

南昌滕王阁　　　　　　　　　　　　阆中滕王阁

图5.5.10　滕王阁

（四）燕子楼

燕子楼原为唐代贞元（785—805年）年间徐泗濠节度使张建封（张尚书，《资治通鉴·唐纪·四十九》）在第中为宠姬关盼盼所建的一座小楼。张尚书去世后，关盼盼念旧不嫁，独居是楼十余年，后不食而亡。是时大诗人张仲素、白居易等[1]为之题咏。后历代文人亦传诵不绝，形成了一道独特的文学景观[11]，燕子楼亦随关盼盼的故事名扬海内外[12]。

燕子楼之名，最早首见关盼盼自作《燕子楼》诗，及其后张仲素（约769—819年，唐贞元进士）《燕子楼诗三首》及白居易（772—846年）依韵和诗三首并序。关盼盼自作《燕子楼》诗曰："适看鸿雁岳阳回，又睹玄禽逼社来。"《燕子楼诗三首》序中说"彭城有张氏旧第，第中有小楼名燕子"。

燕子楼（张尚书旧第）原在彭城西北隅，其时的建筑本身没有发现有文献记录，仅白居易《燕子楼三首》中有"满窗明月满帘霜"一句。梁太祖朱温攻克徐州，武宁节度使时溥（？—893年）兵败"举族登燕子楼自焚死"（《资治通鉴·唐纪·七十五》）。此后该楼屡废屡建，基址也数次迁移。宋代的燕子楼，陈荐（1016—1084年）《燕子楼》记有："侍儿犹住水边楼""月好珠帘懒上钩"，陈师道（1053—1102年）《登燕子楼》描述道："绿暗连村柳，红明委地花""画梁初著燕""废沼已鸣蛙"，贺铸（1052—1125年）《燕子楼》说："高楼临汴水""杨柳荫芙蕖""曲径拥黄叶""寒鸦蹲老树"，苏轼（1037—1101年）《永遇乐·彭城夜宿燕子楼》写有："曲港跳鱼，圆荷泻露"。到宋元之交时，南宋祥兴二年（1279年）文天祥作《燕子楼》，有"问楼在何处？城东草如雪"句，说明是时燕子楼移到城东。元、明两代的燕子楼诗词多为借物舒怀、发叹感之情。明万历二十一年（1953年），重修燕子楼于城西北隅。冯梦龙"或由宋元话本增补而成，或采唐宋传奇、笔记小说敷演成篇"的《警世通言》对燕子楼有较为详细的描述。其卷十《钱舍人题诗燕子楼》写道："沉沉朱户长扃，悄悄翠帘不卷""幕卷流苏，帘垂朱箔"，盼盼既死，燕子楼遂为官司所占，改作花园，为郡将游赏之地，"忽有危楼飞槛，映远横空，基址孤高，规模壮丽。举目仰观，见画栋下有牌额，上书'燕子楼'三字。径上楼中，但见画栋栖云，雕梁耸汉。视四野如窥目下，指万里如睹掌中。遮风翠幞高张，蔽日疏帘低下。移踪但觉烟霄近，举目方知宇宙宽。启窗视之，苍苍太湖石畔，隐珊珊翠竹丛中，……转柳穿花而去。"[13]，清同治版《徐州府志》中府城图的西南角楼注有"燕子楼"三字，表明同治十三年（1874年）前燕子楼又迁建在西南城垣墙了。光绪九年（1883年），知府曾广照在城西南城垣重建燕子楼，上下两层，六角形，翘角飞檐，宛如一亭。光绪十五年（1819年）徐州道段喆又迁建于城西北隅。1914年重修，1928年城墙被拆除，此楼亦被毁坏。1932年，又于西南隅重建，楼为二级，五楹七户十六牖，前有轩可方丈环以槛，壁嵌白居易《燕子楼》诗等刻石5方。日伪时期拆楼改建平房，千古名楼再次湮没。

今燕子楼位于云龙公园知春岛上，坐北朝南，是按清初仿宋形制近年重建的双层单檐楼；砖混结构，双层，面阔三间，底层前后门外靠墙建卷棚歇山顶半亭门檐，水面前建方柱、清石护栏混凝土平台，二层设木护栏围廊，前后抱厦与主楼都为卷棚歇山顶，黑筒瓦覆顶面，抱厦与耳房使得楼的四面屋顶都看到六个长檐飞翘，脊角高挑如黑燕凌空展翅；楼西北有亭、廊连接，内有楼主人关盼盼石雕像及记，咏往事的诗、文碑刻。燕子楼三面临水、绿树萦绕，楼浮绿洲、洲耸琼楼、四面临水，楼、亭清秀典雅、精致灵动，极富艺术性（图5.5.11）。

---

① 张仲素（约769~819）唐代诗人，彭城南符离（今属安徽宿州）人。白居易幼时亦随父白季庚（任徐州别驾）同居符离。

图5.5.11　云龙公园燕子楼

（五）黄楼

在苏轼坎坷而辉煌的生命旅程中，"徐州时期"即林语堂所称的"黄楼"时期，是他实际政绩最大、心灵交响乐中最为恢宏华彩的一章[14]。

宋熙宁十年（1077年）4月，苏轼由密州知州转任徐州知州。7月黄河在澶州（今河南濮阳）决口，大水直夺汴、泗河道而围逼徐州，"八月二十一日，水及徐州城下；至九月十一日，凡二丈八尺九寸，东、西、北触山而止，皆清水无复浊流。水高于城中平地有至一丈九寸者，……至十月五日，水渐退，城遂以全。"（《苏轼文集·卷11·奖谕敕记》）[15]。在惊心动魄的70多个日日夜夜抗洪保城过程中，苏轼事必躬亲，日夜巡视城上，指挥若定，最终取得抗洪保城胜利。次年（元丰元年，1078年）正月神宗皇帝制诏嘉许苏轼："汝亲率官吏，驱督兵夫，救护城壁，一城生齿并仓库庐舍，得免湮没之害，遂得完固事。河之为中国患久矣，乃者堤溃东注，衍及徐方。而民人保居，城郭增固，徒得汝以安也。"（《苏轼文集·卷11·奖谕敕记》）为救灾善后，防止洪水危害，苏轼增筑"外小城"，加固内城，在城东门上"作楼垩以黄土"，取五行相克"土实胜水"之意，八月楼成，名曰"黄楼"[16]。

黄楼是用原本西楚霸王项羽"霸王厅"的硕木大材建造的[14]，"东城百尺"（宋·苏轼《代拟黄楼口号》，宋·贺铸：《登黄楼》）"楼角突兀凌山丘""重檐斜飞""密瓦莹静"（宋·郭祥正《徐州黄楼歌寄苏子瞻》），在楚山为城、汴泗为池的大景观下，黄楼之高，高到"云生雾暗失柱础"（宋·郭祥正《黄楼歌》），宏伟大气厚重，自建成起就成为极富盛名的人文景观。

《太虚以黄楼赋见寄作诗为谢》
宋·苏轼

我在黄楼上,欲作黄楼诗。忽得故人书,中有黄楼词。
黄楼高十丈,下建五丈旗。楚山以为城,泗水以为池。
我诗无杰句,万景骄莫随。夫子独何妙,雨霁散雷椎。
雄辞杂今古,中有屈宋姿。南山多磐石,清滑如流脂。
朱蜡为摹刻,细妙分毫厘。佳处未易识,当有来者知。

《徐州黄楼歌寄苏子瞻》
宋·郭祥正

君不见彭门之黄楼,楼角突兀凌山丘。云生雾暗失柱础,日升月落当帘钩。
黄河西来骇奔流,顷刻十丈平城头。浑涛舂撞怒鲸跃,危堞仅若杯盂浮。
斯民嚣嚣坐恐化鱼鳖,刺史当分天子忧。植材筑土夜运昼,神物借力非人谋。
河还故道万家喜,匪公何以全吾州。公来相基叠巨石,屋成因以黄名楼。
黄楼不独排河流,壮观弹压东诸侯。重檐斜飞掣惊电,密瓦莹静蟠苍虬。
乘闲往往宴宾客,酒酣诗兴横霜秋。沉思汉唐视陈迹,逆节怙险终何求。
谁令颈血溅砧斧,千载付与山河愁。圣祖神宗仗仁义,中原一洗兵甲休。
朝廷尊崇郡县肃,彭门子弟长欢游。
长欢游,随五马,但看红袖舞华筵,不愿黄河到楼下。

黄楼初时建在城东门上,经金元,犹如旧。元至元二年(1265年),著名词人萨都剌南行入闽,途经徐州,作《木兰花慢·彭城怀古》和《彭城杂咏》组诗有"回首荒城斜日,倚栏目送飞鸿。""黄河三面绕孤城,独倚危阑眼倍明。"[17]到明朝中期,胡谧〔明景泰年间(1450—1456年)乡试第一,旋登进士〕有《登黄楼》诗:"山接青齐横翠黛,水兼汴泗入洪流。西风落日凭栏处,廊庙江湖总击愁。[18]"表明此时黄楼尚可"登"可"凭栏"。过后不久,据崔溥(1454—1504年)《漂海录·过徐州(弘治元年,1488年)》便已仅存"黄楼旧基"[9, 19]。此前历明代五朝内阁辅臣的杨士奇(1366—1444年)《夜过徐州》诗云:"怒涛翻河乱石横,牵船上洪初月明。夜中不辨黄楼处,惟听层城钟鼓声。"似也表明其时高大宏

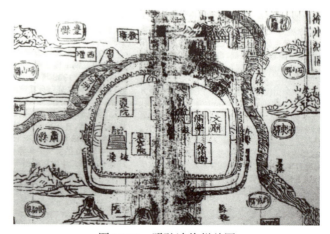

图5.5.12 明弘治徐州总图

伟的黄楼已不复存在。但是，数年后的明弘治七年（1494年）《重修徐州志·徐州总图》上，在城东北角的城墙上却绘着"黄楼"（图5.5.12），表明黄楼已经移址重建。到明嘉靖廿六年（1547年）刊本《徐州志》，黄楼仍标在"东北隅"城墙上（图5.5.13），明嘉靖辛丑科（1541年）进士、任徐州监仓官、纂修《徐州志》（十二卷）的梅守德《黄楼》诗有句："高城楼阁出层霄"当是新建的黄楼。

图5.5.13 明嘉靖徐州州治图

到清代，顺治戊戌年（1658年）黄楼重建，康熙六十一年（1722年）、道光四年（1824年）、同治年间又数次重修。同治十一年（1872年）"徐海道吴世熊重修"的黄楼仍坐落在"东北隅"城墙上（图5.5.14），城台西有宽宽的"马道"可沿阶登临。从同治城图可以看到，城台上有三组建筑。主体建筑黄楼面阔三间，三进深，上下两层，建在高台上。高台上立有半人身高的石栏杆，每隔数步的栏杆望柱上蹲踞着形态各异的小石狮。黄楼底层副阶立柱"周匝"，下为四周环廊，上形成通高至檐口的抱柱四面出

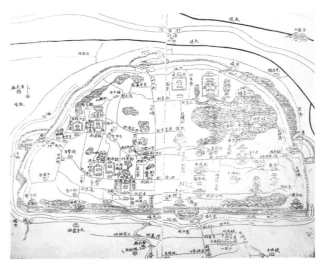

图5.5.14 清代徐州府城图

厦。楼的二层前设一步廊，镶有栏槛；前后墙开有槅扇棂窗。歇山落翼式重檐屋顶，正面下重屋檐为廊道顶面的出厦。屋面檐角起翘。登楼凭"槛"，北可看"山色重叠"，黄河三面萦绕；南可见城内屋舍鳞次栉比，万家炊烟如雾霁。

清代的黄楼建在城墙的高台上，比宋黄楼更显其巍峨高峻，黄楼高敞、近水，景观极佳。特别是重阳深秋夜皓月当空，登楼观景，"皓月凌波""明月好因三更夜"，一有"山高月小"的感觉；二可体味苏轼战胜黄河洪水、庆贺黄楼落成的欢愉情怀。然至清末民国，战乱频生，黄楼破败（图5.5.15），于1953年9月17日拆除[20]。

20世纪80年代在黄楼原址西北数百米处，庆云桥东侧的故黄河大堤上重建黄楼。新建的黄楼高18m，3层，是据明清年代仿宋式建筑重建，下部砖混结构，上部木结构。坐东向西，楼的底层，前面有抱厦，室内"金砖"墁铺地面。结构暗层的腰檐上四周设花棂窗。结构暗层的

腰檐上四周设花棂窗，以利采光通风。顶层设平座槛廊环周。环廊内圈为通高柱，柱间有花棂窗，以便登临观景。两层重檐都是黄琉璃筒瓦覆顶，飞檐之下，斗拱硕壮，昂角突兀，交替勾连。歇山式屋顶，正脊两端吞脊兽昂首远望，朱漆山花垂挂，每层檐上六条戗脊上端安坐合角吻兽脊件，檐角起翘平缓，檐、脊平齐，沉稳庄重。正面歇山顶抱厦檐下匾额上刻着苏轼书写"黄楼"二字。楼内竖立镌刻着《黄楼赋》的石碑及其他名人诗赋碑文；黄楼整体宏伟壮观，稳重华贵（图5.5.16）。

图5.5.15 民国时期的黄楼

图5.5.16 黄楼公园黄楼

（六）霸王楼

"霸王楼"得名于西楚霸王项羽，前身是西楚时期的霸王厅（或称霸王殿）（霸王厅的文字记载，最早出现在苏轼《答范纯甫诗》中："重瞳遗迹已尘埃，唯有黄楼临泗水。"句下苏轼自注："郡有厅事，俗谓之霸王厅，相传不可坐，仆拆之以盖黄楼。"），属于西楚故宫的主体建筑，是项羽理政场所。历经两汉、魏晋南北朝和隋唐，直到北宋依然存在，为当时的刺史（节度使）衙门。北宋元丰二年（1079年）时任徐州知州苏轼"拆之以盖黄楼"。是时侧殿尚存，因百年之后的文天祥（1236—1283年）《彭城行》诗有："连山四围合，吕梁贯其中。河南大都会，故有项王宫。"此时的项王宫即是霸王厅的侧殿。西楚故宫的整个毁灭，主要因故黄河决堤淹城，到明末清初，埋于地下10多米深处。

明洪武七年（1374年），这座古院落前建鼓楼，门匾即书"西楚故宫"四字。明末，又在院内北部重建霸王楼。楼内置石桌案，四角雕龙，俗称"龙书案"（现存徐州博物馆）[21]。清同治（1861—1874年）版《徐州府志》有一幅州境府署图，府署最后有一高层楼房，赫然标明"霸王楼"。但这幅《府署图》在乾隆（1736—1796年）版《徐州府志》（1740年）、道光（1820—1850年）版《铜山县志》（1830年）里均有出现，到同治《徐州府志》付梓（1874年）已相隔百年，其高楼、三层、府署最后的位置等几乎完全一样，能否据此推断，图中的霸王楼在乾隆之前即已存在？此案到民国时仍然是未知数。如1926年版《铜山县志西楚故宫》云："今府治后有霸王楼，不知苏轼拆后何年何人重建。楼前有道光间重修碑。今半圮。"可知道光年间，西楚故宫内确已存在霸王楼。

民国时期（1930年代）徐州有多张霸王楼的照片，可以看出霸王楼坐北朝南，三层，屋山墙壁的规则白点就是嵌进砖墙的石块，俗称印子石，起到加固作用；二楼位置有一圆孔，即望月窗，可以通风；屋脊有龙吻，显示级别。一楼有门洞出入；靠着楼面建有露天楼梯，东西双面均可上下，楼梯两个平台，拾级而上，第一平台到达二楼，再上则是三楼（图5.5.18）。三楼室内供奉项羽、虞姬的牌位。台阶和屋顶富有徐州地域特色，是中国建筑最明显的外观特征。新中国成立初因危险而拆除，彭城路北段"西楚故宫"拱门一道也一同拆除。

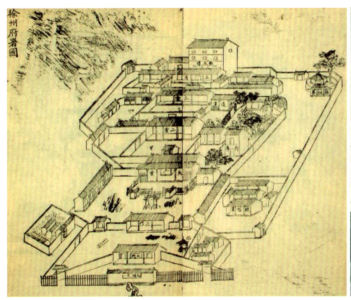

图5.5.17　徐州府署图（其中位于最后面的三层建筑为霸王楼）

图5.5.18　民国时期霸王楼图

（七）奎楼、魁星阁

《太平广记·卷二百零六·书一》转载"《孝经》援《神契》云：奎主文章，仓颉仿象是也。"奎星，俗称魁星，是中国古代天文学中二十八宿之一。指北斗七星的前四星，即天枢、天璇、天玑、天权。此四星除合称"魁星"外，亦被并称为"斗魁"。道教尊其为主宰文运的神，作为文昌帝君的侍神。后世把"奎星"演化成为主宰文运与文章兴衰之神崇祀。

古徐地奎楼众多，较为知名的有高邮奎楼，徐州奎楼、魁星阁以及曲阜、泗水、滕县（今滕州）、郯城、邹县、峄县（今属枣庄市）、沂州的文昌阁等。

1. 高邮奎楼

高邮奎楼又称魁星阁，始建于明天启三年（1623年），砖木结构，八面三级，高20m，腰平座环绕楼阁建筑，稳稳地坐在宋城墙东南拐角上，白色的八个墙面，向外挑伸着青色碎瓦的飞檐，每个飞檐的尖尖处挂着青铜的铃铛，风吹过的时候就能听见一阵清脆的"叮当"声。1984年按照清代画样，恢复第一层重檐回廊。城墙内外侧有古柏一株，老干虬枝，形态古拙。底层北面开门洞，可沿砖台阶下至宋代城墙脚下（图5.5.19）。

图5.5.19　高邮奎楼

2. 徐州文庙奎楼

徐州文庙奎楼始建于何时，目前尚待考证。顺治《徐州志》记载"〔崇祯十年（1637年）冬〕文庙毁，东庑库房魁星楼毁"可证，明末徐州文庙已有魁星楼。到顺治末（顺治十七年，1660年）、康熙初年（1662年），淮徐道项锡胤"古先相传如奎楼、黄楼、彭祖楼、燕子楼诸胜咸饬之，还其旧观。"（《重修徐州城垣碑记》）。康熙二十二年《徐州志》记："奎楼，学宫内。张胆修"。乾隆《徐州府志·学校》记："康熙元年，知县冯应麒、教谕孙大云建启圣祠及魁楼、学门、光贤育才两坊、泮池青云桥，其余无不休整。"民国时期，魁星楼已经迁建文庙学宫东。1915年张勋祠堂建成后，奎星阁在北部水塘边，水塘里有游船抵达奎星阁，后来水域缩小，奎星楼下水塘成为妇女浣纱洗衣之处（图5.5.20）。奎楼建筑在3m多高的台基上，可缘台阶而登，凭栏远眺。阁为两层重檐四面八柱，琉璃碧瓦，阁角飞翘，上层砖

图5.5.20　徐州文庙奎楼

木结构,四面墙开有花窗。下层四面有棂门,内里可以容纳二三十人。文庙奎楼之名经历魁星楼—奎楼—魁星阁的演变。

3. 徐州城墙东南隅奎楼

徐州城墙东南隅奎楼修建时间,古籍记载不一。在康熙六十一年本《徐州志》"图式州图"中首次出现,标明"奎楼"。在"祭祀"卷中亦云:"魁星楼,在南门巅"。名称虽然不一,实为同一楼,亦是作为学子祭祀文魁星的处所。但是,道光《铜山县志》却记:"奎楼在东南隅的城隍上。乾隆十四年淮徐海道何达善创建,俗名拐角楼。"康熙年间奎楼已绘入志书,此处却说是乾隆年间"创建",显然有误,待考。到同治年间,为推崇文庙的地位,把奎楼、魁星楼的名称让给了文庙学宫里的奎楼,此处正式改称为"拐角楼",同治《徐州府志·徐州府城图》(图5.5.21)中拐角楼与奎楼并存即可证明。

图5.5.21 同治版《徐州府志》上拐角楼、奎楼并存

光绪十五年,段喆将位于城墙东南隅的奎楼移建东门外、月波街的东南;即后来人们称为文人雅集的月波楼,正月十六芸芸学子在此祭祀,香火兴盛一时(民国《铜山县志》),抗战前因开路拆毁。

第六节　厅堂

堂，正房，高大的房子。《说文》：堂，殿也。段注："古曰堂，汉以后曰殿。古上下皆称堂，汉上下皆称殿。至唐以后，人臣无有称殿者矣。"厅，古作"聽"，本义堂屋。可见厅、堂在功能和形式上相仿，后世二字连用组成"厅堂"一词，指带有聚会、交往、礼仪功能的大房间。《营造法原·厅堂总论》将厅堂与殿堂、平房分列进行描述："厅堂较高而深，前必有轩，其规模装修，固较平房为复杂华丽也。"[22]明确了厅堂与普通房屋的区别。《园冶·立基》言："凡园圃立基，定厅堂为主。先乎取景，妙在朝南。"[23]园林中厅堂常居景观佳处，室内功能诉求略降，但装修精美、四面通透，组织从周围园林或连廊等多种方位进入的流线。

一、庑殿顶厅堂

庑殿式屋顶是"四出水"的五脊四坡式屋面，由一条正脊和四条垂脊（一说戗脊）共五脊组成，因此又称五脊殿。由于屋顶有四面斜坡，故又称四阿式顶。庑殿顶又分为单檐和重檐两种，所谓重檐，就是在上述屋顶之下，四角各加一条短檐，形成第二檐。庑殿顶在各屋顶样式中等级最高。

古徐地出土的汉代厅堂类画像的空间都比较高大，大多使用斗拱架高屋顶，屋顶形态主要为庑殿式，悬山等出现的很少，屋脊变化众多，极具艺术性。堂的前面没有门窗墙体，空旷开敞，部分有帷幔类装饰围挡。许多厅堂下可以看到有台基，并设有台阶。其屋顶和屋宽的造型比例大致可以分成上下等高、上矮下高2种形式。其中，上下等高的屋顶和整个厅堂建筑高度之间的比例约1:2，屋顶占整个建筑高度的一半左右。上矮下高的屋顶在整个建筑高度中所占比例小于一半。

图5.6.1是一组汉代庑殿式平直脊屋顶厅堂，其中，(1)图立柱光滑，柱顶安装有栌斗，屋檐的下方有2个半圆状的帷幔装饰；(2)图立柱刻有绞纹饰，柱顶直接与梁连接，屋檐的下方除

（1）（江苏徐州）　　　　　（2）（山东金乡）　　　　　（3）（山东微山）

图5.6.1　庑殿式平直脊屋顶厅堂

帷幔外，还有卵圆形悬垂饰物，更加美观；(3)图立柱光滑，柱顶安装有斗栱，屋檐的下方无装饰，但近地面有围护结构，使室内空间保持干净。

图5.6.2是一组汉代庑殿式正脊平斜出挑屋顶厅堂，(1)图柱顶安装有栌斗，屋檐的下方有2个半圆状的帷幔装饰，立柱和栌斗、屋脊表面都刻有精美的斜勾纹；(2)图立柱光滑，柱顶安装有斗栱，屋檐的下方无装饰；(3)图采用主副双立柱重檐庑殿顶结构，既增强了对墙的保护，也直到美观的作用，装饰也更加华丽，在各屋顶样式中等级最高，极为少见。

（1）（江苏徐州）　　　　（2）（江苏徐州睢宁）　　　　（3）（江苏徐州睢宁）

图5.6.2　庑殿式正脊平斜出挑屋顶厅堂

图5.6.3为一组汉代庑殿式正脊起翘垂脊平直厅堂，除正脊明显向斜上方翘起外，主要的特点是斗栱的不同，(1)图为单层斗栱；(2)图栌斗宽厚、斗拱粗阔，高脊大堂正是汉朝特色；(3)图上、下两层额枋，下面壮硕的柱身顶安置栌斗与一斗二升混用，立面上的四个散斗承托下层额枋，枋上排列着六个散斗又承接着上层额枋，可以明显看到这种结构组合使用不仅使建筑高度增加很多，也让建筑立面产生变化并更美观。

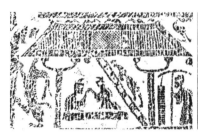  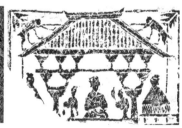

（1）（江苏徐州）　　　　（2）（江苏徐州）　　　　（3）（江苏徐州）

图5.6.3　庑殿式正脊起翘垂脊平直厅堂

图5.6.4为一组汉代庑殿式垂脊平翘屋顶厅堂，特点是五脊平顺，仅脊尾部位稍向上起翘。

图5.6.5为一组汉代庑殿式垂脊尖翘屋顶厅堂，特点是屋脊尾部向斜上方翘起，尾端呈尖锐状。

图5.6.6为一组汉代庑殿式斜脊反翘屋顶厅堂，特点是脊尾翘起与脊线垂直至锐角。

（江苏徐州）

（江苏徐州）

（江苏徐州）

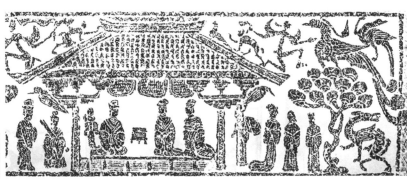
（江苏徐州）

图5.6.4　庑殿式垂脊平翘屋顶厅堂

（江苏徐州）

（江苏徐州）

（江苏徐州）

（山东枣庄）

图5.6.5　庑殿式垂脊尖翘屋顶厅堂

（江苏徐州）

（安徽萧县）

（安徽宿州）

图5.6.6　庑殿式斜脊反翘屋顶厅堂

二、悬山顶厅堂

悬山顶是屋面悬挑出山墙以外，檩桁未被封护在墙体以内，而悬在半空，故名悬山，亦称挑山，有防止雨水侵蚀墙身的作用。但檩木出梢也带来了山面木构架暴露在外的缺点，不利于保护木构架端头。于是，人们便在挑出的檩木外端钉一道随屋面坡度弯曲的"人"字形厚木板，从而使暴露的檩木得到掩盖和遮护，这种结构叫博风板（或作搏风板、博缝板等）。悬山屋顶的等级低于庑殿顶和歇山顶，高于硬山顶和卷棚顶。

出土的汉画像石表明，古徐地汉代已有悬山顶的厅堂，但数量极少。图5.6.7是一处汉代厅堂，建在台基上，并设有台阶。屋身四角立柱粗大，柱顶大型斗拱，屋檐的下有数个半圆状的帷幔装饰。山墙中央设有侧门。结合粗大的斗拱和台基正面的台阶，有很大的出檐。

图5.6.7 汉代悬山顶厅堂（徐州）

图5.6.8是彭祖园东门厅廊，悬山顶屋顶，黑筒瓦覆顶面，正脊端装饰鸱吻，檐角平直，檐下仍然悬挂着刻书有"彭祖园"名的横匾，彩绘内顶棚，是很有特色的一处园林入口建筑。

图5.6.8 彭祖园门厅

三、卷棚顶厅堂

卷棚顶屋顶也称为元宝脊，其屋顶前后相连处不做成屋面脊而做成弧线形的曲面，也就是说卷棚顶屋顶的"正脊"是弧形的，与普通"人"字形屋顶不一样，没有屋顶的正脊，与歇山顶、悬山顶、硬山顶结合而用形成悬山卷棚、硬山卷棚、歇山卷棚。卷棚顶的等级最低，但其屋顶线条流畅、风格平缓，因此多用于园林建筑。图5.6.9是徐州故黄河公园内的一处游客餐厅，朱漆圆柱抱厦前廊，卷棚歇山屋顶、青灰合页小瓦覆面，板状屋脊高挑；菱形花格木门等，从外到里是迎合着南北方不同风格特色游客们的口味与喜好（图5.6.9）。

图5.6.9　故黄河公园的餐厅

图5.6.10是云龙湖鸣鹤洲游客驿站，面阔五间、花格木门、圆柱宽檐前廊，卷棚歇山屋顶，黑筒瓦覆顶面；宽敞安静，醒目易到，为游人提供各类服务，也是一处充溢温馨的景点。

图5.6.10　云龙湖鸣鹤洲游客驿站

图5.6.11是云龙湖苏公岛茶室。徐州云龙湖风景区苏公岛的最深处依湖水、邻土丘建仿古四合庭院，房侧绿树修竹，窗外湖光山色，白墙赭柱、卷棚歇山屋顶，飞檐翘脊，檐下横匾刻书金字"苏公馆"茶室名，清馨平淡静谧，正适合作为茶室安坐赏景。

图5.6.11　云龙湖苏公岛茶室

第七节　园桥

桥通常指水面上联系交通的建筑物。汉·许慎《说文解字》云："桥，水梁也，从木，乔声。"又云："梁，用木跨水也，或曰石绝水者为梁彴，聚石水中以为步渡彴也。"古徐州桥的建造历史久远，仅徐州、滕州、临沂三市汉画像石馆公开展出的汉画像中就有约30多幅桥梁图像。经过两千多年的发展，徐派园林中梁桥、拱桥、廊桥、亭桥等园桥类型众多，形态各异，特别是一些汉代桥梁，独具艺术特色。

一、梁桥

梁桥是古代最早出现实际使用的桥，中间跨水面的水平承受弯矩的主梁是桥的关键部分，故此称作梁桥；为了保证桥的稳定性与提高使用功能也常在桥下增设木柱或石柱支撑。梁桥种类众多，按桥面形式有平桥、两坡桥，按支撑结构有单跨桥、多跨桥、连续梁桥，按桥面走向有直桥、曲桥，按材料有木桥、石桥、现代砼桥等。

图5.7.1是分别出土于江苏徐州（睢宁）和安徽宿州的两例无护栏两坡桥。其中，(1)图江苏徐州（睢宁）的两坡式桥，其水平主梁只有两端有木柱支撑，以现代受力的形式看是简支梁

（1）（江苏徐州睢宁）

（2）（安徽宿州）

图5.7.1　无护栏两坡桥

桥。(2)图安徽宿州的两坡桥，在两边引桥下各增加了立柱支撑，主梁部位下面不仅在梁中增添了一根立柱支撑，两端的支撑也分别增加了分叉支撑以保证桥面稳定。厚厚的桥面有两层，或是石材建造的梁桥。

图5.7.2是分别出土于江苏徐州和山东临沂的带护栏两坡桥。其中，(1)图桥两边引桥斜坡面中竖立着形如华表的灯柱，水平主梁端部有立柱支撑，两边的斜坡面也各有支撑立柱，并用两根横枋连接木柱，使得整座桥梁更加坚实稳固。(2)图两面坡下用砖石砌筑到顶，桥梁下没有中间支撑，两端桥堍处的望柱换作了灯柱，柱顶的箱体雕饰成飞鸟，成为特色。从结构形式看，是简支梁桥。(3)图梁桥两端地面桥基（堍）处竖立着有方形灯箱的灯柱，引桥的斜坡下用石块齐整砌筑到水平桥梁下，中间砌筑石柱支撑在桥面下。史书记载"秦作渭桥以木为梁，汉作灞桥以石为梁。"从整体看这就是一座石制梁桥。此三幅图涵盖了从秦到汉的桥梁技术。

（1）（江苏徐州）

（2）（江苏徐州）

（3）（山东临沂）

图5.7.2　护栏两坡桥

图5.7.3是分别出土于江苏徐州和山东临沂的连续梁桥。其中，(1)图桥面外侧有木护栏，护栏两端的望柱变换为高高的灯柱，柱顶是叉形装饰。桥下三根木柱顶置放厚实的栌斗并承托宽大的曲拱，曲拱上的两散斗托架主梁，按受力形式为连续梁桥。(2)图桥下木柱底部粗、顶部细，有收分，厚实的栌斗与宽大的曲拱散斗托架主梁，桥堍灯柱顶部的心状灯箱显示了明确的地方特色。

（1）（江苏徐州）　　　　　　　　　　（2）（山东临沂）

图5.7.3　连续梁桥

图5.7.4是分别出土于山东临沂、日照、济宁和江苏徐州的悬臂梁桥。可见整个桥下，均没有任何立柱支撑，相同的悬臂受力形式。其中（1）图的桥块处灯柱顶部心形箱体地区特色鲜明。

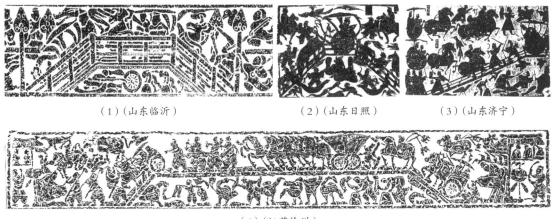

（1）（山东临沂）　　　　（2）（山东日照）　　　　（3）（山东济宁）

（4）（江苏徐州）

图5.7.4　悬臂梁桥

二、拱桥

拱是人类在结构领域最早和最伟大的发明之一。木梁或石梁桥虽然较早得到应用，但它们仅仅是利用天然材料，在结构上没有什么创新。然而拱完全是人类创造的，它只能根据人们对其受力特征的构想来建造，任何材料都不可能自动形成拱的形状[24]。古徐地的拱桥技术可追溯到汉代。图5.7.5是4幅汉代的拱桥（泗水捞鼎图）。（1）图到（3）图的桥身主体应是石质材料的（桥的中间竖立两根高大的木柱是用来捞鼎的，与桥体无关），其中（3）图的桥体由两层规整的块石砌成。（4）图是难得看到的木料制造的单孔、双拱面木拱桥，两层拱面之间用垂直于拱面的"垂直柱"和斜柱组合支撑，显示出极高的木结构水平。

经过两千年的发展，拱桥造型更加丰富优美，成为园林中应用最普遍、数量最多的桥。图5.7.6是徐州云龙湖中的两座石拱桥。其中，（1）图解忧桥桥体为单孔青石拱桥，桥面台阶密叠两旁是汉白玉石护栏，栏板间方柱顶雕刻成云龙圆顶，桥身高耸单孔倒映湖水中如满月，是徐州市区内最高大的单孔石拱桥。（2）图龙华桥桥体为十七孔多拱石拱桥，与北京颐和园长桥外形极相近，桥面两旁有精美的汉白玉石透瓶栏板，四方栏柱顶雕须弥座莲花，桥身修长平缓如玉龙横卧水上，壮观秀美，景色别致。

(1)（江苏徐州贾汪）　　　　　　　（2)（江苏徐州大庙）

(3)（山东邹城）　　　　　　　　　（4)（山东滕州）

图5.7.5　汉代拱桥

(1) 解忧桥　　　　　　　　　　　（2) 龙华桥

图5.7.6　云龙湖中的石拱桥

三、亭桥、廊桥

亭与桥、廊与桥等形式的组合，由于它独特的造型艺术特点，往往成为名胜的佳景。历史上古徐地亭桥、廊桥目前还没有古文献记录发现。图5.7.7是徐州云龙湖风景名胜区内的两座亭桥。其中，(1)图望月桥桥体是单孔石拱桥，桥面两侧设美人靠做护栏，桥上南北两端加建了相同的攒尖重檐四方亭，由一短廊相连，同是黑筒瓦覆顶面，四方体宝顶，圆柱暗漆，飞檐高挑角富有江南风格，亭、桥叠加玲珑俏丽、新颖清秀，极致优雅；还兼具几分廊桥风韵。(2)图名云汇桥，为两桥相并至两头相汇，桥两端的南北侧都建有桥亭；桥体为三孔石拱桥，桥面两边设方柱青石护栏，石栏板双面雕刻汉画像石车马图像。桥亭为攒尖四方亭，黑筒瓦覆顶面，球形宝顶，檐角稍翘、檐脊相齐，檐下枋面彩绘花草山水，赭漆圆柱亭间设石桌凳，四角方亭端庄大方、宽敞通透，既装饰美化了双桥，也方便游人休憩；体态极富艺术想象力，极具观赏性。

（1）望月桥　　　　　　　　　　　　　（2）云汇桥

图5.7.7　云龙湖双亭桥与云汇桥

图5.7.8是徐州云龙湖风景名胜区内小南湖上一座廊桥，名为泛月桥。桥体是三孔石拱桥，桥面两侧安装半人高细石透瓶栏板，栏板石方柱顶雕复瓣莲花圆顶；两侧护栏间均设圆柱20根支撑长廊顶盖，廊顶面覆黑筒瓦，东西端桥头两侧都有攒尖四方重檐亭，亭体偏高大，内有石桌凳；黑筒瓦覆顶，圆形宝顶，檐、脊稍翘，枋面彩绘，朴素大方、沉稳空灵；桥上仰看约80m长廊顶有彩绘17幅图画，从东向西依次是徐州老八景和新八景，中间一幅为南湖景观中四座桥。

图5.7.8　小南湖泛月桥

图5.7.9是徐州故黄河公园上（沈场）一座廊桥，桥体及桥墩都用是钢筋混凝土浇筑，桥分五跨、桥身起拱，两侧设1m高优美的汉白玉石透瓶栏板，四方栏柱顶雕刻莲花宝瓶圆顶，栏内两侧36根方柱支撑起五

图5.7.9　故黄河公园廊桥

跨廊盖，廊顶覆黑筒瓦，桥南北两端有卷棚歇山顶、黑筒瓦覆顶面的配房。近百米长桥横卧河上，黑顶白体，简朴端庄、宁静闲适。

四、曲桥

童寯等言："为园三境，回廊曲桥，迂回曲折，隐现无穷。"[25]曲桥，作为水上的曲径[26]，是园林的重要组成部分，不仅起分隔水面的作用，且使景观幽邃而富有情趣，其路径曲折往往

"因景而生，得体合宜"，对游人游园的趣味体验有着重要的作用。历史上古徐地曲桥目前还没有古文献记录发现。图5.7.10金龙湖公园的九曲木桥为徐州最长曲桥，桥身是清漆本色方木栏杆，桥上有草顶方亭为游人遮阳赏景，自然而雅致。其他如小南湖有五曲（图5.7.11），云龙公园与大龙湖公园有四曲等相似木质曲桥。

图5.7.10 金龙湖公园九曲桥　　　　　　　　图5.7.11 紫薇岛的曲桥

本章参考文献

[1] 高子期. 秦汉阙论[D]. 西安：西安美术学院，2013.
[2] 刘桂传，王海霞. 泰山无字碑千年论争略说[J]. 泰山学院学报，2007，(1)：23-26.
[3] 徐州博物馆、南京大学历史系考古专业编. 徐州北洞山西汉楚王墓［M］. 北京：文物出版社，2003.
[4] 金其祯. 论牌坊的源流及社会功能[J]. 中华文化论坛，2003，(1)：71-75.
[5] 黄莺. 牌坊起源说的几点辨析[J]. 东方博物，2012，(3)：109-112.
[6] 刘修桥. 大清世祖章（顺治）皇帝实录［M］. 台北：新文丰出版股份有限公司，1978.
[7] 马俊亚. 从本能到特权：明清淮北两性关系的阶层异化[J]. 清华大学学报（哲学社会科学版），2019，34(2)：79-94，200.
[8] 苗红磊. 山东老石牌坊分布及类型调查[J]. 设计艺术，2014，(3)：88-94.
[9] 王春波. 中国古代楼、阁、塔的建筑比较研究[J]. 文物世界，2017，(6)：7-11.
[10] 陈明达. 中国古代木结构建筑技术（战国—北宋）[M]. 北京：文物出版社，1990：22-24.
[11] 李春燕. 燕子意象与燕子楼故事的文化意蕴[J]. 中天学刊，2012，(3)：28-31.
[12] 日·福本雅一，燕子楼与张尚书[J]. 李寅生，译. 河池学院报，2007，27(6)：15-23.
[13] 明·冯梦龙纂. 警世通言[M]. 石家庄：花山文艺出版社，1992.
[14] 董治祥，郝思瑾. 黄楼登临好风景千年还忆苏使君——苏东坡在徐州政绩述评[J]. 中国矿业大学学报（社会科学版），2000，(3)：95-99.
[15] 孔凡礼点校. 苏轼文集[M]. 北京：中华书局，1986.
[16] 赵凯. 苏轼与黄楼[J]. 治淮，1989，(1)：44-45.
[17] 赵兴勤，博大苍凉. 激烈深沉——萨都剌《木兰花慢·彭城怀古》赏析[J]. 古典文学知识，2013，(3)：35-41.
[18] 胡谧. 登黄楼[EB/OL]. [2019-09-30] https: //so. gushiwen. org/search. aspx?value=胡谧.
[19] 崔溥. 漂海录[M]. 崔基泓，译. 长野：（日）三和印刷株式会社，1979.
[20] 徐州园林史编纂委员会. 徐州园林志[M]. 北京：方志出版社，2016.
[21] 赵明奇. 徐州西楚故都彭城遗迹考[J]. 中国历史地理论丛，1997，(4)：75-78.
[22] 姚承祖，原著. 张至刚，增编. 刘敦桢，校阅. 《营造法原》注释[M]. 北京：中国建筑工业出版社，1986.
[23] 明·计成著，刘艳春编著. 园冶[J]. 南京：江苏凤凰文艺出版社，2015.
[24] 陈宝春. 拱桥技术的回顾与展望[J]. 福州大学学报（自然科学版），2009，37，(1)：94-106.
[25] 童寯. 江南园林志[M]. 北京：中国建筑工业出版社，1984.
[26] 金学智. 中国园林美学[M]. 南京：江苏文艺出版社，1990.

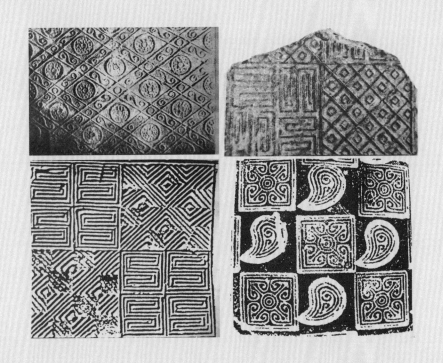

第六章
徐派园林铺装与雕塑、小品

园林铺装是指用各种材料进行的地面铺砌装饰。园林铺装不仅具有组织交通和引导游览的功能，为人们提供了良好的游憩、活动场地，同时园林铺装地面构图和纹样直接创造优美的地面景观，给人以美的享受，增强了园林的艺术效果。

第一节　园林铺装

一、地面铺装史小考

园林铺装可以说是伴随着园林的产生而产生。但是，不同于占据"主体"的"大"建筑，由于其"从属"地位的"小"事物，在历史文献中极少有记载。但是，我们还是能够在一鳞半爪的文字和出土文物中，一窥其历史。

据考古发现，徐派园林地面铺装的历史十分悠久，在梁王城遗址商周时期地层中，就存在人造园景的遗迹，有一条长约10m、宽约1m用鹅卵石铺成的小径[1]。

到秦汉时期，人们在利用如鹅卵石等自然材料的同时，由于砖、瓦等建筑材料的制造成熟，质量显著提高，出现了专门的铺地砖，纹饰十分精美，见图6.1.1和图6.1.2。

图6.1.1　单纹铺地砖（汉代，徐州博物馆）

图6.1.2　组合纹铺地砖（汉代，徐州博物馆）

考古和古画还为我们提供了地砖铺设形式的线索。宿州王楼遗址涵盖了新石器时代、汉、唐宋、宋金4个朝代地层。在这4个地层中，宋金时期地层中才出现铺底砖，铺设形式有平铺错缝、平铺对缝、人字形[2]。淮安财富广场南北朝时的墓群中，各个墓室普遍应用条砖人字形铺设，见图6.1.3[3]。徐州市区东甸子北齐墓也采用条砖人字形铺装[4]。徐州富庶街明代遗址中，有长方形条石平铺，大方砖平铺、大方砖斜铺、条砖错缝铺、条砖人字斜铺等多种铺设形式，图6.1.4[5]。明代唐寅园林纪实之作《沛台实景图》中，可看到清晰的条砖错缝铺设的园路，见图6.1.5。

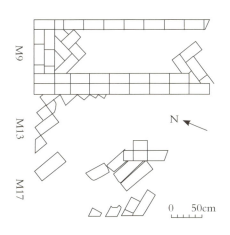

图6.1.3 南北朝时墓群在的人字形铺地（淮安）

图6.1.4 徐州富庶街明代遗址中部分铺地形式

图6.1.5 明·唐寅《沛台实景图》中的铺地形式[6]

二、当代徐派园林铺装

（一）园林铺装的类型

园林铺装按施工工艺可以分为整体铺装、块料铺装、碎料铺装、生物铺装、混合铺装等，按面层或表面装饰可分为砼面、石料、砖瓦、木材、陶瓷、玻璃、塑胶、生物材料等，按生态效果可以分为非透水性铺装和透水性铺装，按构图与纹样可以分为规则式、自由式、仿形式、混合式（图6.1.6）。

图6.1.6　铺装的类型

1. 非透水性铺装

非透水性铺装主要用于有机动车通行或人流量较大的道路、广场和人员活动中心等地（路）面荷载要求较高的区域。

非透水性铺装通常采用整体铺装或块料铺装。前者为不透水的基层和整体路面（水泥路面和沥青路面），后者在不透水的基层上用砂浆铺装块料。

2. 透水性铺装

由于非透水性铺装阻断了降水直接补充地下水的途径，加大了地表径流，阻断了土壤与空气间的气体、热量、水分交换，抑制土壤微生物和植物根系的活动等，存在明显的生态环境缺陷，随着生态园林思想的普及，透水铺装又重新得到重现。

透水铺装通过采用大空隙结构层或排水渗透设施，使雨水能够通过铺装结构就地下渗，从而达到减轻或消除地表径流、雨水还原地下等目的，是节约型园林建设和海绵城市建设的重要技术措施。徐州市园林绿化中道路、广场透水铺装主要有以下几种形式：

① 用透水性地砖或透水性混凝土、透水性沥青进行铺装，铺装材料本身即具有良好的透水效果。

② 用植草格、孔型砖、孔形混凝土砖进行铺装，材料本身不具透水性，制作成品的样式为孔洞形，一般都能达到40%以上的孔洞率，可进行植草。

③ 用实心砖或石块铺装，砖或石块之间留出一定空隙（填充土壤）以利透水。

④ 用细碎石或细鹅卵石，地面仅由大小均匀的石子散落铺成。

由于透水铺装的基层处理受到限制，地面荷载受到制约，因此，主要用于仅限游人通行的游览道路和平时游人不太多的广场等（图6.1.7）。

图6.1.7 透水铺装方式

（二）构图与纹样

1. 规则式

所谓规则式铺装，是指将铺装材料加工成明确的几何形状，并按明显可见的排列规律进行构图的铺装方法。

规则式铺装时，与视线相垂直的直线可以增强空间的方向感，而横向通过视线的直线则会增强空间的开阔感（图6.1.8）。

不同的图形形状给人的视觉感受也往往不同。如正方形、圆形、六边形等规则、对称的形状都不会引起运动感，而会形成宁静的氛围，在铺装一些休闲区域时使用效果很好。折线形、三角形、椭圆、抛物线形等其他一些图案的组合则具有很强的动感（图6.1.9）。

图6.1.8　规则式铺装

图6.1.9　规则式铺装中线形的运用

2. 仿形式

所谓仿形式铺装，指将铺装材料按通常为人们所熟知的某种事物如动物、植物（及其器官）的形状或文字、图案进行构图铺装的方法。仿形式铺装在特定意境的表达方面，具有独到的优势。如古彭广场采用中国象棋棋盘的图案，暗喻了徐州在楚汉相争中的风云历史；东坡运动广场北京奥运会会徽图案，强化了公众对公园主题的认知；云龙湖苏公岛上太极图案呼应了珠山景区道教文化的主题；云龙公园花街用不同的子石构成花形图案，有力烘托了景点的氛围（图6.1.10）。

图6.1.10　仿形铺装

3. 自由式

所谓自由式铺装，是指铺装材料没有明确的几何形状，也没有明显可见的排列规律性进行构图的铺装方法。比较常用的仿自然的不规则铺装如乱石、子石、冰裂等，可以使人联想到乡间、荒野，更具有朴素自然的感觉。《园冶·铺地》曰：园林砌路，惟小乱石砌如榴子者，坚固而雅致，曲折高卑，从山摄壑，惟斯如一。有用鹅子石间花纹砌路，尚且不坚易俗。鹅子石，宜铺于不常走处，大小间砌者佳；恐匠之不能也。乱青版石，斗冰裂纹，宜于山堂、水坡、台端、亭际，见前风窗式，意随人活，砌法似无拘格，破方砖磨铺犹佳（图6.1.11）。

图6.1.11　自由式铺装

4. 混合式

混合式铺装，就是采用两种及以上的方法进行构图铺装的方法。既有规则式铺装的整齐有序，又有非规则式的灵动多变（图6.1.12）。

图6.1.12　混合铺装

第二节　园林雕塑与小品

园林雕塑、小品是园林景观营建中的点睛之笔，既美化环境，丰富园趣，又提供丰富的文化信息，使游人从中获得美的感受和熏陶，增加了园林的景致，强化了园林的意境，是园林艺术的重要表现手法之一。由于历史文献中园林雕塑、小品的记载极少，因此，本节主要介绍当代徐派园林的雕塑与小品。

一、纪念性雕塑、小品

纪念性雕塑、小品以徐州历史上或现实生活中的人或事件为主题，用于纪念重要的人物和重大历史事件，展示徐州地域文化的脉络。按人物或事件发生的时代，大致可分为人文历史雕塑、小品和现代纪念雕塑、小品两大类。

（一）人文历史雕塑、小品

人文历史雕塑、小品重点围绕徐州历史上的名人名事展开。

1. 彭祖文化雕塑、小品

尧帝封篯铿在今徐州市区西部地区建立"大彭氏国"立国长达八百余年。篯铿建立大彭氏国的贡献，被尊称为彭祖。孔子对他推崇备至，庄子、荀子、吕不韦等先秦思想家都有关于彭祖的言论，道家更把彭祖奉为先驱和奠基人之一，许多道家典籍保存着彭祖养生遗论，彭祖养生、餐饮文化等一直流传至今。彭祖文化雕塑、小品重点围绕彭祖事迹及其养生文化展开，包括彭祖像、福寿牌坊、彭氏迁徙图、福寿广场等，从彭氏迁徙图游人可以更加直观地了解到自彭祖以后彭氏的迁徙分布，福寿广场集中了古往今来，历代名人书法家所书写的99福、寿字书法（图6.2.1）。

2. 汉文化雕塑、小品

"秦唐文化看西安，

图6.2.1　彭祖文化雕塑、小品

明清文化看北京,两汉文化看徐州。"汉墓、汉兵马俑、汉画像石"汉代三绝"以其独特的艺术风格、珍贵的历史价值与南京六朝石刻、苏州园林并称为"江苏三宝",为徐州乃至人类宝贵的历史文化遗产。狮子山汉文化园依托楚王陵①、汉兵马俑两大历史文化遗存,通过主题雕塑、小品的设置,进一步丰富了两汉文化的表达。东入口的汉文化广场,采取规整庄严的中轴对称格局,依次布置了入口汉阙、司南、两汉大事年表、历史文化展廊、车马出行等雕塑、小品,终点矗立汉高祖刘邦的铜铸雕像,构成完整的汉代文化空间序列,犹如一段立体空间化的汉赋,通过"起""承""转""合"四个章节,抑扬顿挫、弛张有度,将汉风古韵自然呈现出来(图6.2.2)。雕塑广场主体为依汉画像石《车马出行图》创作的一组群雕,采用铜像与花岗岩像相结合的表现方式,由8匹铜马、3匹石马、9个铜人、2个石人组成,整组群雕宏大、威武

图6.2.2 狮子山汉文化广场

---

①第三代楚王刘戊的陵墓。

（图6.2.3）。此外，栖凤台、四灵璧、百戏图、彭城怀古等雕塑，通过各具特色雕塑表现的手法展示了汉代文化。

图6.2.3　狮子山汉文化园雕塑广场

3. 楚文化雕塑、小品

作为西楚故都，徐州人不以成败论英雄的情怀在"西楚霸王"身上表现得尤为突出。戏马台为徐州较早复建的历史古迹之一，采用石雕、艺术蜡像、硬木彩雕、瓯塑等手法，以项羽像、戏马堂、巨鹿大战、鸿门宴、定都彭城、霸王别姬等系列雕塑，生动再现了项羽建立霸业、楚汉相争的历史画卷（图6.2.4）。

项羽像　　霸业雄风鼎　　定都彭城

图6.2.4　戏马台楚文化雕塑

楚园是近年来徐州弘扬楚文化的又一力作。在"一湖一岛二环三桥五广场"公园中，以项羽和彭城西楚文化为主题，通过从霸王剑到垓下歌的系列雕塑作品，咏楚诗句的楚文化石雕、形似祥云的楚文化符号坐凳、古代兵器"戈"形的路灯等小品，尽显"力拔山兮气盖世，时不利兮骓不逝。骓不逝兮可奈何！虞兮虞兮奈若何！"一代英雄的悲壮故事（图6.2.5）。

鸿门广场

李清照诗

暗渡陈仓

破釜沉舟

垓下歌

霸王别姬

图6.2.5　楚园楚文化雕塑

4. 宗教文化雕塑、小品

2014年5月4日习近平主席考察北京大学，在师生座谈会上列举中华文化中的优秀思想和理念时提到了"天人合一"。当月15日，习近平主席在中国人民对外友好协会成立60周年纪念活动上的讲话，首次提出阐释中国和平发展"四观"：天人合一的宇宙观、协和万邦的国际观、和而不同的社会观、人心和善的道德观。

"天人合一"是我国两大本土宗教之一[②]道教最重要的思想和理论基础。徐州是道教创教之祖张道陵的出生地。云龙湖珠山景区以张道陵道教文化为主题，无极、八卦、二十八星宿、玄珠、道教葫芦等一系列象征道教元素的特色雕塑、小品与鹤鸣台、百草坛、天师广场、创教路、天师岭等景点共同展示了张道陵得道、修炼、立教的整个历程（图6.2.6）。

无极

二十八星宿

创教路

道

图6.2.6　珠山道教文化雕塑

（二）现代纪念雕塑、小品

1. 红色纪念雕塑、小品

徐州史称"北国锁钥""南国重镇"。作为"兵家必争之地"，徐州在建立新中国的伟大征程中，从1925年6月中共徐州支部和9月中共徐州特别支部先后成立[7]，到徐州为中心的淮海战役的胜利，留下了光辉一页。在今天保卫和建设国家的新征程中，不断续写着新的篇章，是徐州人最为宝贵的财富。

[②]另一个为儒教。

第六章 徐派园林铺装与雕塑、小品

淮塔雕塑的总体构思匠心独运。主题建筑淮海战役烈士纪念塔的两侧，采用大型浮雕，以典型集中的方式将部队官兵前仆后继的情节，与民兵民工随军转战的壮举，巧妙构思，聚集一起，展现了人民解放军一往无前和人民群众奋勇支前的壮丽情景，军魂与民心并驾齐驱，揭示战役的胜利之本。北侧的碑林前是毛泽东主席雕像，背景石壁镌刻当年他对这场战役指令的手迹。南侧纪念馆附近是总前委群雕。从领袖那镇定自若的神态刻画，领略到运筹帷幄决胜千里的宏伟气魄。馆内雕塑按照整个战役过程生动再现了淮海战役伟大历史画卷（图6.2.7）。

双拥碑为徐州"双拥模范城市"的标志性雕塑。老双拥城碑于1989年5月20日落成，碑体形似军民两人相互拥抱，其总高度16.9m，下部4.8m，上部12.1m，寓意1948年12月1日徐州解

淮海战役烈士纪念塔

右侧群雕

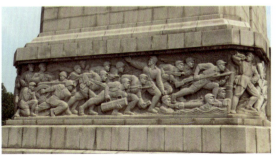
左侧群雕

毛泽东主席雕像

总前委群雕

图6.2.7　淮塔雕塑

放；两块碑体间距40cm，寓意1988年12月1日徐州解放40周年。南北两面镶嵌徐向前元帅题写的"双拥城"三个镏金铜质大字（图6.2.8左图）。

新双拥碑高15m，上半部铜质，下半部白色花岗岩，底座黑色。整体主题设计为两只紧握的手的抽象造型，雕塑下半部分四周为反映拥军爱民的浮雕，正面雕有邓小平题写的"双拥模范城"（图6.2.8右图）。

老双拥碑　　　　　　　　　　　　　　　新双拥碑

图6.2.8　双拥碑雕塑

2. 当代徐州精神纪念雕塑、小品

（1）凡人善举，有情有义——好人园

好人园位于云龙湖珠山公园北侧，作为第一座"体现凡人善举、凡人壮举"纪念徐州普通百姓的园林，广场入口设置了一个由五颗心形建筑组成的"爱心"标志性雕塑。广场内立5根花岗岩美德柱，分别篆刻了仁、义、礼、智、信几个大字。贺思群、李影、刘开田、渠立强、宋玮、王杰、夏爱民、张公兰、张广之、张玲兴、掌家忠11座好人雕塑分别位于广场两侧。最里侧是一个善举墙，上书"存善心、积善行、养善性"，好人园宣传彭城好人、道德模范、美德少年、彭城孝星，叙述历史，启迪后人（图6.2.9）。

（2）勇于拼搏、敢于争先——东坡运动广场

徐州人古来尚武[③]，勇于拼搏、敢于争先的人文精神在竞技体育领域表现得尤为突出。徐

---

③ "大彭国"时即有了彭祖气功。春秋时期，游泳活动颇盛。汉画像石中有举重、摔跤、狩猎、六博、武术等生动刻绘。

图6.2.9 好人园雕塑

图6.2.10 东坡运动广场雕塑

州市1958年获"全国学校体育红旗市"称号,以后多次被评为全国"田径之乡",沛县被称为"武术之乡",竞技体育实力保持全国前列。

东坡运动广场以体育为主题,在主入口的正前方,设立了一座高9m、重11吨的铜雕,艺术再现了徐州市高山滑雪、乒乓球、技巧等传统优势项目。在72m长的冠军大道上,雕刻了20名徐州籍世界冠军运动员的足迹及名言。通过雕塑,不仅可以了解徐州市体育历史上的辉煌战绩,同时也激励人们向更高、更强的目标迈进(图6.2.10)。

二、主题性雕塑、小品

主题性雕塑、小品是对某个特定地点、环境、建筑主题的说明，以弥补一般环境缺乏表意的功能，点明甚至升华主题，使观众明显地感到这一环境的特性，具有纪念、教育、美化、说明等意义。这一类雕塑、小品紧扣城市的环境和历史，可以看到一座城市的身世、精神、个性和追求。

奎山公园以"劝学、励志"为主题，在公园入口处还远，以书简的造型设置"开卷有益"雕塑，开宗明义，点明公园的主题。六艺广场、世界名校、魁星点斗、状元桥系列雕塑则告诉人们"学海无涯，惟有勤苦学习，六艺归于一心，方能到达理想的彼岸"（图6.2.11）。

彭祖园名人雕塑，以徐州历史名人为主题，除名闻遐迩彭祖、刘邦、项羽外，还汇集了徐偃王到王杰的数十名名人名士，集中反映徐州数千年光辉历史中灿烂的一页页篇章，深度表现了徐州的人文特点。整个项目传承了千年历史文明，起到了通过名人"感受历史、感悟文化、感染徐州、感染心灵"的效果。"（图6.2.12）。

黄河夺泗以后，徐州城屡遭水患，为防灾祸，历史上曾数次铸铁牛以镇黄水。为重现徐

开卷有益

魁星点斗

六艺广场

世界名校（局部）

图6.2.11　"劝学、励志"雕塑

第六章 徐派园林铺装与雕塑、小品

图6.2.12 彭祖园部分名人雕塑

州人与黄水抗争的历史，1985年按嘉庆己未（1799年）庚午月庚辰日庚辰时铸之铁牛之形，重铸镇河铁牛，翘鼻昂首，两眼圆睁，似洪水一来，即长吼报警。1987年又铸一尊立式铜牛，其雄姿勃勃，昂首高吼，象征着历代徐州人民战胜故黄河水患，拓荒进取的时代精（图6.2.13、图6.2.14）。

图6.2.13　故黄河铁牛

三、装饰性雕塑、小品

装饰性雕塑、小品轻松、欢快，表现内容广泛，表现形式也多姿多彩。它创造一种舒适而美丽的环境，给人会心一笑中会心一悟（图6.2.15、图6.2.16）。

图6.2.14　故黄河铜牛

图6.2.15　金龙湖公园装饰性雕塑、小品

拔河

泡泡鱼

斗鸡

呆呆蟹

图6.2.16　大龙湖公园装饰性雕塑、小品

四、功能性雕塑、小品

功能性雕塑、小品的首要目的是实用，比如公园的垃圾箱，大型的儿童游乐器具等，是将艺术与使用功能相结合的一种艺术，它在提供便利的同时，也美化和丰富了景观环境，启迪人们的思维，让人们在生活的细节中真真切切地感受到美。

滨湖公园诗词灯采用矩形结构，将历代著名诗人的诗句镂空于灯体表面，展现了五千年文化的历史底蕴。狮子山汉文化园的"编钟灯"，楚园的"戈形灯"，彭祖园的"福灯""寿灯"，故黄河公园、奎山公园"历史长卷"式景点说明牌，植物园景木质导游牌，楚园拐子龙纹的坐凳、滨湖公园波浪形坐凳等则进一步强化了公园的主题（图6.2.17）。

彭祖园福、寿路灯、地灯

楚园戈形灯　　龟山拐子龙纹灯　　植物园花灯

植物园景导游牌　　奎山公园导游牌　　汉文化园导游牌

楚园的坐凳　　龟山公园的坐凳

图 6.2.17　功能性性小品

本章参考文献

[1] 孔令远. 春秋时期徐国都城遗址的发现与研究[J]. 东南文化, 2003, (11): 39-42.
[2] 安徽省文物考古研究所, 宿州市文物管理所. 宿州王楼遗址发掘报告[J].: 东南文化, 2006, (1): 7-23.
[3] 淮安市博物馆. 江苏淮安财富广场南北朝墓群发掘报告[J]. 东南文化, 2007, (4): 29-38..
[4] 徐州博物馆. 江苏徐州市北齐墓清理简报[J]. 考古学集刊, 2000, (13): 222-237.
[5] 徐州博物馆. 徐州富庶街明代遗址的发掘[J]. 考古学报, 2004, (3): 357-376
[6] 周国宁, 刘晓丽. 明代唐寅园林纪实之作《沛台实景图》解读[J]. 风景园林, 2020, (增刊1): 48-50.
[7] 高辉. 徐州早期建立党组织的历史机缘[J]. 徐州工程学院学报, 2006, 21 (5): 14-16

第七章
徐派园林植物

　　无植物不能称园林。植物是构成园林的必要要素、表达园景的重要材料，具有十分丰富的色彩、季相、立面变化，是有生命的、从而也是最生动的景观，古往今来一直是园林中最吸引人注意、勾引人思绪的触发点。徐派园林植物景观从孕育期完全利用自然植物景观，到生成期大量人工造型植物的产生，再到升华期的植物意象、托物言志，及至当代生态园林文化，这样是一个从自然到人工再到高于自然的发展过程。

第一节　古园林中的植物

古人造园怎样应用植物塑造园林景观，怎样认识植物于造园的意义，历来的园林史、文献对于植物的记录多语焉不详，我们一般只能在有关的诗词文赋、小说和少量的园记中约略看到一些梗概。

一、先秦与两汉时期

先秦时期，苑囿规模恢宏，植物、动物繁盛，是自然界的体现。"天地有大美而不言，四时有明法而不议，万物有成理而不说。""山林欤（与）！皋壤欤！使我欣欣然而乐欤！"（《庄子·外篇·知北游》）在对山水的欣赏中欣然自乐。

到秦汉时，园林中不仅大规模人工种植各种植物，如《西京杂记·卷二》记载："梁孝王（西汉）好营宫室苑囿之乐，……，奇果异树、瑰禽怪兽毕备。"汉彭城相缪宇苑囿图中"田猎"部分能够清晰地看到植物丰茂、禽兽散布、山峦连绵的宏大景象（图7.1.1），"娱憩"部分最右端则刻画了位于庭院中一棵大树（有残缺，图7.1.2），形态优美。这些植物要素的刻画都

图7.1.1　汉彭城相缪宇"苑囿长卷"之"田猎"部分

图7.1.2　汉彭城相缪宇"苑囿长卷"之"娱憩"部分

展示出缪宇苑囿不单单利用自然植物,可以想象缪宇苑囿不仅植物种类非常丰富,而且与建筑相得益彰,花木参差错落、草木繁盛、绿树成荫的景象。

据徐州、滕州、临沂3市公开展出(2019年)的一千余块汉画像石统计,植物景观有111块,略超总数的10%(详见表3.2.1),从形态看,有针叶树、落叶阔叶树、常绿阔叶树近40种[1],特别是出现了大量人工造型的树,显示汉代徐人已经不满足于纯自然的植物之美了。

图7.1.3是3张针叶造型树。其中(1)图冠底修剪成锐形;(2)图将树冠作了大幅度剪除,树干与檐齐高,仅保留了很小的树头,非常独特。(3)图则将冠底修剪成向内收的圆弧形,形态圆润丰满。孔子云:"岁寒,然后知松柏之后凋也。"[2]汉画像中大量类针叶树图像表明,松柏从几千年前就以不畏严寒、四季常青的形象出现在人的视野中。

(1)江苏徐州　　　　　　　　(2)山东金乡

(3)江苏徐州

图7.1.3　汉画像中的针叶造型树

图7.1.4是一株双干银杏树,看树形不是太大,位于一亭之旁,即便不是人工培育而成,亦当从田野移植而来的"选树造景"之作。宋·李清照《双银杏》诗曰:"风韵雍容未甚都,尊前甘桔可为奴。谁怜流落江湖上,玉骨冰肌未肯枯。谁教并蒂连枝摘,醉后明皇倚太真。居士擘开真有意,要吟风味两家新。"《徐州汉画像石》一书收录汉画像石270余幅,其中表现树木的22幅中,银杏树多达16幅(邳州8幅,睢宁6幅)。这些银杏树大都刻画在院内亭旁,多是两株银杏树干缠绕共生。汉画像中大量的银杏树形象反映了古徐人崇拜银杏的习俗[3-4]。

图7.1.4 银杏树（江苏邳州）

图7.1.5两株分列建筑两侧的大树，主干虬曲如龙，昂然向上，观赏性极强，应当是从小苗起培养而成。图7.1.6利用了诸如乌桕等树种干性差的特点，育成曲干树，别有一番美感。图7.1.7分明为一株植于地上的"老桩"，古朴苍劲的桩体，柔美袅娜的鲜枝，朴拙与绰态共为一体，体现了汉代徐人独特的审美。

图7.1.5 虬干树图（江苏徐州）

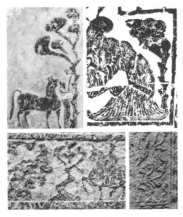 

图7.1.6 曲干树图（江苏徐州）　　图7.1.7 老桩（江苏徐州）

图7.1.8为一组连理树,是两株相邻的树在生长过程中枝干互相连接、交织成一体,也有两株树干曲绕一体、共同生长,表达了古徐人阴阳合一、长生不死的愿望。

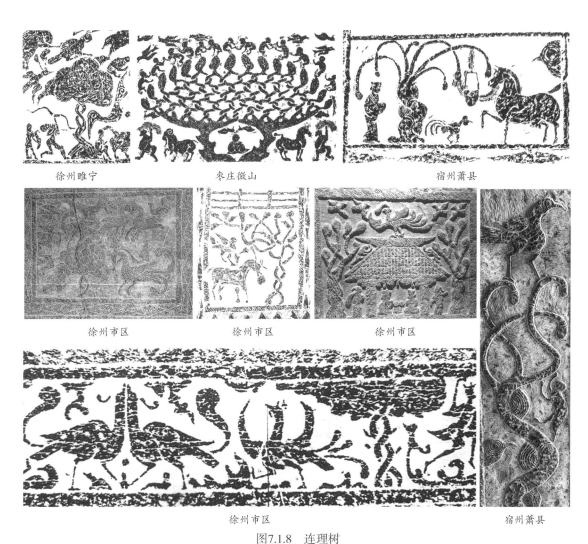

图7.1.8 连理树

二、汉以后到近世

汉以后直到隋唐宋元,园林植物方面的文献史料同样十分匮乏,只散布在一些诗、词、赋、志中,如《舆地志》华林园有"花萼池"。魏·杨修《节游赋》描写华林园植物景观为:"百卉挺而滋生,……,行中林以彷徨,玩奇树之抽英,或素华而雪郎,或红彩而发赪,绿叶白蒂,紫柯朱茎,杨柳依依,钟龙蔚青,纷灼灼以舒葩,芳馥馥以播馨,嗟珍果之丛生,每异类而绝形。禀䎃和以固植。"明代户部郎中索承学描写西晋石崇镇下邳时所造"渔亭"诗《渔亭晚照》曰:"台榭明西日,桑榆映暮春。"《南史·列传·卷五十二》记芳林苑:"果木珍奇,穷极雕靡，有侔造化"。梁文学家江淹："余有莲花池"。沈约《郊居赋》记博望苑："修林则表以桂树，列草则冠以芳芝"。《南齐书·卷7》记东昏侯作芳乐苑："种好树美竹"。纪少瑜《游建兴苑诗》："丹陵抱天邑，紫渊更上林。银台悬百仞，玉树起千寻。水流冠盖影，风扬歌吹音。踟蹰怜拾翠，顾步惜遗簪。"唐·储嗣宗《晚眺徐州延福寺》："杉风振旅尘，晚景藉芳茵。片水明在野，万花深见人"等。

记录这一时期园林植物景观较为详细、具代表意义的当属唐宋之交"燕子楼园"。陈师道（1053—1102年）《登燕子楼》描述"燕子楼园"的植物景观为："绿暗连村柳，红明委地花。"贺铸（1052—1125年）《燕子楼》说："杨柳荫芙蕖""曲径拥黄叶""寒鸱蹲老树"。苏轼（1037—1101年）《永遇乐·彭城夜宿燕子楼》记："圆荷泻露"。李演《南乡子（夜宴燕子楼）》："芳水戏桃英""小滴燕支浸绿云"。到元朝，陈孚《燕子楼其一》曰："樱桃泫红腻，蘼芜凋绿滋。"王恽《赋燕子楼》说："露桃幽怨"。至明朝，冯梦龙《警世通言·卷十 钱舍人题诗燕子楼》写道："小桃绽妆脸红深，嫩柳袅宫腰细软。幽亭雅榭，深藏花圃阴中；画舫兰桡，稳缆回塘岸下。莺贪春光时时语，蝶弄晴光扰扰飞。……到红紫丛中。"徐渭《燕子楼》："牡丹春后惟枝在"。清朝，钱谦益《燕子楼》："柳老花残木叶秋""苍苍太湖石畔，隐珊珊翠竹丛中，……转柳穿花而去"等词句，为我们较为详细地描绘了"燕子楼园"的植物景观，有桃花、竹子、荷花、柳树、牡丹、樱桃等，"幽亭雅榭，深藏花圃阴中""红紫丛中。忽有危楼飞槛"，植物遍布于幽亭雅榭和院宇之间，红紫丛、竹敲窗、四山依旧翠屏围等环境描写（图7.1.9）。

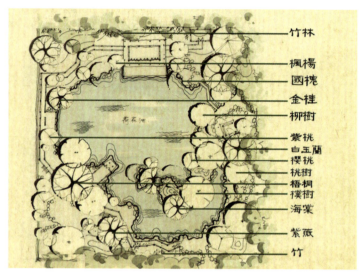

图7.1.9　燕子楼园植物局部复原图（吴婷婷，刘禹彤绘[5]）

中古后期以后，植物成为景观题名的重要素材，如《太平御览·居处部·卷一》转载《寿春图经》所记十宫中，与植物相关的就有松林宫、枫林宫、春草宫3宫；《归德志》载睢阳八景之一为"杏山春意"；杨奂《东游阙里记》记载"北涉云水，由竹径登浮香亭。亭以梅得名。少北，一石穴，茶泉也，亦竹溪"等等，这些植物景观题名，在高度概括园林植物景观主景的同时，赋予园林诗情画意和文化底蕴，在园林植物景观创作中起到画龙点睛的艺术效果。

第二节　当代常用园林植物及多样性

进入20世纪后期，随着工业革命、全球气候变暖等环境问题的突显，生态主义成为主导性思潮，造园中植物的选择也从审美、立意为中心转向生态性和生物多样性为中心。

一、常用园林植物

据作者等于2012年主持的普查[6]，徐州市园林绿化应用的植物共有104科264属342种（包括所有变种、亚种和变型，不包括温室盆栽品种）。其中，乔木96种，灌木藤本122种，宿根花卉及水生植物、草坪等共124种，见表7.2.1。乔、灌、草物种比例约为2.8：3.6：3.6。

342种园林植物中，乡土植物52科223种，约占调查植物种类总数的65.2%，其中乔木67种、灌木66种、草本和水生植物90种。外来引进植物有119种，占调查植物种总数的44.8%，其中乔木29种、灌木藤本56种、草本和水生植物34种，见表7.2.2。图7.1.1～图7.1.8为几种典型园林植物效果。

表7.2.1　徐州市园林植物科属种构成

类别	科		属		种	
	数量	比例（%）	数量	比例（%）	数量	比例（%）
乔木类	36	34.6	52	31.7	96	28.1
灌木类	42	40.4	59	36.0	122	35.7
草本类	12	11.5	30	18.3	105	30.7
水生植物	14	13.5	23	14.0	19	5.6
合计	104	100	164	100	342	100

表7.2.2　徐州市园林植物的来源分析

类型	乔木种数	灌木种数	草本植物种数	合计
乡土	67	66	90	223
引进	29	56	34	119
合计	96	122	124	342

二、园林植物多样性分析

（一）公园绿地的植物多样性

调查结果表明，徐州市典型公园绿地常用木本植物主要有46种。其中，落叶乔木32种，落叶乔木23种，占乔木种数的71.9%；常绿乔木9种，占乔木种数的28.1%。灌木树种14种，落叶灌木3种，占灌木种数的21.4%；常绿灌木11种，占灌木种数的78.6%。以丰县凤鸣公园为例，木本植物总量为乔木428株、灌木218株。其中，落叶乔木353株，占乔木总数的82.5%；常绿乔木75株，占乔木总数的17.5%；落叶灌木132株，占灌木总量的60.6%；常绿灌木86株，占灌木总量的39.4%。公园绿地木本植物种的重现率和相对多度特征见表7.2.3、表7.2.4、表7.2.5。应用频度较高的树种有悬铃木、银杏、栾树、香樟、紫薇、雪松、樱花、红叶李、小叶女贞、大叶黄杨、紫荆、红叶石楠等。

表7.2.3 徐州市常见园林树种应用频度

	频度（%）	植物名称
乔木	f≥50	悬铃木、女贞、银杏、栾树、红叶李、广玉兰、雪松、樱花、紫薇、柳树、花石榴、乔木石楠、香樟、红枫、枇杷、朴树、榉树、乌桕、紫叶李、紫玉兰、棕榈
	20≤f<50	白玉兰、重阳木、五角枫、柳榆、槐树、水杉、枫香、楸树、柿树、鸡爪槭、西府海棠、三角枫、椤木石楠、青枫、法国冬青、垂槐、无患子、合欢、桃树、龙爪槐、垂丝海棠、山楂、果石榴、黄连木
	f<20	碧桃、楝树、红果冬青、海棠、杏梅、水杉、白蜡、千头椿、檀树、樱桃、中华石楠、木瓜、五谷树、杜仲、丁香、二乔玉兰、青铜、香花槐、马褂木、木瓜、蚊母树、青檀
灌木	f≥50	小叶女贞、大叶黄杨、紫荆、红叶石楠
	20≤f<50	枸骨、云南黄馨、金叶女贞、红花檵木、瑞香、迎春、紫薇、紫藤、木槿、木绣球、夹竹桃、瓜子黄杨、海桐、垂丝海棠、丹桂、洒金柏、龙柏、蜡梅、四季桂、金桂、茶花、连翘、蜀桧、结香、南天竹
	f<20	红瑞木、榆叶梅、珍珠梅、红王子锦带、龟甲冬青、龙梅、水蜡、剑麻、火棘、无花果、芭蕉、金边胡颓子、山茱萸、木芙蓉、刚竹

表7.2.4 徐州市公园绿地乔木树种重现率和相对多度分布表

树种名称	重现率（%）	相对多度（%）	树种名称	重现率（%）	相对多度（%）
银杏	90	5.5	朴树	50	5.8
悬铃木	20	1.3	重阳木	30	6.1
栾树	60	8.7	石楠	10	2.0
合欢	50	6.6	枇杷	30	2.5
榉树	10	1.9	水杉	20	1.2
香樟	80	2.2	香椿	20	1.7
女贞	60	9.2	泡桐	10	1.6
广玉兰	70	6.7	梨树	20	1.8
白玉兰	20	1.6	黄连木	40	1.2
乌桕	40	1.1	柳榆	20	1.3
柳树	60	2.1	石榴	10	0.1
楝树	10	2.1	红枫	20	1.3
雪松	80	1.8	棕榈	10	1.6
红果冬青	10	1.5	海棠	10	6.3
碧桃	10	1.9	红叶李	30	1.7
樱花	60	7.2	龙柏	10	3.3

表7.2.5　徐州市公园绿地灌木树种重现率和相对多度分布表

树种名称	重现率（%）	相对多度（%）	树种名称	重现率（%）	相对多度（%）
紫薇	20	9.4	山茶	10	1.8
桂花	10	12.7	木槿	10	6.6
小叶女贞	20	8.9	石榴	10	8.6
龙柏	10	3.3	黄杨	10	6.4
火棘	10	12.3	龟甲冬青	10	5.0
金叶女贞	10	3.8	海桐	10	2.0
红叶石楠	30	17.3	小叶黄杨	10	1.9

（二）道路绿地的植物多样性

1. 木本植物种类与数量分布特点

以徐州市鼓楼区所属城市道路为例，绿化带内的木本植物共有24种。其中，落叶乔木12种，占乔木种数的75%；常绿乔木4种，占乔木种数的25%；落叶灌木2种，占灌木种数的25%；常绿灌木6种，占灌木种数的75%。木本植物总量为乔木20654株、灌木457969m²。其中，落叶乔木17792株，占乔木总数的86.14%；常绿乔木2862株，占乔木总数的13.86%；落叶灌木2842m²，占灌木总量的0.62%；常绿灌木455127m²，占灌木总量的99.38%。各树种的栽植数量及重要性顺序分布见表7。在16个乔木树种中，最重要（数量位居前1/4）的4个树种分别为悬铃木、栾树、女贞和槐树；应用最少（数量位居后1/4）的为柳树、金枝槐、雪松和香樟。在8个灌木树种中，应用多的为黄杨、蜀桧、石楠、木槿、紫薇、火棘等。各木本植物种类及重要性顺序如表7.2.6。

表7.2.6　鼓楼区道路绿化带木本植物种类及重要性顺序表

重要性顺序	树种名称	栽植道路数	栽植数量	重要性顺序	树种名称	栽植道路数	栽植数量
1	悬铃木	22	6378	13	金枝槐	1	56
2	栾树	11	2972	14	雪松	2	43
3	女贞	10	2785	15	香樟	1	22
4	槐树	11	2338	16	广玉兰	1	12
5	重阳木	5	1877	1	黄杨	14	303049
6	银杏	4	1454	2	蜀桧	5	81697
7	紫叶李	4	1058	3	石楠	3	56099
8	樱花	1	783	4	海桐	4	12000
9	杨树	2	383	5	龙柏	1	1600
10	千头椿	1	244	6	紫薇	3	1464
11	合欢	1	149	7	木槿	1	1378
12	柳树	1	100	8	火棘	1	682

注：表中数量，乔木为株，灌木为m²。

2. 各木本植物种使用强度指数

徐州市鼓楼区城市道路绿化带的各个木本植物种的使用强度指数——重现率和相对多度特征见表7.2.7。

表7.2.7 鼓楼区道路绿化带各木本植物种重现率和相对多度分布表

树种名称	重现率RR	相对多度RA	树种名称	重现率RR	相对多度RA
悬铃木	55.00	30.88	金枝槐	2.50	0.27
栾树	27.50	14.39	雪松	5.00	0.21
女贞	25.00	13.48	香樟	2.50	0.11
槐树	27.50	11.32	广玉兰	2.50	0.06
重阳木	12.50	9.09	黄杨	32.50	66.17
银杏	10.00	7.04	蜀桧	12.50	17.84
紫叶李	10.00	5.12	石楠	7.50	12.25
樱花	2.50	3.79	海桐	10.00	2.62
杨树	5.00	1.85	龙柏	2.50	0.35
千头椿	2.50	1.18	紫薇	7.50	0.32
合欢	2.50	0.72	木槿	2.50	0.30
柳树	2.50	0.48	火棘	2.50	0.15

从表7.2.7可以看到，徐州市鼓楼区城市道路绿化带中各树种的重现率和相对多度，乔木中最高的均为悬铃木、栾树、女贞、槐树4种。其中，悬铃木重现率达到55，其他3种的重现率也在25%以上，表明它们为基调乔木树种；重阳木、银杏、紫叶李的重现率在10%、相对多度在5%以上，为骨干乔木树种。灌木中重现率和相对多度双高的为黄杨和蜀桧，重现率分别为32.5和12.5，相对多度则分别为66.17和17.84，为基调灌木树种。由于徐州市地带性植被为落叶阔叶林，而且道路生境因受污染和管理难度较大等因素的影响，这些植物对城市街道环境适应能力较强，普遍用于道路绿地中，并且行道树乔木树种以落叶树种为主，常绿树种为辅；灌木则以常绿为主，落叶为辅，合理搭配，使城市道路绿地既冬夏常青，同时又避免了因常绿树过多而使冬季过于隐蔽寒冷的问题，对于维持道路绿带的功能性和四季景观多样性，是较为经济合理的。

3. 各道路木本植物多样性指数

徐州市鼓楼区城市道路绿化带的木本植物种多样性指数特征见表7.2.8。

表7.2.8 鼓楼区各道路绿化带木本植物物种多样性特征

道路名称	乔木种数	灌木种数	物种密度	Simpson指数 乔木	Simpson指数 灌木	道路名称	乔木种数	灌木种数	物种密度	Simpson指数 乔木	Simpson指数 灌木
府前路	6	1	11.35	0.688	0	河清路	2	0	3.57	0.153	—
平山南路	5	0	2.08	0.781	0	马场湖西路	1	1	3.29	0	0
下淀路	4	2	2.00	0.608	0.172	大马路	2	0	1.98	0.095	—
复兴北路	3	2	1.51	0.561	0.135	九里山西路	1	1	1.74	0	0
二环西路	4	1	1.34	0.752	0	襄王北路	1	1	1.50	0	0
西安北路	2	1	8.00	0.504	0.074	广山路	1	1	1.49	0	0
奔腾大道	3	1	1.32	0.636	0	响山北路	1	1	0.99	0	0
殷庄路	2	1	1.12	0.189	0.078	襄王南路	1	1	0.87	0	0
金马路	3	1	0.99	0.664	0	铜沛路	1	1	0.44	0	0
中山北路	3	1	0.66	0.664	0	富庶街	1	0	5.56	0	—
煤港路	2	1	0.62	0.327	0.137	苏堤北路	1	0	2.60	0	—

注：表中"—"表示没有出现（使用）此类植物。

(续)

道路名称	乔木种数	灌木种数	物种密度	Simpson指数 乔木	Simpson指数 灌木	道路名称	乔木种数	灌木种数	物种密度	Simpson指数 乔木	Simpson指数 灌木
黄河北路	3	1	1.18	0.625	0	前进路	1	0	2.17	0	—
西苑中路	2	1	7.75	0.497	0	马场湖路	1	0	1.59	0	—
九里山东路	2	1	3.38	0.493	0	坝子街	1	0	1.56	0	—
大庆路	2	1	3.22	0.501	0	解放北路	1	0	1.16	0	—
祥和路	2	1	2.68	0.389	0	红星路	1	0	0.74	0	—
平山北路	2	1	1.92	0.5	0	民主北路	1	0	0.74	0	—
云飞路	2	1	1.72	0.497	0	海鸥路	1	0	0.67	0	—
天齐路	2	1	1.47	0.498	0	环城路	1	0	0.54	0	—
二环北路	2	1	0.56	0.314	0	沈孟路	1	0	0.41	0	—

从表7.2.8可以看到：该区道路绿化带木本植物种数在4个以上的有府前路等12条，占道路总数的30%；木本植物种数为3个的有西苑中路等8条，占道路总数的20%；其他道路的木本植物种数在2个及以下，占道路总数的50%。其中，乔木树种在3个以上的道路有府前路等9条，占道路总数的22.5%；乔木树种为2个的有西安北路等13条，占道路总数的32.5%；其他45%的道路只有1个乔木树种数。灌木种数达到2个的道路有下淀路等5条，占道路总数的12.5%；灌木种数为1个的道路有府前路等21条，占道路总数的52.5%，其他35%的道路没有栽植灌木。物种线密度3以上的有府前路等8条，占道路总数的20%；1.5～3.0的有祥和路等13条，占道路总数的32.5%；其他47.5%的道路在1.49以下。Simpson指数，乔木在0.501～0.800之间的有平山南路等11条，占道路总数的27.5%；在0.301～0.500之间的有二环北路等8条，占道路总数的20%；其他52.5%的道路在0.3以下（其中指数值为0的道路达到45%）。灌木指数值大于0的只有下淀路等5条，占道路总数的12.5%；府前路等22条道路的指数值为0，占道路总数的55%；马场湖西路等13条道路没有栽植灌木，占道路总数的32.5%。灌木多样性指数明显低于乔木多样性指数。

上述结果表明，徐州市鼓楼区多数道路绿化带的垂直结构极为简单，单层乔木结构的类型多，未形成丰富的植物群落结构。相对于灌木而言，该区较为重视乔木树种的运用。如乔木树种数在3个以上、Simpson指数0.561以上的就有府前路等9条。其中，府前路为区政府与金龙湖公园之间的过渡道路，按慢行视觉审美要求，应用了栾树、女贞、槐树、紫叶李、香樟、广玉兰6个树种，平山南路作为鼓楼区西部连接老城区的快速通道，按行车视觉审美要求，应用了悬铃木、栾树、槐树、紫叶李、合欢5个树种。通过不同树种的树形、叶色、质感等的异同设计景观单元，实现植物配置变化中的统一，构成一定的节奏和韵律，形成了变化丰富的城市景观道路。但更多道路绿化带的Simpson指数为0，即这些道路都只有1个乔木树种，因而景观十分单调。

相对乔木层而言，在道路人工植物群落中，灌木层灌木因其种类丰富、适应性强、选择条件相对宽松，在色彩、质地、芳香、形态等方面都具有自己独特的优势。但从该区整个道路绿化中灌木应用的情况看，存在种类偏少、多样性不够丰富的问题。因此具有较高观赏性状的灌木种类在道路绿地中所占的比例应有所提高，从而达到乔灌适宜比例。合理的乔木、灌木结合，才能形成丰富的植物群落景观，同时使植物群落在竖向变化上形成丰富的层次，在提高道路绿地景观效果的同时，亦增强其人工植物群落的稳定性。建议在单乔木行道树下补植灌木或草花，以增加道路绿量，丰富景观的层次和多样性。

（三）居住区绿地现状

以鼓楼区、泉山区和云龙区各取三个小区作为样地的调查结果显示，云龙区人均公共绿地面积最高，其次是泉山区和鼓楼区，见表7.2.9。分析原因，可能与中心城区土地有限，绿化空间少有关。

表7.2.9　徐州市典型居住小区绿地现状调查表　　（单位：hm²）

序号		居住区	户数	占地面积	绿地面积	绿化覆盖率（%）	公共绿地面积	人均公共绿地面积
1	鼓楼区	锦绣山水小区	6000	8.5	3.8	—	3.8	6.3
2		永旭金色阳光	672	5.7	2.4	—	2.4	7.5
3		清水湾三期	462	4.6	1.9	—	1.9	1.5
4	泉山区	苏商御景湾	8000	8.4	3.5	45	6.6	2.7
5		开元四季二期	1171	12.0	5.0	44	4.6	17.0
6		荣景盛苑B区	830	6.3	2.7	43	1.3	5.3
7	云龙区	绿地世纪城四期	1450	18.2	8.5	58	8.5	15.7
8		世茂东都天观一期	896	6.09	50	2.8	8	50.0
9		国信地产一期	1734	15	6.46	43.1	6.46	11.68

从树种应用频度来讲，不同区域的小区表现出一个共同特点，就是应用种类较少（平均20种左右），而且不同种间频度差异较大，如广玉兰高达90%，银杏80%，而香花槐、马褂木、法国梧桐、樱桃、青檀等树种只有10%，见表7.2.10。据统计，广玉兰、樱花、银杏、红枫、乌桕、栾树、紫叶李、紫薇等树种的应用频度均大于60%，说明小区使用种类的相似度过高，特色或多样性不够。

表7.2.10　徐州市居住区绿地乔木树种重现率和相对多度分布表

树种名称	应用频度（%）	相对多度（%）	树种名称	应用频度（%）	相对多度（%）
广玉兰	90	2.5	乌桕	60	1.2
银杏	80	5.5	合欢	50	0.1
雪松	50	6.4	楸树	20	0.1
女贞	60	5.1	柿树	40	0.1
香樟	50	1.3	紫叶李	60	0.3
白玉兰	40	2.2	鸡爪槭	20	3.1
栾树	70	9.2	杏梅	10	0.1
重阳木	20	0.2	樱桃	10	0.1
朴树	40	0.4	樱花	70	0.1
榉树	50	6.1	紫玉兰	50	0.1
五角枫	20	1.2	中华石楠	10	0.2

（续）

树种名称	应用频度（%）	相对多度（%）	树种名称	应用频度（%）	相对多度（%）
红果冬青	10	0.2	五针松	40	0.1
柳榆	40	0.1	西府海棠	30	0.01
槐树	40	2.1	三角枫	40	1.6
水杉	40	5.2	五谷树	10	0.1
檀树	10	0.1	花石榴	50	0.1
椤木石楠	20	3.0	棕榈	50	6.2
杜仲	10	0.01	丁香	10	0.3
二乔玉兰	10	0.01	青枫	20	0.5
红枫	60	0.9	马褂木	10	0.2
垂柳	20	0.6	无患子	20	0.03
香花槐	10	0.1	桃树	20	0.05
龙爪槐	30	0.2	垂丝海棠	40	2.1
枇杷	50	0.3	山楂	20	3.4
紫薇	70	5.0	果石榴	20	3.4

徐州市居住区绿地落叶乔木与常绿乔木的比例大约为3：1，乔灌比为4：3，应适度提高常绿乔木的种类和株树，见表7.2.11。

表7.2.11 徐州市居住区绿地灌木树种重现率和相对多度分布表

树种名称	应用频度（%）	相对多度（%）	树种名称	应用频度（%）	相对多度（%）
枸骨	40	2.1	垂丝海棠	30	0.1
云南黄馨	20	8.2	洒金柏	20	3.0
小叶女贞	50	9.2	龙柏	20	0.1
金叶女贞	40	6.3	蜡梅	40	0.01
大叶黄杨	60	10.3	水蜡	10	0.5
红花檵木	40	0.2	四季桂	20	0.9
瑞香	20	0.1	大叶冬青	10	0.1
红瑞木	10	2.2	茶花	20	0.3
迎春	30	0.1	法国冬青	30	0.2
棣棠	20	0.1	连翘	30	1.0
榆叶梅	10	0.1	无花果	10	0.6
珍珠梅	10	0.1	蜀桧	20	0.03
紫荆	60	1.3	孝顺竹	10	0.03
紫薇	40	0.12	结香	20	0.05
紫藤	20	0.2	芭蕉	10	0.3
木槿	40	0.1	黄金间碧玉竹	10	0.1
木绣球	20	0.1	金边胡颓子	10	2.0
夹竹桃	20	0.1	南天竹	20	0.4
红叶石楠	50	1.2	黄栌	10	6.5
红王子锦带	10	0.1	山茱萸	10	0.3
瓜子黄杨	20	0.1	木芙蓉	10	3.4
海桐	20	17.1	刚竹	10	6.8
含笑	10	0.1	龟甲冬青	10	0.01

第三节　当代园林植物配置主要手法

园林植物与群落配置，是实现园林的生态功能与景观功能的关键步骤，当代徐派园林植物配置方式，从传统古典园林以审美为中心转向现代生态园林的审美与生态并重，注重常绿与落叶、乔灌木与花草、观赏特性和季相变化的搭配，建设科学合理的复层结构的绿地，营造出多树种、多色彩、多层次、富变化、主题突出的植物群落景观[7-8]。

一、构建地域特征景观植被

园林植物景观即植物群体的外貌特征，主要取决于优势群落特征。充分利用地处南北气候过渡带、四季分明，植物种类南北兼备的优势，在"近自然"原则下，结合场地的自然风貌特征，以及因地制宜的微地形设计，植物选用上立足乡土植物作为园林绿化的基本材料，如侧柏、银杏、黄连木、三角枫、榆树、朴树、榉树、柿树、梨树、枫香、乌桕、海棠类、紫薇、蜡梅、梅花、桃、杏等的基础，加强外来优秀园林植物的引种驯化，如雪松、日本五针松、黑松、池杉、落羽杉、水杉、悬铃木、刺槐、日本晚樱、复叶槭、冬青、常青白蜡、广玉兰、枇杷、女贞、红花檵木、十大功劳、日本小檗、桂花、龟甲冬青、红叶石楠等，使城市园林植物多样性发生了深刻的产业化，见图7.3.1。

植物景观构建中，特别注意保留场址原有大树及生长势较好的植物（图7.3.2），增加观赏价值高的常绿树种、色叶树种等，营造多树种、多色彩、多层次、富变化、主题突出的植物景观，形成一园一品，一路一景，充分展现了园林艺术特色（图7.3.3～图7.3.5）。

苏公塔

徐运新河带状公园

户部山西坡　　　　　　　　　　　　　东坡运动广场

潘安湖湿地公园　　　　　　　　　　　森林公园

图7.3.1　徐州公园绿地典型植物群落

图7.3.2　保留场址原有的大树

图7.3.3　十里杏花醉云龙

图7.3.4　顺堤河公园的四季广场

图7.3.5　金龙湖公园

二、观赏型植物群落构建

观赏型人工植物群落是生态园林中植物利用和配置的一个重要类型，从景观、生态，特别是人的心理和生理需求等方面，综合考虑、合理进行配置而形成的以观赏为主要目的的人工植物群落。

（一）对比与协调的统一

运用节奏与韵律，统一与微差，对比与协调等美学原则，采用有障有敞、有透有漏、有疏有密、有张有弛等手法造景，富有季相色彩，给人以美的享受。如云龙湖东岸和云龙山"杏花春雨"段，以侧柏山林为背景，构建了由杏（桃）、玉兰、柳树和连翘（迎春）为骨干，相互交织的6条色带，无论身居道路，还是在湖中，都能观赏到丰富的美景（图7.3.6）。

图7.3.6 云龙湖东岸和云龙山"杏花春雨"段植物景观

彭祖园在敞园改造过程中针对园内植物景观特色不突出、缺少季节景观变化的问题，对各景点结合主题进行合理植物配置，丰富乡土树种，使不同植物品种形成不同的植被群落，形成密林氧吧，达到城市森林的生态效应，对市民及游人起到清幽、静心、养神的功能。植物配置设计时充分考虑其季相变化，营造丰富多彩的景观。园中景点无处不是色彩斑斓，绿色是本园植物的主调，在绿色的基调上点缀着红色、黄色等，如红色的枫叶、黄色的银杏叶。花的颜色更丰富的多，红、橙、黄、绿、白、蓝、粉、紫在这儿都可以找到。植物的"色"随着季相的变化而不时变化，使游人徜徉于山间、水叮、林中、回廊时，举步抬眼间皆是美景，无不赞叹有冬赏梅花、春看樱花、夏听飞瀑、秋观红叶之美。打造出"日日有花，月月不断，季季各异""不虚此行赏美景，足不远行品江南"的独特植物景观，凸显了彭祖园的造园艺术，图7.3.7。

图7.3.7 彭祖园植物之"色"

(二) 意与形的统一

强调意与形的统一,情与景的交融,利用植物寓意联想来创造美的意境,寄托感情。如利用荷花表达高洁,苍劲的古松象征坚韧不拔,青翠的竹丛象征挺拔、虚心劲节,傲霜的梅花象征不怕困难、无所畏惧,荷花象征高洁。利用植物的芳名如桃花、李花象征"桃李满天下",

桂花、杏花象征富贵、幸福，合欢象征合家欢乐，利用丰富的色彩如色叶木引起秋的联想、白花象征宁静柔和、黄花朴素、红花欢快热烈等。植物景设计综合文化寓意、季相和色彩变化以及场址特征，打造形与意相统一的植物景观。

云龙公园，在滨水景观区的园路边缘，用红叶石楠、金叶女贞和金边黄杨片植成沿道路曲折变化的模纹花带，3种植物色彩的二次变化组合避免了游园环境色彩变化的单一。在十二生肖广场的植物景观设计中，沿路横向设计中以南天竹—金边黄杨—红叶石楠片植布置，颜色由暗到明，由冷色到暖色，起到导向作用。在纵向设计中，颜色由暖色到冷色，而且结合地被、灌木、乔木高差变化，营造更加深邃的空间环境。在空间围合度方面，通过地形、植物和水体的相互关系，使设计充满整体感和方向感，并创造出各种印象深刻的画面，在水体与地形的过渡中，利用灌木孤植、群植与常见的水生植物搭配，使过渡更加平滑，图7.3.8。

云龙湖风景名胜区植物景观营造，充分利用山势地形自然起伏的条件，重点突显各景点主

图7.3.8 云龙公园植物之"境"

题特色,结合游览观赏需要,以丰富的植物配置创造多层次的绿色空间。整个景区沿湖而行,绿草如茵,三春桃红柳绿,仲夏荷花比艳,深秋枫叶如火,严冬青松傲雪,东岸夏景,西岸秋景,北岸冬景。四时风光鲜明,各自异彩纷呈。云龙山麓的杏花春雨,以原有常绿植物为背景,采用片植、群植、丛植的手法,栽植大片杏林,配置以碧桃、樱花、紫薇、桂花等观花植物,突出东坡诗意,早春时节,杏花盛开,如烟如雾,蜂飞蝶舞,给人以强烈的视觉冲击。小南湖景区设计利用依水带绿的环境空间特点,突出湖堤春晓、荷塘鱼藕、柳浪闻莺、雪地飞鸿等四季景观,以线形的变化配合两侧植被,进一步丰富地形地貌,做到绿化空间错落有致,既强调了一望无际的酣畅感,又凸显了曲径通幽的神秘感。如苏公岛为一挖湖堆砌而成的小岛,具有得天独厚的山水地理条件,在植物配置时,就着重突出其简约、浑然天成而又辽阔无垠的空间感。结合岛上良好的山水环境优势,主要以微地形处理为主,以大面积的丛植和群植为主,运用成片栽植的竹林、梅海、海棠林等,选用"诗化"的植物,营造诗意的环境。整体景观空间着重于舒朗通透,特别是临水景观,流出足够的林间空地,借景于对面的鹤鸣洲,可以观看到烟云隐映、时隐时现的滨水景观,引人无线遐想,图7.3.9。

图7.3.9　云龙湖植物之"画"

三、文化环境型植物群落构建

徐州历史遗存、遗迹众多,纪念性园林、风景名胜等要求通过各种植物的配置使其具有相应的文化环境氛围,形成不同种类的文化环境型人工植物群落,从而使人们产生各种主观感情与宏观环境之间的景观意识,引起共鸣和联想。

淮塔公园较好地应用了植物进行意境创造[9],在总体规划设计上,突出了纪念建筑物的园林效果,强调了园林种植的实用、观赏、衬托功能。树种的形体、色彩、适应的季节,与景点的关系上都做了最恰当的选择,绿化种植与人文景观相互谐调,相得益彰。整个园区既是一个有机的整体,又都各具特色。

纪念塔区:雄伟庄严的纪念塔是园林的主体建筑,塔的正面是一条宽的花岗岩石台阶直达中心广场。根据这一主体建筑,绿化重点放在纪念塔四周及正面台阶一段,为了增强塔的庄严性,在塔后山上造侧柏林,左右两侧配置黑松林,纪念塔婉如一棵玉柱屹立于苍松翠柏之中。从山脚到塔的台阶两侧列植两行雪松和银杏。台阶组中的平台上设两组对称的绿篱花坛,内配多种花卉。每组台阶中间坡地设对称的模纹花坛。进入台阶,苍松翠柏,松涛呼啸,使人们对淮海先烈的英灵肃然起敬,达到了触景生情、情景交融的效果。

中心花坛区:中心花坛不仅位于全园的中心,亦是通往各景点的节点(环岛),花坛直径100m,总体布局采用规则式对称的手法,在龙柏组织成两个同心圆环间,环状列植高大的柏树球,环内百花争艳,表现出了既庄严大方,又不呆板郁闷,宛如编织的大花圈敬献在纪念塔前。

道路绿化:园林主干道为三板四带式路面,中间两带为长形绿篱花坛,配置三角枫和地被绿篱。两侧为一行银杏和两行雪松。霜后火红的枫叶、金黄色的银杏和翠绿的雪松组成一条美丽的彩带,分外引人注目。

纪念馆绿化纪念馆(老馆)与纪念塔通过中心花园有机连成一体。纪念馆正门两侧对植高大的雪松和龙柏,周围配置棕榈、石楠、冬青及多种花卉环抱。象征革命先烈如松柏常青,千古流芳。门前路旁设花架长廊,供观景、休息(图7.3.10)。

图7.3.10 淮塔公园的植物群落配置

狮子山汉文化园东入口区东西长约280m，南北宽约90m的正距形空间，采取规整庄严的中轴对称格局，依次布置展示汉文化的入口广场、司南、两汉大事年表、历史文化展廊、辟雍广场等景点，终点矗立汉高祖刘邦像，配以规则式模纹花坛，犹如一段立体空间化的汉赋，通过"起""承""转""合"四个章节，抑扬顿挫、弛张有度，将汉风古韵的大气、华美自然呈现出来（图7.3.11）。

图7.3.11 汉文化广场

四、石质山地和采矿废弃地拟自然生态型植物群落构建

在黄淮之间分布着大量石质山地，另一方面，这一区域又是全国重要的矿业基地，分布着徐州、淮北、枣庄、济宁等一批老工业基地，经过几十年的采矿，形成了大量的矿山废弃地，只有实施生态修复，重建植被，才能恢复生态、改善人居环境质量。

（一）石质山地生态风景林植物群落构建

1. 石质荒山立地条件

立地指与林木生长发育有密切关系的环境条件的总和。立地分类是由若干有影响的空间因子筛选而得，它们充分体现出地块的本质属性和地域分异特征。准确的立地分类，是组织科学造林和营林的前提和基础。根据徐州市石灰岩山地立地主导因子，建立徐州市石灰岩荒山立地分类系统，分为1个类型区，3个类型小区，12个类型组和30个立地类型（表7.3.1[10]、图7.3.12）。

表7.3.1 徐州市区石灰岩荒山立地分类体系表

立地类型小区	立地类型组	立地类型	立地类型代号	面积（hm^2）	比例（%）
缓坡（Ⅰ）	连续土（a）	极薄土层（1）	Ⅰa1	1.66	0.03
		薄层土（2）	Ⅰa2	0	0
		中层土（3）	Ⅰa3	107.61	2.3
	半连续土（b）	极薄土层（1）	Ⅰb1	0	0
		薄层土（2）	Ⅰb2	0.88	0.02
		中层土（3）	Ⅰb3	9.1	0.19
	零星土（c）	极薄土层（1）	Ⅰc1	30.78	0.65
		薄层土（2）	Ⅰc2	0	0
		中层土（3）	Ⅰc3	54.01	1.13
	岩漠（d）		Ⅰd	38.71	0.81
斜坡（Ⅱ）	连续土（a）	极薄土层（1）	Ⅱa1	0	0
		薄层土（2）	Ⅱa2	0	0
		中层土（3）	Ⅱa3	0.22	04
	半连续土（b）	极薄土层（1）	Ⅱb1	6.89	0.14
		薄层土（2）	Ⅱb2	11.98	0.25
		中层土（3）	Ⅱb3	102.87	2.2
	零星土（c）	极薄土层（1）	Ⅱc1	325.47	6.8
		薄层土（2）	Ⅱc2	259.35	5.4
		中层土（3）	Ⅱc3	436.15	9.2
	岩漠（d）		Ⅱd	1506.55	31.69
陡坡（Ⅲ）	连续土（a）	极薄土层（1）	Ⅲa1	319.57	6.72
		薄层土（2）	Ⅲa2	0	0
		中层土（3）	Ⅲa3	108.18	2.27
	半连续土（b）	极薄土层（1）	Ⅲb1	0.42	0.08
		薄层土（2）	Ⅲb2	52.27	1.1
		中层土（3）	Ⅲb3	111.15	2.34
	零星土（c）	极薄土层（1）	Ⅲc1	382.94	8.06
		薄层土（2）	Ⅲc2	0	0
		中层土（3）	Ⅲc3	127.12	2.67
	岩漠（d）		Ⅲd	759.38	15.97

图7.3.12 徐州市主城区石质荒山面貌（2007年）

2. 主要造林树种的筛选与混交方式

立地研究结果表明，徐州市区石灰岩荒山土层较薄且连续性差，石漠化严重，多为零星土和岩漠地，"选树适地"是保障造林绿化成功的唯一途径。

按照适地适树，乡土树种为主，兼顾生态功能、景观效果和经济性的原则，在区域木本植物资源调查[6, 11-18]的基础上，根据生态风景林建设目标要求，采用AHP法决策模型进行综合评价，筛选出适生造林树种33种。表7.3.2列出了主要造林树种的生物学特性及其对造林立地条件的要求，根据立地条件合理运用。表7.3.3列出了主要造林树种的景观特色。

表7.3.2 规划造林树种生物学特性

类别		树种	主要生物学特性与立地条件要求
大乔木	常绿	雪松	浅根，喜光稍耐阴，较耐干旱瘠薄，不耐水湿，抗烟害差
		铅笔柏	耐干燥，喜酸性至中性土，也较耐盐碱土，抗有毒气体
	落叶	枫香	深根，喜光，幼稍耐阴，耐旱耐瘠，较不耐水湿，萌蘖性强，抗毒气
		榆树	根系发达，喜光，耐旱，耐盐碱，不耐湿，抗烟，抗毒气
		麻栎	深根，喜光，耐旱耐瘠，萌芽力强，抗火抗烟力强
		刺槐	浅根，喜光，耐旱耐瘠，不耐涝，萌蘖性强，速生，寿命短
		黄山栾	深根性，喜光，耐半阴，耐干旱瘠薄，萌蘖性强
		黄连木	深根、喜光，幼树稍耐阴，耐旱、耐瘠、抗烟尘和毒气
		臭椿	深根，喜光，耐旱耐瘠耐盐碱，不耐水湿，抗烟尘毒气，萌蘖性强
中乔木	常绿	侧柏	浅根，喜光，亦耐阴，喜钙，耐旱耐瘠，杀菌力强
		圆柏	喜光，幼树稍耐阴，喜钙质土，耐旱耐瘠也较耐湿，抗烟尘，杀菌
		龙柏	喜光，耐旱、耐瘠、抗烟尘
	落叶	青檀	喜光，稍耐阴，耐旱耐瘠，喜钙
		青桐	深根，喜光，喜暖湿，耐旱，怕淹，萌芽力弱，抗毒气
		柿	深根，喜光，耐旱耐瘠，不耐盐碱和水湿，萌芽力强
		乌桕	深根，喜光，喜暖湿，较耐旱和水湿，抗毒气，抗火烧
		五角枫	深根，弱阳性，稍耐阴，喜中性或钙质土壤
		三角枫	深根，弱阳性，稍耐阴，较耐水湿，喜酸或中性土壤，萌蘖性强
		苦楝	浅根，喜光，不耐阴，稍耐干旱瘠薄，钙质及轻碱土，寿命较短
小乔木	常绿	女贞	喜光，稍耐阴，喜暖湿，不耐旱，萌蘖萌芽力强，抗有害气体
	落叶	杏	深根，喜光，耐旱耐瘠，不耐涝，抗盐
		山楂	喜光，喜冷凉干燥气候，排水良好土壤
		杜梨	根萌性强，喜光，喜暖湿气候，抗旱，耐盐碱
		石榴	喜光，喜石灰质土壤，有一定的抗旱耐瘠能力，抗毒气，萌蘖力强
		枣	根蘖力强，强阳性，耐旱耐瘠，喜干冷，也耐湿，
		黄栌	喜光，耐干旱气候，耐瘠薄和碱性土，不耐水湿，萌生力强
		火炬树	喜光，耐瘠、耐旱、耐盐碱、寿命较短，根萌蘖性强
灌木	常绿	火棘	喜光，不耐寒，要求排水良好
		石楠	喜光，稍耐阴，喜暖湿，耐干旱瘠薄，不耐水湿
		小叶女贞	喜光，稍耐阴，耐剪，抗毒气
	落叶	紫穗槐	根系发达，喜光，耐瘠，耐旱，也耐水湿，抗烟抗污
		迎春	喜光，稍耐阴，耐旱，怕涝，耐碱，根部萌发力强
		连翘	喜光，稍耐阴，耐寒，耐旱，忌涝，不择土壤，萌蘖性强

表7.3.3 主要造林树种景观特色

树种	景观特色			
	春景	夏景	秋景	冬景
松、柏类		终年常青，翠黛有异，四季不同		
女贞	鲜绿	满树白花，微香	满树紫果	紫果经霜不凋

（续）

树种	景观特色			
	春景	夏景	秋景	冬景
枫香	独叹枫香林 春时好颜色		停车坐爱枫林晚 霜叶红于二月花	
黄连木	新叶红雄花紫有香		只缘春色能娇物 不道秋霜更媚人	冬芽红色
臭椿	新叶红艳，翅果红褐		红果满悬	
杜梨	千树万树梨花开 未容桃李占年华		霜叶深红	
五角枫 三角枫	嫩叶色鲜红		山色未应秋后老 灵枫方为驻童颜	
石楠	新梢叶鲜红		新梢叶鲜红	
迎春	绿枝弯垂金花满枝			绿枝婆娑
连翘	叶前开花，花黄色			满枝金黄如鸟羽初展
杏	满树淡红或近白色花			
刺槐	白花繁茂芳香			
柿		枝繁叶硕浓绿有光	叶鲜红果金黄或鲜红	
山楂		满树白花	红果累累	
石榴		红花满树	秋叶金黄	
黄栌		枝梢宿存花梗如烟	霜叶红艳层林如炬	
火炬树		圆锥花序色红似火炬	叶色红艳或橙黄	满树火炬（红色果序）
火棘		白花繁密	果红如火	红果点点
乌桕			巾头峰头乌桕树 微霜未落巳先红	喜看桕树梢头白 疑是红梅小着花
黄山栾			花黄叶红灯笼果满树	

3. 典型林分结构模式设计

（1）生态景观林模式

生态景观林模式以构建丰富多彩的森林景观为中心，观花、观叶类树种为基调树种，常绿与落叶、乔木与花灌木的组合实现四时景观，研究推广春花秋实、夏花秋实、模纹景观、宗教文化4种基本模式，详见表7.3.4，效果见图7.3.13。

表7.3.4 生态景观林模式的特点与树种配置

模式类型	模式特点	主要树种配置
春花秋实	以春花类树种为基调树种，少量混交常绿树种和春（秋）色叶树种，并在林下混交早春花灌木和常绿草本植物，构建春季森林景观为中心的四时景观。	山杏（及杜梨、山桃等）46、红花槐30、女贞12、黄连木12（及枫香、五角枫等）+迎春及连翘、麦冬等
夏花秋实	以夏季观赏性好的花果类树种为基调树种，少量混交常绿树种和秋色叶树种，并在林下混交常绿灌、草，重点构建夏季森林景观为中心的四时景观。	石榴46、黄栌（及山里红）24、女贞15、夹竹桃（及海桐、紫薇等）15+石楠、夏石竹等
模纹景观	从区域历史文脉出发，利用山体自然的形与势，综合运用带、块状混交技术，以秋色叶树种为基调树种，常绿树种组成一定吉祥寓意的乔木林模纹	侧柏、女贞、龙柏、圆柏、黄连木、五角枫、臭椿、黄栌等+迎春（及连翘、紫薇、石楠、海桐、黄杨、冬青、麦冬等）
宗教文化	以寺庙常用的长寿树种为主造林树种，营造肃静清幽的气氛，形成具有浓郁佛教文化信息的森林景观。	侧柏46、青檀（及榆树、青桐等）30、五角枫（及三角枫、黄栌等）12、山杏12、冬青（及箬竹等）

注：表中数字为每百株的用量。

注：图中上部零散的大树为20世纪60年代绿化存留下的侧柏，其余均为2007年新植物（2012年摄影）

图7.3.13　徐州市生态风景林营造效果

（2）生态休闲林模式

生态休闲林模式是城郊风景区实现生态休闲的重要物质基础。以具有优良保健功能的常绿树种为基调，混交观赏性、保健性俱佳的落叶阔叶树种，释放出浓郁的森林气息，使人切身感受到森林对人类健康的意义，给人内敛、宁静而又生命勃发向上的感觉。研究推广3种基本模式，详见表7.3.5。

表7.3.5　生态休闲林模式的特点与树种配置

模式类型	模式特点	主要树种配置
减毒型	以吸收有毒有害气体等性能强的树种为主造林树种	柏类（侧柏、圆柏）46、女贞24、楝树15、槐（及刺槐、红花槐）15+迎春（及连翘、紫薇、石楠、海桐、黄杨、冬青、麦冬等）
保健型	以释放等对人类健康有益的次生代谢物性能强的树种为主造林树种	柏类（圆柏、侧柏）及雪松46、黄连木30、臭椿24、迎春（及连翘、紫薇、石楠、海桐、黄杨、冬青、麦冬等）
休闲保健型	保健树种和观花类树种、常绿树种与落叶树种兼备	柏类（圆柏、侧柏）+女贞及雪松46、黄连木（及栾树、臭椿等）24、杜梨（及山杏、红花槐等）30、迎春（及连翘、紫薇、石楠、海桐、黄杨、冬青、麦冬等）

（3）生态保育林模式

生态保育林模式是景区森林植被的基底。以提升生态功能、维持和发展生物多样性为主要目标，研究推广3种基本模式，详见表7.3.6。其中，水土保模式持采用生长旺盛、根系发达、固土力强，能形成具有较大容水量和透水性死地被凋落物的树种营造复层混交林；水源涵养模式采用根系深、根域广，冠幅大，林内枯落物丰富和枯落物易于分解，长寿的树种营造复层混交林；生态保育模式采用鸟类提供丰富食物来源的树种为主造林树种，为鸟类提供觅食和栖息场所。

表7.3.6 生态保育林模式的特点与树种配置

模式类型	模式特点	主要树种配置
水土保持	采用生长旺盛、根系发达、固土力强，能形成具有较大容水量和透水性死地被凋落物的树种营造复层混交林	女贞46杜梨（及刺槐、红花槐、山杏）24楝树（及麻栎、臭椿）15榆树（及黄连木、黄栌）15+迎春（及连翘、紫薇、石楠、海桐、黄杨、冬青、麦冬等）
水源涵养	采用根系深、根域广，冠幅大，林内枯落物丰富和枯落物易于分解，长寿的树种营造复层混交林	侧柏46山杏（及刺槐、红花槐、杜梨）24五角枫（及臭椿、黄连木、黄栌）15青檀（及麻栎、火炬树）15+迎春（及连翘、石楠、海桐、黄杨、冬青等）
生态保育	采用鸟类提供丰富食物来源的树种为主造林树种，为鸟类提供觅食和栖息场所	栾树40榔榆（或大果榆）30青桐（或梓树）15山里红（或酸枣）15+迎春（及连翘、紫薇、石楠、海桐、黄杨、冬青、麦冬等）

（二）棕地再生植被重建

1. 采石宕口生态修复主要植物选择

徐州市裸岩生态恢复适宜植物如下：

常绿乔木：侧柏、龙柏、女贞。

落叶乔木：黄连木、泡桐、五角枫、栾树、苦楝、构树、桑（*Morus alba*）、乌桕、臭椿、梓树、朴树、榆树、槐树（*Sophora japonica*）、皂荚（*Gleditsia sinensis*）、刺槐、枫杨、旱柳（*Salix matsudana*）。

灌木：小叶女贞、海桐、紫穗槐（*Amorpha fruticosa*）、杜梨、君迁子（*Diospyros lotus*）、胡枝子（*Lespedeza davurica*）、野蔷薇（*Rosa multiflora*）、紫荆（*Cercis chinensis*）、盐肤木（山梧桐，*Rhus chinensis*）、火炬树（*Rhus typhina*）等。

藤本：爬山虎（地锦，*Parthenocissus tricuspidata*）、葎草（拉拉藤，*Humulus japonicus*）、凌霄（紫葳、倒挂金钟，*Campsis grandiflora*）、扶芳藤（爬藤卫矛，*Euonymus fortunei*）、常春藤（*Hedera nepalensis*）、野葡萄（*Ampelopsis sinica*）、珊瑚藤（*Antigonon leptopus*）、炮杖花（黄鳝藤，*Pyrostegia venusta*）、木防己等。

草本：狗牙根（*Cynodondactylon*）、狗尾草（*Setaria viridis*）、白茅（茅草，*Imperata cylindrica*）、紫花苜蓿（*Medicago sativa*）、野菊花（*Chrysanthemum indicum*）、二月蓝（*Orychophragmus violaceus*）、酢浆草（*Oxalis corniculata*）、草木樨（*Melilotus suaveolens*）、乌蔹莓（*Cayratia japonica*）、牛筋草（*Eleusine indica*）、蒲公英（*Taraxacum mongolicum*）、马兰（*Kalimeris indica*）、打碗花（*Calysteyia hederacea*）、委陵菜（*Potenlilla chinensis*）、天胡荽（*Hydrocatyle sibthorpiodes*）、问荆（*Equisetum arvense*）等。

图7.3.14是铜山区无名山采石场遗址公园秋景，图中3处水塘为保留的采石深坑，整个公园的秋景色彩斑斓，十分美丽。

2. 采煤塌陷区的生态恢复主要植物选择

采煤塌陷区的植被恢复，根据人类介入的程度，可以分为自然恢复和人工恢复2种。

所谓"自然恢复"就是没有（或尽可能少的）人工协助，仅（或主要）依赖自然演替的力量来恢复已退化的植被生态系统。自然植被恢复适宜以生态保育为主要目的的生态恢复，利用现存的植被斑块，野生植物自主繁衍。

图7.3.14　无名山采石场遗址公园

人工恢复法即恢复区所有植被都由人工栽植形成。其优点是可以完全按照景观构建目标布置植物群落。其缺点是生态系统稳定性差，需要持续的管理投入。人工恢复植被常用植物，应区分外周区、间隙（滨岸）区、浅水区、深水区4个不同的立地类型区，分别选用适当的植物种类。

（1）外周区植物

所谓显地外周区域，指地表高程高出正常洪水位60cm以上的区域。

本区域中，凡本地适生园林植物均可应用。具体树种的运用，可以参考《徐州市植物多样性调查与多样性保护规划》[①]。

（2）间歇（滨岸）区植物

所谓间歇（滨岸）区域，指地表高程低于正常洪水位60cm以下，到正常蓄水位之间的区域。该区域的特点是常年地下水位较高，在洪水期间会被（间歇性）淹没。

间歇（滨岸）植物带是湿地生态系统中植物景观塑造的重点，由陆到水的过渡区，植物选用必须具备良好的耐水湿能力，并按照陆生—湿生植物结构完整性原则和景观美学原则，自然式配植。

徐州地区的湿地间隙（滨岸）区乔木可以选用河柳、金丝垂柳、池杉、落羽杉、中山杉、重阳木、乌桕、白蜡、榔榆、桑、黄连木、枫杨、梧桐、棠梨、侧柏、女贞等。灌木可以选用大叶黄杨、紫穗槐、花叶杞柳、柽柳、红瑞木、夹竹桃、金钟、黄馨、木槿、紫荆、迎春、紫薇、石楠、海桐、木芙蓉等。地被可以选用鸢尾、麦冬、白三叶、狗牙根、黑麦草、天堂草等。

（3）浅水区植物

浅水区指正常稳定水深<1m的区域。

浅水区植物带是湿地生态系统中水生植物景观塑造的重点，植物配置以挺水植物为主，徐州地区具体品种可以选用荷花、芦苇、荻、菖蒲、美人蕉、再力花、千屈菜、芦竹、香蒲、慈姑、水葱等。

（4）深水区植物

深水区指正常稳定水深≥1m的区域。

深水区植物配置以浮水植物、沉水植物为主。沉水植物可以选用苦草、金鱼藻、狐尾藻、眼子菜等，一般按每平方米5～10丛的密度配植。浮水植物可以选用睡莲、芡实、菱、荇菜、浮萍、凤眼莲等，种植密度，以水面的叶片面积一般应掌握在水面面积的1/3左右，以保证水下的植物光合作用良好。

（5）生态浮岛

生态浮岛适用于大面积过深水深水域。人工浮岛床体采用竹床为宜。植物主要选用美人蕉、旱伞草、香根草、鸢尾、香蒲、黑麦草等。

[①] "梁珍海，秦飞，报永华.徐州市植物多样性调查与多样性保护规划[M].南京:江苏人民出版社,2013。

图7.3.15是潘安湖采煤沉陷地湿地公园的湿地植物情况。从滨岸到水体中心，群落类型依次为植被缓冲带——挺水植物群落带——浮叶植物群落——植物浮岛。植被缓冲带位于滨水地带，通过植物群落的过滤、截留、吸收等方式防止进入水体的污染物的第一道屏障。挺水植物群落带以芦苇群落、水葱群落、千屈菜群落、香蒲群落为主体。浮叶、沉水植物区主要选择菱角、荇菜、槐叶萍、浮萍、狐尾藻、苦苣草、金鱼藻等植物组合。生态浮岛选用根系发达、根基繁殖能力强、个体分株快、植物生长快，具有一定观赏性多年生植物美人蕉、旱伞草、香根草、鸢尾、香蒲、黑麦草等。池杉林则营造出湿地景观的高潮。整个植物配置既满足岸线景观和湖面倒影的景观效果等景观空间形态的需求，又起到净化水体、改善水质，提升水体透明度的作用。

图7.3.15　潘安湖采煤沉陷地湿地公园的岛屿湿地植物景观

本章参考文献

[1] 种宁利, 刘禹彤, 言华, 等. 徐风汉韵 徐派园林文化图典[M]. 北京: 中国林业出版社, 2020.
[2] 杨伯峻. 论语译注[M]. 北京: 中华书局出版社, 2015.
[3] 陈永清, 井浩然. 从汉画像石刻看银杏树的历史意义和现实价值[J]. 农业考古, 1997, (1): 192-194.
[4] 关传友. 论中国的银杏崇拜文化[J]. 农业考古, 2007, (1): 169-173, 280.
[5] 吴婷婷. 唐宋徐州燕子楼园研究[J]. 园林, 2019, (8): 27-31.
[6] 梁珍海, 秦飞, 季永华. 徐州市植物多样性调查与多样性保护规划[M]. 南京: 江苏科学技术出版社, 2013.
[7] 李勇, 杨学民, 秦飞, 等. 生态园林城市建设实践与探索·徐州篇[M]. 北京: 中国建筑工业出版社, 2016.
[8] 王昊. 徐州城市建设和管理的实践与探索[M]. 北京: 中国建筑工业出版社, 2017.
[9] 程金华, 薛田生. 淮海战役烈士纪念塔园林绿化规划[J]. 林业科技开发, 1991, (3): 8-9.
[10] 陈平, 万福绪, 秦飞, 等. 徐州市石灰岩低山丘陵地立地分类及应用研究[J]. 南京林业大学学报: 自然科学版, 2009, 33 (3): 69-72.
[11] 谢广民, 秦飞, 池康, 等. 徐州城市森林规划布局与树种配置[J]. 江苏林业科技, 2007, 34 (2): 55-57.
[12] 张瑞芳, 吴静, 秦飞, 等. 徐州市木本植物种类及其利用研究[J]. 林业科技开发, 2008, 22 (增刊): 32-36.
[13] 谢广民, 吴雨龙, 卢芦. 徐州市彩叶树种及其应用的调查与分析. 江苏林业科技, 2006, 33 (5): 34-37, 47.
[14] 闫传海, 徐科峰. 徐连过渡带低山丘陵森林植被次生演替模式与生态恢复重建策略[J]. 地理科学, 2005, 25 (1): 94-101.
[15] 储玲, 赵娟, 刘登义, 等. 安徽宿州大方寺林区植物种类及其资源的初步调查[J]. 生物学杂志, 2002, 19 (4): 24-26.
[16] 李思健, 贾寒琨. 枣庄抱犊崮秋色叶树种种类及分布[J]. 枣庄师专学报, 2001, 18 (12): 42-43.
[17] 闫传海. 淮河下游地区植被资源多样性及其保护对策[J]. 徐州师范大学学报: 自然科学版, 1998, 16 (1): 48-53.
[18] 谢中稳, 蔡永立, 周良骝, 等. 安徽皇藏峪自然保护区的植物区系和森林植被[J]. 武汉植物学研究, 1995, 13 (4): 310-316.